工业和信息化部"十四五"规划教材

新编数字图像处理技术及应用

蔺素珍　主编

李大威　秦品乐　王丽芳　王彦博　副主编

电子工业出版社

Publishing House of Electronics Industry

北京·BEIJING

内 容 简 介

本书系统地介绍了数字图像处理的基本理论和基本技术,共 12 章,包括图像处理基础知识、图像增强、图像编码与压缩、图像复原与重建、图像分割、数学形态学在图像处理中的应用、图像分析、图像识别、基于模型驱动法的图像处理综合应用和基于深度学习的图像处理综合应用等内容。本书深入浅出、理论与实践并举,各章给出应用实例,尤其最后两章分别给出了基于 MATLAB 的模型驱动法和基于 Python 的深度学习的图像处理综合应用实例。

本书可作为高等院校计算机类、电子信息类、信息与通信工程类和融媒体类相关专业及人工智能技术专业本科生、研究生的教材,也可供从事数字图像处理、机器视觉与人工智能领域研究工作的技术人员参考。

图书在版编目(CIP)数据

新编数字图像处理技术及应用/蔺素珍主编 . —北京:电子工业出版社,2022.2

ISBN 978-7-121-42903-3

Ⅰ.①新… Ⅱ.①蔺… Ⅲ.①数字图像处理—高等学校—教材 Ⅳ.①TN911.73

中国版本图书馆 CIP 数据核字(2022)第 021540 号

责任编辑:凌毅

印　　刷:涿州市京南印刷厂

装　　订:涿州市京南印刷厂

出版发行:电子工业出版社

　　　　　北京市海淀区万寿路 173 信箱　邮编:100036

开　　本:787×1 092　1/16　印张:14.25　字数:392 千字

版　　次:2022 年 2 月第 1 版

印　　次:2023 年 7 月第 3 次印刷

定　　价:49.80 元

前　言

数字图像处理起源于 20 世纪 20 年代,标志性事件是基于数据压缩技术,从英国伦敦到美国纽约通过海底电缆成功传输了数字照片。此后,1964 年美国加州理工学院喷气推进实验室对"徘徊者 7 号"探测器传回的月球图像进行了处理,这标志着第三代计算机问世后数字图像处理技术开始得到普遍应用。进入 21 世纪,数字图像处理更是以强劲的势头飞速发展,成为了工程学、计算机科学、信息科学、统计学、物理学、化学、生物学、医学甚至社会科学等领域的学习研究对象。特别是在大数据和人工智能时代,海量数据处理和视觉(图像)信息处理已成为必不可少的关键技术之一。而今,数字图像处理已经呈现出网络化、智能化、个人化、实时化、三维化和可移动的发展趋势。可以毫不夸张地说,数字图像处理理论与技术发展速度之快、应用范围之广、与其他学科融合之紧密、高速发展持续时间之长、成果之丰富,已非其他学科能相比。

众所周知,人工智能现已成为世界各国新技术竞争的制高点。目前,虽然人工智能还没有一个确切的定义,但机器的智能离不开"感知——决策——行动"三部曲。这里的"感知"实际上就是利用各种传感器探测到相关信息并提取特征的过程,其中最主要的就是视觉感知——成像,如考察地球表面宏观植被分布、地貌和地质构造的卫星多光谱扫描成像系统,观测交通路口机动车或机场跑道上飞机的机器人视觉系统,复杂疾病检查诊断常用的 CT 成像、MRI 成像系统,无人机巡检电力线路系统等。一方面,不断拓展的应用领域给已有的数字图像处理理论和方法带来了挑战,促进了数字图像处理新理论和新方法的发展;另一方面,数字图像处理新理论和新方法的发展又促进了其应用。目前,成像波段不仅可以覆盖从 γ 射线到无线电波的电磁波谱,而且成像模态也不再仅限于光强处理,还有偏振处理等方面;处理方法方面不再仅限于模型驱动的方法,也大量采用数据驱动的方法;编程方面,不仅采用 MATLAB 语言,也广泛使用 Python 语言;处理对象方面,数字图像处理的问题不仅有确定性问题,也包括大量不确定性问题;建模方面,不仅涉及固定状态模型,也大量采用无固定状态模型;教学应用方面,新工科教育不仅强调知识和方法的学习,更加强调综合创新能力的培养。为此,与多数数字图像处理教材主要侧重于一些经典可靠的、传统的基本理论和方法(包括图像变换、图像增强、图像压缩编码、图像复原、图像分割、图像的形态学处理等)不同,我们进行了以下探索:

(1)考虑到数字图像处理技术课程不仅开设在计算机类专业,而且开设在电子信息工程、生物医学、机械制造与自动化等相关专业,因此,仍沿用传统以 MATLAB 语言为主,同时提供部分 Python 编程实例。

(2)为强化数字图像处理的应用特色、突出学以致用和综合创新能力培养,本书采用"理论内容＋工程实例"的体例,即在前面 10 章的各章介绍一个主要采用本章方法的工程实例,最后两章给出综合应用实例。

(3)提供基于深度学习的数字图像处理相关内容与应用实例。

(4)提供常用术语中英文对照(见附录 A)和 Python 语言常用图像处理函数(见附录 B)。

(5)为满足不同层面的需要,本书给出各章思维导图、学习目标和选学标识(以 * 注明)。

(6)本书配有 PPT 和程序源代码,供选用本书作为教材的教师使用和学习者参考(登录www.hxedu.com.cn,注册后免费下载)。

在本书编写过程中,参考了许多国内外的著作和文献,在此对著作者致以由衷的谢意。本书的编写得到了中北大学和电子工业出版社的大力支持,同时本书的实例部分主要采用了课题组的研究成果和编者们所带部分硕士、博士研究生的习作,在此对相关老师和同学表示感谢。全书由中北大学蔺素珍教授主编和审阅,其中蔺素珍教授撰写了第 1、2、4、6、8、11 章和第 12.2 节,中北大学秦品乐教授撰写了第 7 章,王丽芳副教授撰写了第 9 章,李大威副教授撰写了第 5、10 章、第 12.1 节和附录 B,王彦博博士撰写了第 3 章和附录 A。全书力求深入浅出、简明扼要、突出实际应用,书中每个实例都经过仿真实验。在此,还要感谢参与编程仿真的老师和同学。

由于编者水平有限,书中仍有不足和错漏之处,敬请同行专家和广大读者批评指正。

蔺素珍

2022 年 1 月

目　　录

第1章 概 述

※本章思维导图

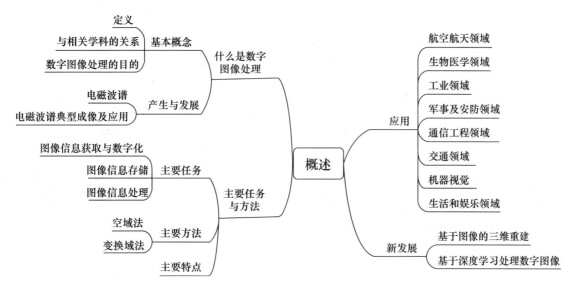

※学习目标
1. 能用自己的语言阐述数字图像处理的相关概念。
2. 了解数字图像处理技术的特点及其与相关学科的关系。
3. 能阐述数字图像处理的研究内容。
4. 了解数字图像处理技术的发展历程、研究方法、典型应用和新发展。

图是物体透射或反射的光的分布,是客观存在的事物;像是人的视觉系统对图的接受在大脑中形成的印象或反映。图像是图和像的有机结合,是客观世界能量或状态以可视化形式在人脑中的反映。在人类通过感官获得的信息中,至少有 60％的信息是来自视觉的,也就是说,我们大脑中存储的大部分信息是以像的形式存在的。因此,研究这些"像"的获取、存储、传输、管理、加工和利用,不仅是改善图像信息以方便人们解译的需要,更是人类迈向智能时代征程中机器自动理解场景并作出正确决策和行动的需要。

本章通过勾勒数字图像处理技术与应用的全貌,为读者学习与掌握相关内容奠定基础。具体内容包括:①界定数字图像处理的定义与范围;②介绍数字图像处理的基本方法与内容;③综述数字图像处理的应用领域;④讨论数字图像处理技术的发展动态。

1.1 什么是数字图像处理

无论在时间、空间上,还是在亮度、色彩上,自然界所有景物的图像都是连续的,是以模拟形式出现的,如图 1.1(a)和(b)所示。因此,自然景物图像能用连续信号处理理论来分析、设计、测试和存储,但不经过特别处理,自然景物图像是无法直接采用今天普遍使用的数字计算机或其他数字信号处理系统存储、传输和处理的。这一特别处理就是模拟图像数字化。

所谓模拟图像数字化，是指模拟图像经过采样、量化和编码形成数字图像的过程。这样处理之后，原有的模拟图像就变成了许多大小相同、形状一致的像素（Picture Element，简称 pixel），这些像素就构成了数字图像。所以说，像素是构成数字图像的最小单位，如图 1.1(c) 和(d) 所示。每个像素有两个属性：位置（通常用行和列表示）和灰度（亮暗程度），即数字图像是物体的一个数字表示。从数学的角度看，一幅数字图像可以看成是一个正整数矩阵，其计算自然遵从矩阵的相关法则。为简化起见，在后面内容中如不特别说明，我们所提及的图像都是数字图像。

(a) 模拟图像　　　(b) 图(a)放大三倍　　　(c) 数字图像　　　(d) 图(c)放大三倍

图 1.1　模拟图像与数字图像

1.1.1　数字图像处理的基本概念

数字图像处理也叫计算机图像处理。传统上，人们认为数字图像处理是将模拟图像信号转换成数字图像信号并利用计算机对其进行处理的过程，即处理的输入、输出都是图像。实际上，今天的数字图像处理远不止于此。今天的数字图像处理可以通过图 1.2 中的相关学科关系来界定，这些学科主要包括计算几何、计算机辅助几何设计、计算机图形学、模式识别与人工智能等。

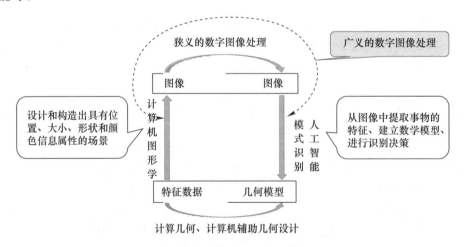

图 1.2　数字图像处理相关学科关系图

图 1.2 中的计算几何、计算机辅助几何设计主要研究用计算机表示、分析和综合几何形体，在机械设计等领域已普遍运用。计算机图形学则面向直线、圆、多边形等实体，通过"绘制"的方

式产生具有几何和视觉属性的二维及三维画面。模式识别主要通过提取声波、脑电图、照片、文字符号等对象的特征来进行事物的辨识和分类。而人工智能则旨在构造具有一定智能的人工系统。由于多数的人工系统都离不开对目标或场景信息的识别,因此往往需要进行图像识别。数字图像处理则处在计算机图形学与模式识别之间,其中直接输入CCD等拍摄的图像或计算机图形学的产生结果(如卡通图片)、输出处理结果(图像)的过程就是前面提及的传统的数字图像处理。

另外,还有一个热门的学科实际上与数字图像处理也密切相关,这就是计算机视觉。计算机视觉是研究如何使人工系统从图像或多维数据中"感知"的科学——用摄影机和计算机代替人眼,对目标进行识别、跟踪和测量等,并进一步用计算机处理成为更适合人眼观察或传送给仪器检测的图像。计算机视觉的研究内容主要包括图像获取、图像预处理(含图像的畸变校正、复原、增强等)、图像特征提取、图像分割、图像分类等,其重点是利用单幅或多幅图像创建三维场景。

实际上,现阶段的数字图像处理往往涵盖了数字图像的生成、显示、加工处理和应用。其中,图像显示和加工处理显然属于传统数字图像处理——输入图像、输出图像的范畴;而图像生成指的是通过建模生成目标、场景等二维、三维图像;图像应用指的是从图像中提取事物的特征,用于建立数学模型,进而对目标或场景进行解译,这一过程往往涉及"图像分析"(Image Analysis)和"图像理解"(Image Understanding)。其中,图像分析指对图像中感兴趣的目标进行检测和测量;在图像分析基础上进一步研究各目标的性质和它们之间的关系,得到对图像所反映的场景的合理解释的过程称为图像理解。显然,这些内容已明显超出"从输入图像到输出处理结果图像"的范畴。

目前,人们处理图像的目的至少包括以下一项或几项:

① 提高图像的视感质量,如图像增强、图像复原等。

② 对图像数据进行变换、编码和压缩,便于图像存储和传输。

③ 信息可视化,如温度场、生物组织内部结构等本身并非可视的,转化为视觉形式后更利于观察、分析和研究。

④ 提取图像中所包含的某些特征或特殊信息,便于计算机分析和识别。

⑤ 信息安全的需要,如图像加密等。

为便于区分,本书将传统的数字图像处理称为狭义的数字图像处理,而把现阶段的数字图像处理称作广义的数字图像处理。也就是说,广义的数字图像处理包括数字图像产生、显示到加工处理和应用的全过程。根据当前教学的实际需要,本书仍以狭义的数字图像处理为重点,主要介绍经典的图像处理理论与方法,但也用不少篇幅介绍图像理解、图像识别等广义的数字图像处理理论与方法,特别是基于深度学习的数字图像处理。

另外两个与图像处理相关的术语是图像处理技术和图像工程。关于前者,按世界知识产权组织的观点,技术是某一领域有效理论和方法的全部。那么,图像处理技术就是图像处理的理论与方法;而图像工程则涵盖图像的底层(像素级)、中层(通过图像特征提取、分割得到的非像素表达形式)和高层(对提取的图像特征进一步抽象、分析和综合)操作处理,这三个层次粗略地对应狭义的图像处理、图像分析和图像理解,因此,图像工程类似于广义的图像处理。

1.1.2　数字图像处理技术的产生与发展

图像处理与传输可以追溯到20世纪20年代初。当时人们使用特殊的打印设备对图片编码后用电缆传输,到达目的地后再重构成原始图像。这当然算不上本书所述的数字图像处理,实际上,人类历史上有记载的第一次用计算机处理图像是 1964 年美国加州理工学院喷气推进实验室对"徘徊者 7 号"探测器传回的月球图像进行的畸变校正(属于图像复原)。从此,拉开了数字图像处理在空间探测中应用的序幕。

随后,数字图像处理很快就在医学成像、遥感监测和天文领域大量应用开来。典型的有 20 世纪 70 年代发明的计算机断层扫描(Computed Tomography,CT)图像、X 射线(光)图像等。这些图像往往需要降低噪声污染、修复模糊变形等,于是图像增强、图像复原等技术应运而生。目前,成像波段早已遍及整个电磁波谱,处理需求也日益复杂。

(1) 电磁波谱

电磁波是在空间传播着的交变电磁场,电磁波谱(Electromagnetic Spectrum)是按照电磁波波长或频率、波数、能量顺序排列起来的电波顺序(见图 1.3)。电磁波谱可大致分为长波振荡(声波)、无线电波、微波、红外线、可见光、紫外线、X 射线、γ(伽马)或宇宙射线。不同电磁波产生的机理和方式不同。无线电波是振荡电路中自由电子的周期运动产生的;红外线、可见光、紫外线是原子的外层电子激发后产生的;X 射线和 γ 射线则分别由内层电子和原子核受激发产生。实践中,根据不同需要和习惯,采用不同的频谱参量计量单位:对 X 射线、紫外线、可见光和红外线,常用波长(μm、nm)计量;对无线电波,常用频率(Hz)或波长(m)计量;对高能粒子辐射,则常用能量(eV)描述。

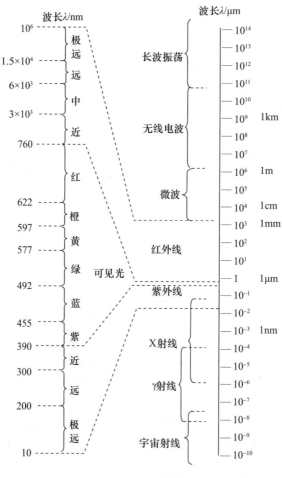

图 1.3　电磁波谱

电磁波的特征参量是波长 λ、频率 f 和光子能量 E,三者的关系是 $f = c/\lambda$,$E = hf = hc/\lambda$ 和 $E = 1.24/\lambda$。式中,E、λ 的单位分别是 eV(电子伏)和 μm,h 为普朗克常量($6.6260755 \times 10^{-34}$ J·s),

c 为光速,其真空中的近似值等于 $3\times10^8\,\mathrm{m/s}$。

（2）电磁波谱典型成像及其应用

自然界中的物体都在昼夜不停地辐射、反射电磁波,通过光电成像技术可以摄取到不同景物在同一波段或同一景物在不同波段上的"像"。随着技术进步,除我们熟悉的可见光和 X 射线等图像外,现在的成像范围已经覆盖从 γ 射线（最高能量）到无线电波（最低能量）约整个电磁波谱。电磁波谱典型成像及其应用如表 1.1 和图 1.4 所示。

表 1.1　电磁波谱典型成像及其应用

光谱区	作用类型	典型成像及其应用
宇宙或 γ 射线	原子核	核医学:注射同位素后,用正电子放射断层（Positron Emission Tomography,PET）图像 天文观测:利用被测物体自然辐射成像
X 射线	内层电子跃迁	医学和工业:X 光片、CT 图像 天文学
远紫外	电子跃迁	平版印刷、工业检测、荧光显微镜、激光、生物成像
紫外线	电子跃迁	天文观测
可见光	价电子跃迁	工农业、生产、生活
近红外	振动跃迁	短、中、长波成像、太赫兹成像（频率在 0.1～10THz 之间,位于远红外波段）,用于医疗、深空探测、安防监控等
红外线	振动或转动跃迁	
微波	转动跃迁	雷达成像
无线电波	原子核旋转跃迁	医学:MRI;天文学
声波	分子振动	地质勘探、工业、医学（B超）

(a) PET图像　(b) CT图像　(c) 可见光图像　(d) 紫外图像　(e) 红外伪彩图像　(f) 微波雷达图像

图 1.4　典型图像示例

值得一提的是,波长位于毫米波和红外线之间的太赫兹（THz）波段是新兴的成像波段,是当前世界各国成像发展的热点之一。太赫兹波是指频率在 0.1～10THz（波长为 3000～30 μm）范围内的电磁波,它是宏观经典理论向微观量子理论的过渡区,也是电子学向光子学的过渡区,被称为电磁波谱的"太赫兹空隙（THz Gap）"。相对毫米波和微波雷达成像系统,太赫兹雷达成像系统的分辨率更高,成像时间更短,图像可判读性高,可达到类似光学摄像的视频成像效果。相对光学红外成像系统,太赫兹雷达成像系统具备更强的穿透能力,在烟尘、雾霾等复杂环境下,成像性能基本不受影响,同时也不受日照条件影响,可以满足任何时间、任何地点的应用需求。

此外,一些其他模态的成像也用得越来越多,如透射电子显微镜（Transmission Electron Microscopy,TEM）成像、扫描电子显微镜（Scanning Electron Microscope,SEM）成像、偏振成像等,这些图像均可称为"来自物理对象"的图像。还有一类在艺术、工业设计和医学培训等领域广为应用的由计算机产生的图像。所有这些图像无一不需"处理",当然,现阶段这些"处理"往往都是基于计算机进行的,因此,无论成像是模拟的还是数字的,最终都可归入本书所述的数字图像处理的对象。

1.2 数字图像处理的主要任务与方法

1.2.1 数字图像处理的主要任务

1. 图像信息获取与数字化

景物通过光学成像系统进入电子器件转化为模拟图像信号,再经过模数转换器即可得到数字图像。图像获取用到的主要设备有 CCD 成像设备、飞点扫描器、扫描鼓、扫描仪等。

2. 图像信息存储

图像信息的特点是数据量大,存储采用的介质有磁带、磁盘或光盘等。为解决海量存储问题,需要研究数据压缩、图像格式和图像数据库技术等。

3. 图像信息处理

图像信息处理包括几何处理、算术处理、图像变换、图像编码与压缩、图像增强、图像复原与重建、图像分割、图像描述、图像识别和图像理解。

（1）几何处理

几何处理包括坐标变换,图像的放大、缩小、旋转、移动,多个图像配准,图像校正,图像中目标的周长、面积、体积计算等。

（2）算术处理

算术处理主要是图像与图像或者图像与数值的加、减、乘、除等运算。

（3）图像变换（Image Transformation）

一方面,数字图像阵列通常很大,若直接在空域处理,则计算量非常大。利用正交变换技术将图像的空域处理转换到频域进行,可以明显减少计算量。另一方面,图像的频率、纹理等特性在空域难以获得和处理,通过离散傅里叶变换、离散余弦变换等各种图像变换,可以间接地在变换域进行更有效的处理,如在频域中进行数字滤波、图像压缩和融合等。

（4）图像编码与压缩（Image Coding and Compression）

由于现有的大容量存储器和宽带网络仍不能满足图像数据处理、存储和传输的需要,而且单帧图像中相邻像素的相关性较强,如相邻像素有相同或相近的灰度;序列图像中相邻帧之间的相关性更强(仅有少量内容发生改变),如播报新闻的电视画面,多数情况下仅有播音员的嘴巴和眼睛在动,说明图像信息的压缩空间较大。因此,利用图像信号的统计特性和人类视觉的生理学及心理学特性对图像信号进行编码压缩不仅是必要的,而且也是可行的。经过图像编码与压缩,可以做到:①减少数据存储量;②降低码流以减少传输带宽;③压缩信息量,便于识别和理解。

（5）图像增强（Image Enhancement）

通常,图像增强不必考虑图像降质产生的原因,甚至可以是对没有降质的图像进行处理,目的是突出图像中所感兴趣的部分,如强化图像高频分量,使图像中物体轮廓清晰、细节明显;强化低频分量以减少图像中噪声的影响。图像增强既可在空域进行也可在频域进行,既可以是对灰度图像增强,也可以是对彩色图像增强。图像增强是数字图像处理中发展最早的领域和工程应用最多的领域之一。目前,图像增强已成为其他图像处理方法必不可少的前期处理环节,如先通过图像增强改变图像的全局或局部亮度、对比度等,再提取图像中的目标会更容易一些。

（6）图像复原与重建（Image Restoration and Image Reconstruction）

图像复原的目的是提高图像的质量,如去除噪声、提高图像的清晰度等。通常,图像增强的所有方法均可以用于图像复原,但并不仅限于此。原因在于:图像复原是有"金标准"的(以理想图像为目标),因此,要求对图像降质原因有一定了解。一般是根据降质过程(如运动模糊、雨丝影响、雾霾影响等)建立"降质模型",再用逆模型得到复原图像。理论上讲,降质模型肯定是非线性、时变和空间变化的,其逆模型难免会无解或存在多个解。实践中,可以在一定的精度下用线性、时不变和空间不变的模型来简化降质模型,通过建立不同的限定和约束并利用不同方法求解来形成不同的图像复原方法。

与图像复原相关的另一个术语是图像重建。图像采集是由实际景物产生二维数组的过程,反过来,如果我们已有一组与图像相关的物理数据,如何获得图像呢?这正是图像重建的任务之所在。CT 成像是图像重建的成功范例,其过程是输入物体横断面的一组投影数据,输出一幅重建图像。目前,通过多幅横断面成像重建三维实体、利用低分辨率图像重建出高分辨率图像等在医学领域已获得广泛应用。

(7) 图像分割(Image Segmentation)

图像分割是按一定的规则将图像分成若干个有意义或感兴趣区域的过程。每个区域可能代表一个对象(目标或目标的一部分)。最终,图像中有意义的特征部分被提取出来。有意义的特征包括图像中的边缘、区域等,是进一步进行图像识别、分析和理解的基础。典型的应用有车牌识别、文字识别中的字符分割与提取。需要说明的是,虽然目前已研究出不少边缘提取、区域分割方法,但还没有一个普适性方法。因此图像分割仍然是目前图像处理的研究热点之一。

(8) 图像分析(Image Analysis)

图像分析是图像识别和图像理解的必要前提。对最简单的二值图像,往往用其几何特性来描述物体的特性;对一般图像,则采用二维形状描述(包括边界描述和区域描述两类方法);对于特殊的纹理图像,可以采用二维纹理特征描述;对于三维物体描述,目前多用体积描述、表面描述、广义圆柱体描述等方法。

(9) 图像识别(Image Recognition)

传统上,图像分类识别属于模式识别的范畴。其主要内容是图像经过某些预处理(如增强、复原、压缩)后,进行图像分割和特征提取,从而进行判决分类。判决分类既可以采用经典的模式识别技术,也可以采用新兴的深度学习技术。

(10) 图像理解(Image Understanding)

图像理解是由模式识别发展起来的方法,其处理过程是"输入图像,输出描述"。这种描述并不仅是单纯用符号作出详细的描绘,而且要根据客观世界的知识利用计算机进行联想、思考及推论,从而理解图像所表现的内容。因此,图像理解有时也称为景物理解。

此外,根据事物的物理特性等建立模型,利用计算机技术生成图像、虚拟场景等新兴技术发展也很快。在人工智能等领域往往需要综合上述几项甚至更多项技术,因此,目前数字图像处理的每一项内容都在日新月异地发展,是计算机领域发展最快、影响最大的研究方向之一!

1.2.2 数字图像处理的主要方法

1. 空域法

把图像看作关于 x、y 坐标位置的像素集合,直接对二维函数的集合进行相应的处理。该类方法可进一步分为两类:

① 点处理法,包括灰度处理、算术运算和面积、周长、体积计算等;

② 邻域处理法,包括梯度运算、平滑算子运算和卷积运算等。

2. 变换域法

数字图像的变换域处理方法是先对图像进行正交变换,得到变换域系数阵列,再对系数阵列进行处理,然后逆变换到空域得到处理结果的过程。该类方法是数字图像处理研究的热点之一,具体的变换方法有很多,将在第 3 章中介绍。

值得注意的是,多数数字图像处理任务需要结合以上两种方法才行。

1.2.3　数字图像处理技术的特点

数字图像处理离不开数字计算机或其他专用数字设备,与传统的光学模拟方式相比,具有以下特点。

1. 具有数字信号处理技术共有的特点

① 处理精度高。理论上讲,一幅模拟图像可以数字化为任意大小和精度的二维数组。根据应用需求,一幅数字图像的像素可以从几十到几百万,甚至上千万,每个像素的等级可以量化为 1～16 位,甚至更高。活动图像的帧率可以从十几 Hz 到 60 Hz。

② 重现性能好。数字图像处理不会因图像存储、传输等过程而降质,只要保持足够的处理精度,就能方便地重现原始图像。

③ 灵活性高。数字图像处理不仅能进行一般的线性和非线性处理,还可以通过程序实现智能信息处理。

2. 数字图像处理的结果应用范围广

数字图像处理的结果既可供人观察,也可用于机器视觉。从供人观察的角度看,"像"来源于人类视觉,由于不存在标准人眼且观察结果受人的心理、知识背景等影响,因此,不同人对一幅图像的主观评价往往不尽相同,故常通过有统计意义的多人评价结果和客观评价指标互相印证来衡量像质。对于机器视觉而言,通常无须强调图像的自然感、舒适感和真实感,仅需根据是否利于"特征提取"和"后续目标识别和场景理解"来评价。

3. 数字图像处理技术适用面宽

输入图像既可以来自多种信息源,如小到生物的组织细胞,大到宇宙太空;也可以来自成像机理不同的多种模态,如光强图像、偏振图像等;还可以来自不同光谱,如可见光图像、超声波图像或红外图像等;甚至可以是计算机绘制的图像。总而言之,不管什么图像,只要被变换为数字编码形式后,均可用二维数组表示,进而利用计算机进行处理。

4. 数字图像处理技术综合性强

数字图像处理技术涉及数学、物理学、信号与信息处理、计算机技术、电子技术等相关学科理论与技术。

数字图像处理与模拟方式处理图像相比,也有一些不足之处。包括:①数字图像处理的信息大多是二维或二维以上的多维信息,数据量巨大;②数字图像信号占用的频带较宽;③处理费时。

1.3　数字图像处理的应用

随着传感探测技术、计算机技术、多媒体技术、移动技术和人工智能的发展,数字图像处理已经遍及海、空、工、农、医、安防等人们生产生活的方方面面,以至于我们很难想到一个不用数字图像处理的领域。下面简要列举一些代表性的应用领域及其新发展。

1.3.1　数字图像处理的应用领域

1. 航空航天领域

航天领域的星际图像处理是数字图像处理的最早应用之一。目前我国发射的"风云四号"气象卫星的成像通道多达 14 个,覆盖了可见光、短波红外、中波红外和长波红外等波段;美国 FLIR 公司的多款探测器都已做到机载宽光谱同步成像。而今,人们利用多光谱卫星图像和飞机遥感图像分析地形、地貌、植被,进行国土普查,探查地质、矿藏、森林、水利资源,监测海洋、陆地、自然灾害、环境污染,调查粮食估产、病虫害,进行气象、天气预报等已经十分普遍。

2. 生物医学领域

由于具有无创、快速、直观、准确等优势,数字图像处理广泛应用于生物医学领域。典型的应用包括:显微图像处理,DNA(脱氧核糖核酸)显示分析,红、白血球分析计数,虫卵及组织切片分析,细胞识别、染色体分析,DSA(数字减影血管造影)及其他减影技术,内脏大小、形状及异常检出,心脏活动三维图像动态分析,红外图像分析,X 光照片和超声图像冻结、增强及伪彩色处理,CT 图像处理,CT 和 MRI 图像融合,专家系统手术规划应用,生物进化图像分析等,这些应用极大提高了复杂疾病诊疗的速度和效果。尤其值得一提的是,基于深度学习的病灶识别能力甚至超过了经验丰富的医生。

3. 工业领域

数字图像处理技术用于模具、零件制造、服装与印染设计,产品无损检测、焊缝及内部缺陷检查、装配流水线零件自动检测,邮件、包裹自动分拣、识别,印刷板质量、缺陷检出,生产过程监测与监控,形状相同批量产品的数量统计,金相分析,密封元器件内部的质量检查等。这些应用不仅已经取得巨大的经济效益,而且正迈向智能化。

4. 军事及安防领域

例如,军事侦察、定位、引导、指挥等应用,巡航导弹地形识别,遥控飞行器引导,测视雷达的地形侦察,目标识别与制导,指纹自动识别,罪犯脸形合成,手迹、人像、步态、签字的鉴定识别,过期档案文字的复原,不开箱检查集装箱等。

5. 通信工程领域

在 3G 移动通信时代就已经实现了"宽带、多媒体——图文声像并茂",4G 时代更是可以方便地接收高分辨率的电影和电视节目,将电话、电视和计算机以三网合一的方式在数字通信网上传输已被广为采用,这一切都离不开图像编码压缩技术。在 5G 及即将到来的 6G 时代,远程医疗、自动驾驶、无人机作业等指日可待。

6. 交通领域

交通管制、机场监控、运动车船的视觉反馈控制、火车车厢识别、动车监控等已十分普遍。

7. 机器视觉

机器视觉作为智能机器人的重要感觉器官,主要进行三维景物的理解和识别,是目前处于研究之中的开放课题。机器视觉主要用于从事军事侦察、处于危险环境的自主机器人,从事邮政、医院和家庭服务的智能机器人,装配线工件识别、定位、太空机器人的自主操作等。

8. 生活和娱乐领域

例如,发型设计、艺术照片、服装试穿、指纹签到、刷脸开锁、计算机美术,4K、8K 直播,VR、AR 游戏,"全场景""沉浸式"体验,卫星地图生成、名片识别、二维码识别等。

1.3.2 数字图像处理的新发展

数字图像处理技术日新月异,每一个研究方向无时无刻不在产生新的理论与方法,如各种基于仿生视觉的图像增强、对雾霾和速采图像的复原与重建、基于分形理论的图像编码、基于非下采样剪切波的图像变换等,在此不再一一列举。其中,新近正对数字图像处理研究和运用带来巨变的代表性技术当属图像的图形化(基于图像的三维重建)和基于深度学习处理数字图像。

1. 基于图像的三维重建

虽然单只人眼成的像是二维的,但人脑是通过双目视觉在大脑中形成"立体"事物才认识世界的。目前,尽管成像技术发展迅猛,但从经济方便的角度看,未来相当长的时期内各类照相机、成像仪仍然以采集二维图像为主。因此,把易于采集的二维图像进行图形化处理今后仍将会有长足发展。

(1)单帧图像三维化

尽管从单帧图像中提取信息建立三维图像模型的难度较大,但在少数要求不高或结合一些先验知识的情况下仍然可以实现。如将灰度图像的数组下标当成空间中的两维、把数组元素的值当作第三维,就可以形成一幅三维图像。

(2)多帧图像三维化

双目视觉或序列图像三维化具有更广泛的意义。利用两台相机模仿人的双眼对同一目标成像,或者利用一台相机从不同视点(位置)对同一目标成像,根据"两眼"对同一视点的差异,计算匹配点的视差即可恢复出深度信息,从而模拟立体视觉。同样地,利用运动序列图像可获得相机和目标之间的相对运动,再通过匹配点或者多个目标的相互关系,建立光流方程等也可重建三维景物。感兴趣的读者可以参阅"计算机图形学"或其他三维图像重建文献。

2. 基于深度学习处理数字图像

传统的数字图像处理可以认为是采用了模型驱动的方法。所谓模型驱动法,是指基于目标特性、物理机制和任务领域知识用数学公式建立图像处理模型。而现实世界很复杂,有时我们没有办法建立固定的状态模型或者我们缺乏必要的先验知识,这时只能通过数据驱动的方法建模。深度学习是目前广为人知的数据驱动方法——通过大量的数据获得模型。因此,深度学习一经出现,就被运用到数字图像处理的方方面面,如基于深度学习的图像增强、图像重建、图像分割、图像融合等。为此,本书在第 10 章和第 12 章给出了相关内容。

本 章 小 结

本章主要介绍了数字图像处理的相关概念、发展历程、主要研究内容、研究方法和应用领域及其最新发展,要求读者能够用自己的语言阐述相关内容,为后续学习奠定基础。

思考与练习题

1.1 如何将一幅模拟图像转换成数字图像?

1.2 传统(狭义)的数字图像处理和广义的数字图像处理各指什么?

1.3 数字图像处理的目的有哪些?

1.4 简述电磁波谱上的典型成像及其应用。

1.5 数字图像处理的主要任务有哪些?

1.6 数字图像处理的基本方法是什么?

1.7 数字图像处理与哪些学科有关?

1.8 数字图像处理有哪些常见应用领域? 试举出几种典型应用。

拓 展 训 练

1. 检索并撰写短文,总结数字图像处理有哪些最新应用。

2. 下载 3~5 幅自己感兴趣的图像供后续学习使用,写下自己的疑问和对后续处理的期待。

第2章 数字图像处理的物理及技术基础

※本章思维导图

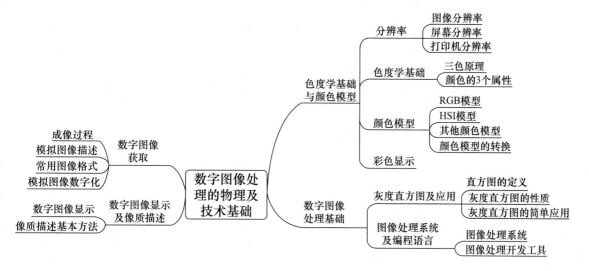

※学习目标

1. 了解成像过程、模拟图像描述及模拟图像的数字化方法。
2. 知道常用的图像格式及其特点、数字图像显示方法。
3. 初步掌握像质评价方法和直方图及其应用。
4. 能阐述不同颜色模型及其特点。

本章讨论数字图像的获取、显示及处理基础。首先,从数字图像获取的角度介绍图像的获取过程、模拟图像描述、模拟图像数字化过程中的采样、量化及采样点数和量化等级对图像质量的影响,还有图像文件读取、传输等操作涉及的常用图像文件格式;其次,从数字图像处理的角度讲述灰度等级、色度学基础与颜色模型;最后,介绍数字图像处理中一个直观、简单、重要的工具——图像直方图。

2.1 数字图像获取

任何数字图像处理都是在获取必要的场景信号后开始的,因此,本节简要介绍图像的获取过程,为后续学习奠定基础。

2.1.1 成像过程

成像技术包括获取景物的反射或辐射信号并将其转变为人眼可见图像的全过程。粗略地讲,这个过程包括用光学系统获取景物反射或辐射的电磁波、通过焦平面阵列等把电磁波转变为电信号、对电信号进行放大等处理后驱动显示器,产生可供人眼观察的图像。通常的成像系统包括5个主要的子系统:光学系统与扫描器、探测器与探测器电子线路、数字化子系统、图像处理子系统和图像重建子系统。如图 2.1 所示的通用组件模块主要出现在凝视型系统中,其中 MUX(multiplexer)和 AGC(Automatic Gain Control)分别是多路调制器和自动增益控制器。若使用阴极射线管(Cathode-Ray Tube,CRT)显示器,则有伽马校正电路;模拟成像时,内部没有模数(A/D)转换器;显示器不一定是构成成像系统的必要组件。

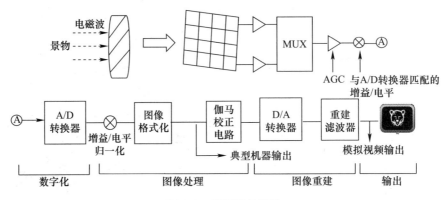

图 2.1　通用组件模块

2.1.2　模拟图像描述

经过成像系统获得的模拟视频中的任一帧就是图像。一幅图像可以看作空间中各点光强的集合,因此,我们可以简单地把光强 I 当作随空间坐标(x,y)、光线的波长 λ 和时间 t 变化的连续函数,即

$$I=f(x,y,\lambda,t) \tag{2.1}$$

光强不可能为负值,因此 $I\geqslant0$。如果仅考虑光的能量而不考虑其波长,那么图像是灰色的,称为灰度图像(Gray Image)或单色图像(Monochrome Image),这时式(2.1)变为

$$I=f(x,y,t) \tag{2.2}$$

如果处理静止图像(内容不随时间变化的图像),式(2.2)变为

$$I=f(x,y) \tag{2.3}$$

当然,如果不考虑图像内容随时间变化而考虑成像波长,那就是一幅静止的彩色图像了。静止的彩色图像函数为

$$I=f(x,y,\lambda) \tag{2.4}$$

彩色图像可以分为红(Red,R)、绿(Green,G)、蓝(Blue,B)三个基色图像,因此,静止的彩色图像函数常用 R、G、B 三个通道的值表示为

$$I=\{f_R(x,y),f_G(x,y),f_B(x,y)\} \tag{2.5}$$

考虑到三个通道的灰度图像可以合成一幅彩色图像、连续的多幅图像可形成视频(每秒大于25 帧即形成流畅的视频信号),因此,静止的灰度图像是图像处理理论和方法的主要研究对象。

2.1.3　常用的图像格式

自然界的图像是以模拟信号形式存在的,在用计算机处理以前,首先要数字化,比如摄像头摄取的信号在送往计算机处理之前,通常需要由图像采集卡进行 D/A(数模)转换。目前,随着科技进步,数码相机、数码摄像机的使用已十分普遍,我们可以方便地利用这些设备作为图像处理系统的输入设备来为后续的图像处理提供信息源。不过,无论采用什么样的输入设备,它总是按一定的图像文件格式来提供信息的。换句话说,在图像处理中,无论是读入、存储还是使用一幅图像,我们都面临着图像格式的选择问题。每当我们选择了一种图像格式,也就意味着我们使用了一种不同于其他格式的图像标准。因此,在进行图像处理以前,首先要对图像的格式有清晰的认识,才能在此基础上做进一步的开发处理。

1. BMP 格式

BMP 是英文 Bitmap(位图)的缩写,是 Windows 及 OS/2 两种操作系统中的标准图像文件格式。典型的 BMP 文件由三部分组成:一是位图文件头的数据结构,包括文件类型、显示内容等;二是位图信息的数据结构(位图信息头),如图像的宽、高、压缩方法、定义颜色信息等;三是彩色表即调色板,调色板以 4 字节为单位,大小为 2、16 和 256,每 4 字节存放一个颜色值。图像数据是指向调色板的索引,因此 BMP 只能存储单色、16 色、256 色和全彩色(24 位)4 种图像数据。BMP 有压缩和不压缩两种处理方式,其中,压缩方式只有 RLE(Run Length Encoding)4(16 色)和 RLE8(256 色)两种。由于 24 位 BMP 格式的图像文件无法压缩,通常这种格式包含的图像信息较丰富,占用存储空间过大,因此,目前 BMP 格式的图像主要在单机上使用。

2. JPEG 格式

JPEG 是联合图像专家组(Joint Photographic Experts Group)的缩写,JPEG 格式的文件扩展名为 .jpg 或 .jpeg。JPEG 格式的压缩技术十分先进,可以用有损压缩方式去除冗余的图像和彩色数据,在取得极高压缩率的同时还能展现十分丰富生动的图像,是目前主流的图像格式之一。因为 JPEG 格式的文件较小,下载速度快,使得 Web 页有可能以较短的下载时间提供大量美观的图像。所以,目前各类浏览器均支持 JPEG 格式。JPEG 格式支持 24 位真彩色,因此,常用于需要连续色调的图像。

3. TIFF 格式

TIFF(Tag Image File Format)格式是 Mac 中广泛使用的图像格式,文件扩展名为 .tif 或 .tiff。它由 Aldus 和微软联合开发,最初是为跨平台存储扫描图像而设计的。该格式有压缩和非压缩两种形式,其中压缩可采用 LZW(Lempel-Ziv-Welch)无损压缩方案。不过,由于 TIFF 格式的结构较为复杂,兼容性较差,因此有的软件可能不能正确识别 TIFF 文件(现在绝大部分软件都已解决了这个问题)。TIFF 格式存储的图像细微层次的信息非常多,因此图像的质量较好,故而非常有利于复制原稿。

4. GIF 格式

GIF 是图形交换格式(Graphics Interchange Format)的缩写,是针对 20 世纪 80 年代网络传输带宽限制开发的。GIF 格式的特点是压缩比高,存储空间占用较少,因此这种图像格式迅速得到了广泛应用。最初的 GIF 格式只是简单地用来存储单幅静止图像(称为 GIF87a),后来随着技术发展,可以同时存储若干幅静止图像进而形成连续的动画,使之成为当时支持 2D 动画为数不多的格式之一。值得一提的是,GIF89a 图像中允许指定透明区域,可获得非同一般的显示效果。目前 Internet 上大量采用的彩色动画文件多采用这种格式。不过,GIF 格式有一个缺点,即不能存储超过 256 色的图像。

5. PNG 格式

PNG(Portable Network Graphics)格式是一种新兴的网络图像格式,是 Macromedia 公司的 Fireworks 软件的默认格式。该格式结合了 GIF 及 JPEG 之长,目前大部分绘图软件和浏览器都支持 PNG 图像浏览。总的来看,PNG 格式有以下特点:一是存储形式丰富,兼有 GIF 和 JPEG 的色彩模式;二是 PNG 是采用无损压缩方式来减少文件大小的,这一点与牺牲图像品质以换取高压缩率的 JPEG 不同,因此,该格式既能把图像文件压缩到极限,又能保留所有与图像品质有关的信息;三是显示速度很快,只需下载 1/64 的图像信息就可以显示出低分辨率的预览图像;四是 PNG 和 GIF 一样支持透明图像制作,有利于一些特殊效果的制作。但 PNG 的缺点是不支持动画应用效果。

6. PSD 格式

PSD 格式是 Adobe 公司的著名图像处理软件 Photoshop 的专用格式,可以以 RGB 或 CMYK 彩色模式存储,还能自定义颜色数。PSD 文件可以看作 Photoshop 进行平面设计的一张"草稿图",它里面包含各种图层、通道、遮罩等设计样稿,以便于下次打开文件时可以修改上一次的设计。在 Photoshop 所支持的各种图像格式中,PSD 格式的存取速度比其他格式快很多。

7. SVG 格式

SVG 指可缩放的向量图形(Scalable Vector Graphics),是 World Wide Web Consortium(W3C)联盟基于 XML(Extensible Markup Language)开发的,支持用户直接用代码来描绘图像。SVG 可以任意放大图形显示,但不会以牺牲图像质量为代价,比 JPEG 和 GIF 格式的文件要小很多。

8. 其他常用的图像格式

(1) SWF

SWF(Shock Wave Format)用于 Flash 动画制作,是基于向量技术制作的,因此不管将画面放大多少倍,画面不会因此而有任何损坏。目前已成为网上动画的事实标准。

(2) PCX

PCX 是 ZSOFT 公司在开发图像处理软件 Paintbrush 时形成的一种格式,是 MS-DOS 下的常用格式,可以说是个人计算机中使用最久的一种格式。PCX 格式是一种经过压缩的格式,占用存储空间较少。由于该格式出现的时间较长,并且具有压缩及全彩色的能力,因此现在仍比较流行。

(3) DXF

DXF(Autodesk Drawing Exchange Format)是 AutoCAD 中的向量文件格式,它以 ASCII 码方式存储文件,在表现图形的大小方面十分精确。许多软件都支持 DXF 文件的输入与输出。

(4) WMF

WMF(Windows Metafile Format)是 Windows 中常见的一种图元文件格式,由微软公司开发,属于向量文件格式。它具有文件短小、图案造型化的特点,整个图形由各个独立的组成部分拼接而成,常用在 Office 软件中,不过其图形往往较粗糙。

2.1.4 模拟图像数字化

经过 2.1.1 节讨论的过程,我们获得了模拟图像。由于计算机只能处理数字图像,因此数字图像处理的一个先决条件就是将成像系统获取的模拟图像数字化。通常,给普通的计算机系统装备专用的图像数字化设备,就可以使之成为一台图像处理工作站。图像显示是数字图像处理的最后一个环节,该环节对数字图像处理是必要的,但它对于数字图像分析却不一定是必需的。

1. 数字阵列表示

数字图像采用数字阵列表示,阵列中的元素称为像素或像点,如图 2.2 所示,左边的物理图像被划分为很多小区域,每个小区域的亮度在右边的数字阵列中用一个数值代表。这样,每个像素位置 (i,j) 的数值 $f(i,j)$ 就反映了物理图像上对应点的亮度,被称为亮度值或强度值或灰度值。通常,一幅图像的灰度被分为 256 个等级,每个像素的灰度值都在 0~255 之间。

关于图像数字化,有以下几点需要说明。

① 由于 $f(i,j)$ 代表图像上位置在 (i,j) 处点的光强,而光是能量的一种形式,故 $f(i,j)$ 必须大于或等于零且为有限值。

② 数字化采样一般是按方形点阵采样的,也可以采用三角形点阵、正六边形点阵等采样

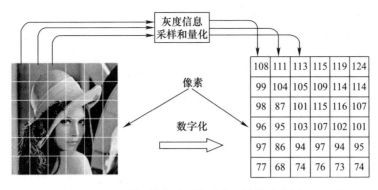

图 2.2　利用数字阵列表示物理图像示意图

方式。

③ 用 $f(i,j)$ 的数值来表示 (i,j) 位置点上灰度级值的大小,即只反映了黑白灰度的关系。如果是一幅彩色图像,各点的数值还应反映色彩的变化,可用 $f(i,j,\lambda)$ 表示,其中 λ 是波长。如果图像是运动的,则图像序列还应是时间 t 的函数,即可表示为 $f(i,j,\lambda,t)$。

2. 数字化过程

自然界景物的图像一般是连续形式的模拟图像,将模拟图像转换为数字图像才能用计算机进行处理。模拟图像数字化包括采样和量化两个过程。

(1) 采样

图像在空间上的离散化称为采样。也就是用空间上部分点的灰度值代表图像,这些点称为采样点。由于图像是一种二维分布的信息,因此为了对它进行采样操作,需要先将二维信号变为一维信号,再对一维信号完成采样。具体做法是:先沿垂直方向采样,再沿水平方向采样,即先沿垂直方向按一定间隔从上到下顺序地沿水平方向直线扫描,取出各水平线上灰度值的一维扫描线信号;然后,对一维扫描线信号按一定间隔采样得到离散信号。对于运动图像,则需要先在时间轴上采样,再沿垂直方向采样,最后沿水平方向采样。当对一幅图像采样时,若每行(横向)像素为 M 个,每列(纵向)像素为 N 个,则图像大小为 $M\times N$ 个像素。

采样间隔大小对采样后图像的质量有重要影响。实践中,要依据原始图像中包含的细节情况来决定采样间隔大小。通常图像中细节越多,采样间隔应越小。根据一维采样定理,若一维信号 $f(t)$ 的最大角频率为 ω,以 $T\leqslant 1/2\omega$ 为间隔采样,则根据采样后的结果 $f(iT)$ 能完全恢复 $f(t)$,即

$$f(t) = \sum_{t=-\infty}^{+\infty} f(iT)s(t-iT) \tag{2.6}$$

$$s(t) = \frac{\sin(2\pi\omega t)}{2\omega t} \tag{2.7}$$

(2) 量化

模拟图像经过采样后,在时间和空间上离散化为像素。但经过采样所得到的灰度值仍然是连续量。把采样后所得的各像素的灰度值从模拟量转换到离散量的过程称为图像灰度值量化。一幅图像中不同灰度值的个数称为灰度级,一般为 256 级(2^8),因此像素灰度值取值范围为 0～255 之间的整数,对应图像中的颜色为从黑到白。

连续灰度值量化为灰度级有两种方法,一是等间隔量化,二是非等间隔量化。等间隔量化就

是简单地把采样值的灰度值范围等间隔地分割并进行量化。对于像素灰度值在黑白范围内分布较均匀的图像,这种量化方法可以得到较小的量化误差。该方法也称为均匀量化或线性量化。非均匀量化是依据一幅图像灰度值的概率分布密度函数,按总的量化误差最小原则进行量化。具体做法是:对图像中像素灰度值频繁出现的灰度值范围,量化间隔取得小一些;而对那些像素灰度值极少出现的范围,则量化间隔取得大一些。由于图像灰度值的概率分布密度函数因图像不同而异,因此不可能找到一个适用于各种不同图像的最佳非等间隔量化方案。因此,实用上一般都采用等间隔量化。

经过上面的采样和量化就实现了模拟图像数字化。若一幅连续图像 $\{f(x,y)_{M \times N}\}$ 数字化后用一个离散的矩阵 $f(i,j)$ 表示,则

$$f(i,j) = \begin{bmatrix} f(0,0) & f(0,1) & \cdots & f(0,N-1) \\ f(1,0) & f(1,1) & \cdots & f(1,N-1) \\ \vdots & \vdots & & \vdots \\ f(M-1,0) & f(M-1,1) & \cdots & f(M-1,N-1) \end{bmatrix} \qquad (2.8)$$

(3)采样与量化参数选择

一幅图像在进行采样时,行、列的采样点与量化时的量化级数都会影响数字图像的质量和数据量大小。假定图像取 $M \times N$ 个采样点,每个像素量化后的二进制灰度值位数为 Q,一般 Q 取为 2 的整数幂,即 $Q = 2^k (k \in \mathbf{Z}, \mathbf{Z}$ 为整数集合,$k = 0, 1, 2, \cdots)$,则存储一幅数字图像所需的二进制位数为

$$b = M \times N \times Q \qquad (2.9)$$

字节数为

$$B = M \times N \times \frac{Q}{8} \qquad (2.10)$$

对于一幅图像,当量化级数一定时,采样点数 $M \times N$ 对图像质量有着显著的影响。如图 2.3 所示,采样点数越多,图像质量越好;当采样点数减少时,图像上的块状效应就逐渐明显。

(a)原始图像　　　　(b)采样率为 1/2　　　　(c)采样率为 1/4　　　　(d)采样率为 1/8

图 2.3　量化级数一定时采样点数变化对图像质量的影响

同理,当图像的采样点数一定时,采用不同量化级数的图像质量也不同。量化级数越多,图像质量越好;量化级数越少,图像质量就会越差。量化级数最小的极端情况就是二值图像,图像出现假轮廓,如图 2.4 所示。

在图像大小一定时,为得到质量较好的图像,可以采用如下原则采样和量化:①对边缘逐渐变化的图像,应增加量化等级,减少采样点数,以避免图像的假轮廓;②对细节丰富的图像,应增加采样点数,减少量化等级,以避免图像模糊(混叠);③对于彩色图像,按照颜色成分[红(R)、绿(G)、蓝(B)]分别采样和量化。若各种颜色成分均按 8 位量化,即每种颜色量化级别为 256,则可以处理 $256 \times 256 \times 256 = 16777216$ 种颜色。

(a) 原始图像　　　　(b) 64级　　　　　　(c) 16级　　　　　　(d) 2级

图 2.4　采样点数一定时量化级数变化对图像质量的影响

（4）图像数字化设备

将模拟图像数字化为数字图像,需要借助图像数字化设备。常见的图像数字化设备有数码相机、扫描仪和数字化仪等。一般是先把图像划分为像素,并给出它们的地址(采样);然后度量每一像素的灰度,并把连续的度量结果表示为整数(量化);最后将这些整数结果写入存储设备。为了完成这些功能,图像数字化设备必须包含以下 5 部分。

① 采样孔:使图像数字化设备能单独观测特定图像元素而不受图像其他部分的影响。

② 扫描机构:使采样孔能按照预先确定的方式在图像上移动,从而按照顺序观测到每一个像素。

③ 光传感器:通常用电荷耦合器件(Charge-Coupled Device,CCD)阵列采样检测每一像素的亮度。

④ 量化器:将光传感器输出的连续量转化为整数值。典型的量化器是 A/D 转换器,它产生一个与输入电压或电流成比例的数值。

⑤ 输出存储装置:将量化器产生的灰度值按适当格式存储起来,以用于计算机后续处理。

2.2　数字图像显示及像质描述

2.2.1　数字图像显示

图像显示是将图像数据以图像的形式显示出来,即在空间(x,y)坐标处显示对应图像$\{f(x,y)\}$的亮度值。图像处理的结果主要是显示给人们看的,因此图像显示十分重要。

1. 显示设备

可以显示图像的设备有很多。常见的显示设备主要是显示器,此外,还有可以随机访问的阴极射线管(Cathode-Ray Tube,CRT)和各种打印设备。在 CRT 中,电子枪束的水平位置可以由计算机进行控制。在每一个偏转位置,电子枪束的强度用电压来调整,每点的电压与该点所对应的灰度值成正比。这样,灰度图就转化为光亮度空间的模式,这个模式被记录在阴极射线管的屏幕上而显现出来。打印设备一般用于输出较低分辨率的图像。早期在纸上打印灰度图像的一种简便方法是利用标准行打印机的重复打印能力。输出图像上任一点的灰度值可以由该点打印的字符数量和密度控制。近年来使用的各种热敏、喷墨和激光打印机具有更高的性能,可以打印出较高分辨率的图像。一般报纸上图像的分辨率约为每英寸 100 点,而书籍或杂志上图像的分辨率约为每英寸 300 点。

2. 图像显示方法

图像显示方法有永久性显示和暂时性显示两种。永久性显示方法是指通过永久性地改变记录媒介的光吸收特性而在纸、胶片或其他永久性媒介上产生图像的硬拷贝。暂时性显示方法是指在显示屏上产生一幅暂时性的图像。

3. 图像显示特性

最重要的显示特性是图像的大小、光度分辨率、空间分辨率、低频响应和噪声特性。显示系统显示图像大小的能力包括两部分：① 显示器自身的物理尺寸，它应该足够大，可以方便地观察和理解所显示的图像；② 显示系统能够处理的最大数字图像的大小。

4. 显示系统噪声

显示系统的电子噪声会引起显示亮度与位置两个方面的变化。

（1）幅值噪声

亮度通道的随机噪声会产生一种黑白噪声点，这在平坦区域中尤其明显。如果噪声是周期性的并且有足够的强度，那么它会在被显示图像上产生一个叠加的"鱼骨形"图案。如果噪声是周期性的，并且与水平或垂直偏转信号同步，那么它会产生条状图案。

（2）点位置噪声

显示设备的偏转电路会带来一种严重的影响，即点显示间距的不均匀。除非点位置噪声极其严重，否则它不会给图像带来可察觉的几何畸变。然而，点之间的相互影响与位置噪声的组合，会产生相当大的幅值变化。

2.2.2　像质描述基本方法

无论以何种设备输出，图像质量（简称像质）总有好坏之分。鉴定一幅图像的"好坏"对一个视力正常的人来说不是什么难事，但是要让所有人对所有像质作出相同评价，则很困难。原因在于人是通过主观评价（也叫目视评估）方法来评判的，这种方法的判断结果受人的视觉感知系统和先验知识影响。个体视觉感知系统、知识背景、喜好等的不同，得出的结论往往也不尽相同。因此，往往借助在统计学上有意义的多人打分来进行评价。表 2.1 是图像主观评价尺度评分表。为避免主观性过强，通常还会通过计算图像的不同特征来评价图像质量。

表 2.1　图像主观评价尺度评分表

分数	质量尺度	妨碍尺度
5	非常好	丝毫看不出图像质量变坏
4	好	能看出图像质量变坏，不妨碍观看
3	一般	清楚地看出图像质量变坏，对观看稍有妨碍
2	差	对观看有妨碍
1	非常差	非常严重地妨碍观看

常用的客观评价方法从原理上大致可分为三类：基于信息量的评价指标、基于统计特性的评价指标和基于人眼视觉特性的评价指标。需要说明的是：①图像的客观评价指标很多，既有有参考的评价，也有无参考的评价；②主、客观评价并不总是具有一致性。

1. 基于信息量的评价指标

常用的基于信息量的评价指标有信息熵、互信息等。

（1）信息熵（Information Entropy，IE）

信息熵（IE）用来衡量图像信息的丰富程度，正常情况下，其值越大，像质越好。但噪声会使这一结论变得不成立——有些噪声越严重，该值也越大，这时像质反而不好了。如果不特别指明，下面均针对干净图像而言。IE 定义为

$$\text{IE} = \sum_{i=1}^{L} p_i \log_2 p_i \tag{2.11}$$

式中，L 表示图像的灰度级总数；p_i 表示检测到灰度级为 i 的像素在整幅图像中出现的概率。

（2）互信息（Mutual Information，MI）

互信息（MI）描述待评价图像与参考图像之间的信息量相关程度，其值越高，表示待评价图像越接近参考图像。MI 定义为

$$\mathrm{MI}_{X,F} = \sum_{i=1}^{L} \sum_{j=1}^{L} P_{X,F}(i,j) \log_2 \frac{P_{X,F}(i,j)}{P_X(i)P_F(j)} \tag{2.12}$$

式中，P_F 和 P_X 分别是待评价图像和参考图像的归一化灰度概率密度，$P_{X,F}$ 是二者的归一化联合概率密度。

2. 基于统计特性的评价指标

常见的基于统计特性的评价指标有标准差、平均梯度等。

（1）标准差（Standard Deviation，SD）

标准差（SD）主要用来衡量像素灰度分布情况，图像的标准差越大，说明图像的灰度分布越广泛，像质越好。SD 定义为

$$\mathrm{SD} = \sqrt{\frac{1}{M \times N} \sum_{m=1}^{M} \sum_{n=1}^{N} \left[I(m,n) - \bar{I} \right]^2} \tag{2.13}$$

式中，I 为图像，$\bar{I}$ 表示图像 I 的灰度均值，M、N 为图像的分辨率尺寸，$I(m,n)$ 为图像在 (m,n) 位置的像素值。

（2）平均梯度（Average Gradient，AG）

平均梯度（AG）表示图像中纹理信息、细节信息及边缘信息的差异变化，平均梯度越大，说明图像的细节越丰富，效果越清晰。AG 定义为

$$\mathrm{AG} = \frac{1}{M \times N} \sum_{m=1}^{M} \sum_{n=1}^{N} \sqrt{\frac{\Delta I_x^2(m,n) + \Delta I_y^2(m,n)}{2}} \tag{2.14}$$

式中，ΔI_x 表示在 x 方向的灰度值差分，ΔI_y 表示在 y 方向的灰度值差分。

3. 基于人眼视觉特性的评价指标

基于人眼视觉特性的评价指标有对比度、边缘强度等。

（1）对比度（Contrast，C）

对比度测量的是图像中不同亮度层级的大小，对比度越大，图像越容易观察，越符合人眼视觉变化。其定义为

$$C = \sum_{\delta} \delta(i,j)^2 P_\delta(i,j) \tag{2.15}$$

式中，$\delta(i,j) = |i-j|$ 表示相邻像素点之间的灰度值差，$P_\delta(i,j)$ 表示相邻像素灰度差为 δ 的像素点出现的概率。

（2）边缘强度（Edge Intensity，EI）

边缘强度（EI）计算的是图像边缘的梯度大小，其值越大，图像的边缘越清晰。

第 i 行、第 j 列的图像像素在 x、y 方向的一阶差分定义为

$$\nabla x I(i,j) = I(i,j) - I(i-1,j) \tag{2.16}$$
$$\nabla y I(i,j) = I(i,j) - I(i,j-1) \tag{2.17}$$

则图像的 EI 定义为

$$\mathrm{EI} = \sqrt{\left[\nabla x I(i,j) \right]^2 + \left[\nabla y I(i,j) \right]^2} \tag{2.18}$$

在图像处理中，像质评价是经典的难题，难就难在目前尚无像质评价的金标准，人们总是根据具体处理需求来评价图像的。随着图像处理的应用发展，像质评价仍然是一个不断发展的方向。由于读者目前所掌握的图像处理的知识和技能尚有欠缺，该部分内容需要结合后续学习逐

步充实。将本部分内容放在这里只是让读者明白:作为一个完整的研究,后续的每一章(或方向)实际上都涉及一个结果的评价问题,只是由于篇幅所限部分内容没有提及。

2.3 色度学基础与颜色模型

首先说明样点和点的概念。当扫描一幅图像时,需要设置扫描仪的分辨率,分辨率决定了扫描仪从源图像中每英寸取多少个样点。扫描仪将源图像看成由大量网格组成的,然后在每一个网格中取出一点,用该点的颜色值来代表这一网格中所有点的颜色值,这些被选中的点就是样点。

2.3.1 分辨率

像素并不像"克"和"厘米"那样是绝对的度量单位,而是可大可小的。如果获取图像时的分辨率较低,如50dpi,那么在显示该图像时,每英寸所显示的像素个数也很少,这样就会使像素变得较大。因此,在进一步学习之前,需要厘清"分辨率"的概念。

1. 图像分辨率

图像分辨率是指每英寸图像含有多少个点或像素,即 ppi(pixel per inch)。在数字图像中,分辨率的大小直接影响图像的质量。分辨率越高,图像细节越清晰,但产生的图像文件尺寸越大,同时处理的时间也越长,对设备的要求也越高。因此在制作图像时,要根据需要合理地选择分辨率。另外,图像的尺寸、图像的分辨率和图像文件的大小三者之间有着密切的联系。图像的尺寸越大,图像的分辨率越高,图像文件也就越大。因此,调整图像的大小和分辨率即可以改变图像文件的大小。

2. 屏幕分辨率

显示器上每单位长度显示的像素或点的数量称为屏幕分辨率,通常也是以每英寸的点数(dpi)来表示的。屏幕分辨率取决于显示器的大小及其像素设置,由计算机的显卡决定。标准的VGA 显卡的分辨率是 640×480 点(像素),即水平方向 640 点(像素)、垂直方向 480 点(像素)。现在高性能的显卡已经支持 1280×1024 像素以上的分辨率。

3. 打印机分辨率

打印机分辨率又称为输出分辨率,是指打印机输出图像时每英寸的点数(dot per inch,dpi)。打印机分辨率决定了输出图像的质量,若打印机分辨率高,则可以减少打印的锯齿边缘,在灰度的半色调表现上也会较为平滑。打印机分辨率可达到 300dpi 以上,甚至 720dpi,此时需要使用特殊纸张,而较老机型的激光打印机的分辨率通常为 300～360dpi。由于超微细碳粉技术的成熟,新型激光打印机的分辨率可达到 600～1200dpi,作为专业排版输出已经绰绰有余了。人们看到的色彩鲜艳、景物清晰的数码打印照片就是很好的应用实例。

扫描仪的分辨率单位也为 dpi,而对于图像输出设备,dpi 指输出分辨率,激光打印机的 dpi 与扫描仪的 dpi 是不同的。以 150dpi 分辨率扫描的图像,它的效果相当于激光打印机以 1200dpi 输出的效果。

2.3.2 色度学基础

1. 三色原理

在人类的视觉系统中,存在着杆状细胞和锥状细胞这两种感光细胞。杆状细胞为暗视器官,锥状细胞是明视器官,在照度足够高时起作用,并且能够分辨颜色。锥状细胞将电磁波谱的可见光部分分为 3 个波段:红(R)、绿(G)、蓝(B),这 3 种颜色被称为三基色,图 2.5 所示为人类视觉系统锥状细胞的光谱敏感曲线。根据人眼的结构,所有颜色都可看作 3 种基本色(R、G、B)按照不同的比例组合而成。为了建立统一的标准,国际照明委员会(英语为 International Commission on illumination,法语为 Commission Internationale de l'Eclairage,习惯上采用法语简称 CIE)早在 1931 年就规定了 3 种基本色的波长分别为 700nm(R)、546.1nm(G)、435.8nm(B)。将这 3 种单色光作为表色系统的三基色,这就是 CIE 的 R,G、B 颜色表示系统。一幅彩色图像的像素值可看作光强和波长的函数值 $f(x,y,\lambda)$,但在实际使用时,将其看作一幅普通二维图像,且每个像素有红、绿、蓝 3 个灰度值会更直观些。

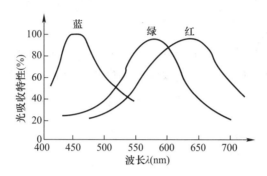

图 2.5　人类视觉系统锥状细胞的光谱敏感曲线

2. 颜色的 3 个属性

颜色是外界光刺激作用于人的视觉器官而产生的主观感觉。颜色分为两大类:非彩色和彩色。非彩色是指黑色、白色和介于这两者之间深浅不同的灰色,也称为无色系列。彩色是指除非彩色外的各种颜色。颜色有 3 个基本属性,分别是色调、饱和度和亮度,与此对应的是一种常用的颜色模型——HSI(Hue,Saturation,Intensity)模型。

2.3.3　颜色模型

为了科学地定量描述和使用颜色,人们提出了各种颜色模型。目前常用的颜色模型按用途可分为两类:一类是面向视频监视器、彩色摄像机或打印机等硬件设备的;另一类是面向以彩色处理为目的的应用,如动画中的彩色图形等。面向硬件设备的最常用颜色模型是 RGB 模型,而面向彩色处理的最常用模型是 HSI 模型。另外,在印刷工业和电视信号传输中,经常使用 CMYK 和 YUV 颜色模型。

1. RGB 模型

RGB 模型用三维空间中的一个点来表示某一种颜色,如图 2.6 所示。每个点有 3 个分量,分别代表该点颜色的红、绿、蓝亮度值,亮度值限定在[0,1]之间。在 RGB 模型的立方体中,原点所对应的颜色为黑色,它的 3 个分量值都为零。距离原点最远的顶点对应的颜色为白色,它的 3 个分量值都为 1。从黑到白的灰度值分布在这两个点的连线上,该连线称为灰色线。立方体内其余各点对应不同的颜色。立方体中有 3 个顶点对应于三基色——红色、绿色、蓝色,剩下的 3 个顶点对应于三基色的 3 个补色——黄色、青色(蓝绿色)、品红色(紫色)。

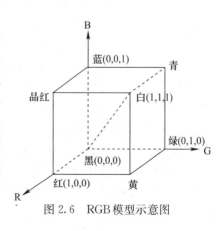

图 2.6　RGB 模型示意图

2. HSI 模型

HSI 模型由芒塞尔(Munsell)提出。该模型的建立基于两个重要的事实：一个是 I 分量与图像的彩色信息无关；另一个是 H 和 S 分量与人感受颜色的方式是密切联系的。这些特点使得 HSI 模型非常适合借助人的视觉系统来感知彩色特性的图像处理算法。

图 2.7 的色相环描述了色相和饱和度两个参数。色相用角度来表示，它反映了该彩色最接近什么样的光谱波长。一般情况下，0°表示的颜色为红色，120°表示的颜色为绿色，240°表示的颜色为蓝色。0°～240°的色相覆盖了所有可见光谱的彩色，240°～300°之间为人眼可见的非光谱色（紫色）。饱和度是指一个颜色的鲜明程度，饱和度越高，颜色越深，如深红、深绿。饱和度参数是色相环的圆心到彩色点的半径的长度。

由色相环可以看出，环的边界上是纯的或饱和的颜色，其饱和度值为 1；在中心是中性（灰色）阴影，饱和度为 0。亮度是指光波作用于感受器所发生的效应，其大小由物体反射系数来决定，反射系数越大，物体的亮度越大，反之越小。用 HSI 模型的 3 个属性可以定义一个三维柱形空间，如图 2.8 所示。灰度阴影沿着轴线从底部的黑变到顶部的白（具有最高亮度），最大饱和度的颜色位于圆柱上顶面的圆周上。

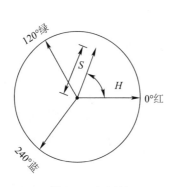

图 2.7　色相环

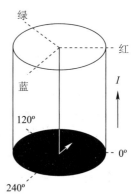

图 2.8　三维柱形空间

3. 其他颜色模型

（1）YUV 颜色模型

YUV 电视信号彩色坐标系统 PAL 制式将 R、G、B 三基色信号转换成 Y、U、V 信号，其中，Y 信号表示亮度，U、V 信号是色差信号。

（2）CMYK 颜色模型

计算机屏幕显示通常用 RGB 模型，它是通过相加来产生其他颜色的，这种做法通常称为加色合成法(Additive Color Synthesis)。印刷工业上通常用 CMYK 颜色模型，通过颜色相减来产生其他颜色，该方式称为减色合成法(Subtractive Color Synthesis)。C(Cyan)＝青色，即天蓝或湛蓝色；M(Magenta)＝品红色，又称为洋红色；Y(Yellow)＝黄色；K(Key Plate, blacK)＝定位套版色（黑色）。进行图像处理时，一般不采用 CMYK 颜色模型，原因是这种模型的图像文件很大，占用的存储空间和内存很大。

4. 颜色模型的相互转换

（1）RGB 模型转换到 HSI 模型

给定一幅 RGB 模型的图像，对任何 3 个[0,1]范围内的 R、G、B 值，其对应于 HSI 模型中的 I、S、H 分量分别为

$$
\begin{cases}
I = \dfrac{1}{3}(R+G+B) \\[2mm]
S = 1 - \dfrac{3}{(R+G+B)}\big[\min(R,G,B)\big] \\[2mm]
H = \begin{cases} \theta & B \leqslant G \\ 360° - \theta & B > G \end{cases} \\[2mm]
\theta = \arccos\left\{ \dfrac{\frac{1}{2}\big[(R-G)+(R-B)\big]}{\big[(R-G)^2+(R-G)(G-B)\big]^{\frac{1}{2}}} \right\}
\end{cases}
\tag{2.19}
$$

（2）HSI 模型转换到 RGB 模型

假设 S 和 I 的值在 $[0,1]$ 之间，R、G、B 的值也在 $[0,1]$ 之间，则 HSI 模型转换为 RGB 模型的公式分成 3 段，以便利用对称性。

当 H 在 $[0°,120°]$ 之间时

$$
\begin{cases}
R = I\left[1 + \dfrac{S\cos H}{\cos(60°-H)}\right] \\[2mm]
G = 3I - (B+R) \\[1mm]
B = I(1-S)
\end{cases}
\tag{2.20}
$$

当 H 在 $[120°,240°]$ 之间

$$
\begin{cases}
R = I(1-S) \\[2mm]
G = I\left[1 + \dfrac{S\cos(H-120°)}{\cos(180°-H)}\right] \\[2mm]
B = 3I - (B+R)
\end{cases}
\tag{2.21}
$$

当 H 在 $[240°,360°]$ 之间

$$
\begin{cases}
G = I(1-S) \\[2mm]
B = I\left[1 + \dfrac{S\cos(H-240°)}{\cos(300°-H)}\right] \\[2mm]
R = 3I - (G+B)
\end{cases}
\tag{2.22}
$$

（3）RGB 模型转换到 CMYK 模型

$$
\begin{cases}
C = W - R = G + B \\
M = W - G = R + B \\
Y = W - B = R + G \\
K = \min[C,M,Y]
\end{cases}
\tag{2.23}
$$

（4）CMYK 模型转换到 RGB 模型

$$
\begin{cases}
R = W - C = 0.5 \times (M+Y-C) \\
G = W - M = 0.5 \times (Y+C-M) \\
B = W - Y = 0.5 \times (M+C-Y)
\end{cases}
\tag{2.24}
$$

式（2.23）和式（2.24）中，W 指白色，R、G、B 分别是红色、绿色、蓝色，C、M、Y 分别代表青色、品红色和黄色。

（5）RGB 模型转换到 YUV 模型

$$
\begin{bmatrix} Y \\ U \\ V \end{bmatrix} =
\begin{bmatrix}
0.299 & 0.587 & 0.114 \\
-0.169 & -0.332 & 0.500 \\
0.500 & -0.419 & -0.081
\end{bmatrix}
\begin{bmatrix} R \\ G \\ B \end{bmatrix}
\tag{2.25}
$$

（6）YUV 模型转换到 RGB 模型

$$\begin{bmatrix} R \\ G \\ B \end{bmatrix} = \begin{bmatrix} 1 & 0 & 1.140 \\ 1 & -0.395 & -0.581 \\ 1 & 2.032 & 0 \end{bmatrix} \begin{bmatrix} Y \\ U \\ V \end{bmatrix} \qquad (2.26)$$

2.3.4 彩色显示

在彩色图像处理中,彩色显示方法主要有两种,一种是用彩色监视器显示,另一种是用彩色硬拷贝设备进行彩色显示。这两种设备的彩色显示原理是不同的。在数字图像中彩色监视器利用相加混色法产生各种颜色。相加混色的规律为

$$\begin{cases} 红色+绿色=黄色 \\ 红色+蓝色=紫色 \\ 蓝色+绿色=青色 \\ 红色+蓝色+绿色=白色 \end{cases}$$

彩色硬拷贝设备是用相减混色原理显示彩色图像的,相减混色的规律为

$$\begin{cases} 黄色=白色-蓝色 \\ 紫色=白色-绿色 \\ 青色=白色-红色 \\ 红色=白色-蓝色-绿色 \\ 绿色=蓝色-红色 \\ 蓝色=白色-绿色-红色 \\ 黑色=白色-蓝色-绿色-红色 \end{cases}$$

2.4 数字图像处理基础

2.4.1 灰度直方图及其应用

在数字图像处理中,一个简单又有用的工具是灰度直方图(Density Histogram)。它概括了一幅图像的灰度级内容。任何一幅图像的灰度直方图都包括了可观测的信息,有些类型的图像还可由其灰度直方图完全描述。灰度直方图的形状能说明图像灰度分布的总体信息。例如,出现窄峰的灰度直方图说明图像反差小,出现双峰说明图像分为不同亮度的两个区域。灰度直方图虽然不包括灰度分布的位置信息,但它的统计特征能说明许多问题。灰度直方图是多种空域处理技术的基础,是图像处理中一种十分重要的图像分析工具。灰度直方图的操作能有效用于图像增强、图像压缩、边缘检测等处理中。

1. 直方图的定义

灰度直方图是图像灰度级的函数,描述的是图像中具有该灰度级像素的个数,其横坐标是灰度级,纵坐标是该灰度出现的频率,即等于该灰度的像素的个数或者频数。灰度直方图是反映一幅图像中的灰度级与出现这种灰度的概率之间关系的图形,是图像的最基本的统计特征。

在离散形式下,用 r_k 代表离散灰度级,用 $P(r_k)$ 表示概率密度函数,则有

$$P(r_k) = \frac{n_k}{N} \qquad 0 \leqslant r_k \leqslant 1; \quad k = 0, 1, 2, \cdots, L-1 \qquad (2.27)$$

式中，n_k 为图像 $f(x,y)$ 中具有 r_k 这种灰度值的像素数，N 为图像中像素总数，而 n_k/N 为频数。根据上述定义，可以设置一个有 L 个元素的数组，其中，数组中元素的个数为 $0,1,2,\cdots,L-1$，共 256 个元素，用来表示图像的 256 个灰度级。通过统计不同灰度值像素的个数，在直角坐标系中画出 r_k 与 $P(r_k)$ 的关系图形，就得到灰度直方图。它给出了一幅图像中所有像素灰度值的整体描述。如图 2.9 所示为一幅图像及其灰度直方图。横坐标为 0～255 个灰度级，纵坐标为某个灰度级的像素个数（也可以用 n_k/N 描述）。

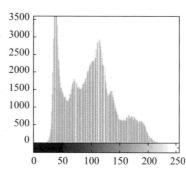

图 2.9　一幅图像及其灰度直方图

2. 灰度直方图的性质

灰度直方图描述了每个灰度级所具有的像素的个数，但是它不能为这些像素在图像中的空间位置提供任何线索。因此，任何一幅特定的图像具有唯一的灰度直方图，但反之并不成立。总的来看，灰度直方图具有如下性质。

① 灰度直方图是一幅图像中各像素灰度值出现次数（或频数）的统计结果，只反映该图像中不同灰度值出现的次数（或频数），而不能反映某一灰度值像素所在位置。也就是说，它只包含了该图像中某一灰度值的像素出现的概率，而丢失了其所在位置的信息。

② 任一幅图像都能唯一地确定出一幅与它相对应的灰度直方图，但是不同的图像可能有相同的灰度直方图。也就是说，图像与灰度直方图之间是多对一的映射关系。如图 2.10 所示，不同的图像具有相同的灰度直方图。同时，图 2.10 还说明在一幅图像中移动某个物体，图像的灰度直方图不会改变。

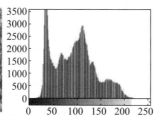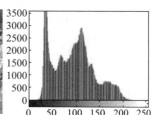

图 2.10　不同的图像具有相同的灰度直方图

③ 灰度直方图还有另一个有用的性质，该性质可以从其定义每一灰度级的像素个数直接得到。如果一幅图像由两个不连续的区域组成，并且每个区域的灰度直方图已知，则整幅图像的灰度直方图是这两个区域的灰度直方图之和。显然，该结论可以推广到任何数目的不连续区域的情形。

3. 灰度直方图的简单应用

（1）数字化参数

灰度直方图作为一个简单可见的指标，可以用来判断一幅图像是否合理。如果图像数字化的级数少于256，那么除非重新数字化图像，否则不能恢复丢失的信息。如果图像具有超出数字化器所能处理的范围的亮度，那么这些灰度级将被简单地设置为0或255，由此将在灰度直方图的一端或两端产生尖峰。通过灰度直方图的快速检查，可以使数字化过程中产生的问题及早暴露出来，以免浪费大量的后续处理时间。

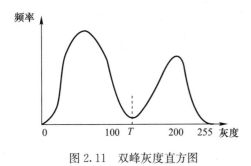

图2.11　双峰灰度直方图

（2）边缘阈值选择

轮廓线提供了一个确定图像中简单物体边界的有效方法。用轮廓线作为边界的技术称为阈值化。假定一幅图像背景是浅色的，其中有一个深色的物体，如图2.11所示为这类图像的灰度直方图。物体中的深色像素产生了灰度直方图上的左峰，而背景中大量的浅色像素产生了灰度直方图上的右峰。物体边界附近具有两峰之间灰度级的像素数目相对较少，从而产生了两峰之间的峰谷。选择谷底 T 作为灰度阈值，将得到合理的物体边界。

（3）综合光密度

灰度直方图是阈值面积函数的导数。在谷底的附近，灰度直方图的值相对较小，意味着对物体边界的影响达到最小，如果试图测量物体的面积，选择谷底处阈值将使测量对于阈值灰度变化的敏感性降到最低。因此，在给出图像的灰度直方图后，甚至在没有看到图像的情况下就可以确定物体的最佳灰度阈值，以便计算物体的面积。另外，一种可以从简单图像的灰度直方图直接计算的量是综合光密度 IOD（Integrated Optical Density），该量与被测物体的质量成正比，在医学中有重要应用，其定义为

$$IOD = \int_0^a \int_0^b D(x,y)\mathrm{d}x\mathrm{d}y \tag{2.28}$$

对于数字图像，有

$$IOD = \sum_{i=1}^{NL} \sum_{j=1}^{NS} D(i,j) \tag{2.29}$$

式中，NS、NL 分别表示图像的宽度和高度；$D(i,j)$ 是点 (i,j) 处像素的灰度值。

2.4.2　图像处理系统及编程语言

1. 图像处理系统

完整的数字图像处理系统如图2.12所示。由数字化设备产生的数字图像先进入一个适当装置进行缓存，然后根据指令由计算机调用和执行程序库中的图像处理程序。在执行过程中，输入图像被逐行读入计算机，处理之后再逐行按像素输出图像。这个过程中既离不开合适的硬件，也离不开合适的软件（如设备驱动程序、操作系统、开发工具、应用程序）。

2. 图像处理开发工具

（1）MATLAB

MATLAB 是由美国 MathWorks 公司出品的商业软件，具有矩阵运算、绘制函数、实现算法、创建用户界面、连接其他编程语言等功能。该软件常用于工程计算、控制设计、信号处理与通信、图像处理、信号检测、金融建模设计与分析等领域。由于其基本数据单位是矩阵，故处理图像问题十分方便。

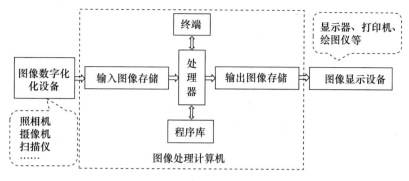

图 2.12　数字图像处理系统

（2）面向对象可视化集成工具 VC++

VC++在工业上应用较广泛，多数工业相机厂商都给出了 VC++开发包，而且有很多开源库支持，如 OpenGL、OpenCV 等，使得其功能日益强大。就图像处理而言，与 MATLAB 相比，VC++编程稍显复杂，但更利于算法硬件化。

（3）Python

Python 产生于 20 世纪 90 年代，由荷兰数学和计算机科学研究所的 Guido van Rossum 设计，其特点是简单易上手，是深度学习编码的主要工具之一，近几年用户数量增长极快。

考虑到本课程通常作为专业课程开设在高年级，这时学生通常已具备了一定的编程能力，且本课程的主要目的是学习数字图像处理的理论与技术，而非进行专门的编程训练，因此，本书没有系统介绍编程语言，而是通过实例和附录方式来展现。从本章开始，读者可以根据自身情况并利用本书附录、配套的 PPT 等，及早应用编程语言。

本 章 小 结

本章从数字图像获取与显示入手，首先介绍了成像过程、模拟图像描述、图像数字化、显示和像质评价方法，使我们能够对输入源（主要是灰度图像）有初步的了解；考虑到现实中多是彩色图像，因此接着对典型的颜色模型进行了介绍；然后，为方便着手处理图像，介绍了一种常用的图像描述手段——灰度直方图，最后指明了图像处理所必需的软硬件。

思考与练习题

2.1　简述成像的基本过程及成像系统的构成。

2.2　简述图像的常见格式。

2.3　设一幅图像 $f(x,y)$ 经过数字化后形成一幅 $M×N$ 的离散图像，用 $f(i,j)$ 表示，请列出矩阵 $f(i,j)$。

2.4　假定图像取 $M×N$ 个采样点，每个像素量化后的二进制灰度值位数为 Q，取 $Q=2^k (k=0,1,2,\cdots)$，请问存储一幅数字图像所需的二进制位数 b 和字节数。

2.5　什么是图像的大小？什么是图像的分辨率？

2.6　简述图像质量评价的基本方法，列出至少 3 个常用的图像客观评价指标表达式。

2.7　什么是三基色？相加混色和相减混色的基色是否相同？

2.8　简要介绍 RGB 模型、HSI 模型、YUV 模型，颜色有哪些基本属性？

2.9　什么是图像的灰度直方图？

2.10　通常在一幅图像中移动某一目标对灰度直方图有没有影响？一幅图像有几个灰度直方图？一个灰

度直方图对应多少幅图像?

2.11 简述数字图像处理系统的组成。

拓 展 训 练

1. 安装 MATLAB 软件,熟悉其操作并编程。

2. 结合本书配套的 PPT 或其他参考书籍完成两幅图像的输入、输出,以及两幅图像进行加、减、乘、除的结果输出。

第 3 章 数字图像处理的数学基础

※本章思维导图

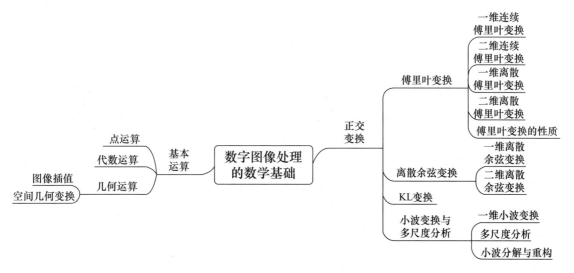

※学习目标

1. 能编程实现数字图像处理中的基本运算。
2. 熟练使用傅里叶变换等图像变换处理图像矩阵。
3. 能阐述图像变换的原理和过程,并调用 MATLAB 函数实现。

　　为了快速有效地对图像进行处理与分析,常常需要对像素矩阵进行运算、变换。本章将介绍图像的基本运算、像素矩阵的变换及其相应的 MATLAB 函数。这些数学工具在后面图像降噪、增强、去模糊、修复与压缩中都有重要应用。

3.1 数字图像的基本运算

　　图像间的基本运算主要包括图像的点运算、代数运算及几何运算。MATLAB 提供了图像运算的多种函数,读者通过本节的学习可以编程实现这些基本运算。

3.1.1 点运算

　　图像的点运算用于逐点改变一幅图像的灰度分布。假设图像像素矩阵的 (i,j) 位置的灰度值为 $f(x_i,y_i)$,则图像的点运算操作涉及图像的单个像素值,其处理过程为

$$g(x_i,y_i)=T(f(x_i,y_i)) \tag{3.1}$$

其中,$T(\cdot)$ 表示某类变换,例如线性变换 $T(x)=ax+b$,a,b 为给定参数;$g(x_i,y_i)$ 表示运算后的结果。图像的点运算可以改变像素的灰度级,应用于光学仪器校准;提高目标与背景对比度,达到突出感兴趣区域的效果;利用灰度线划分图像区域,对图像加上轮廓线。MATLAB 中图像线性变换函数为

$$Z = \text{imlincomb}(K_1, A_1, K_2, A_2, \cdots, K_n, A_n, K)$$

其中，$K_1, K_2, \cdots, K_n$ 表示权重系数；$A_1, A_2, \cdots, A_n$ 表示输入图像；K 表示一个常数。

3.1.2　代数运算

图像间的代数运算主要包括像素间的四则运算。假设两幅灰度图像分别为 $f(x,y)$ 和 $g(x,y)$，是大小为 $M \times N$ 的灰度图像。图像间的代数运算指的是对应像素间执行基本四则运算

$$s(x,y) = f(x,y) + g(x,y) \tag{3.2}$$
$$d(x,y) = f(x,y) - g(x,y) \tag{3.3}$$
$$p(x,y) = f(x,y) \times g(x,y) \tag{3.4}$$
$$v(x,y) = f(x,y) \div g(x,y) \tag{3.5}$$

其中，$x = 0, 1, \cdots, M$；$y = 0, 1, \cdots, N$。显然，经过运算所得到的图像 $s(x,y)$、$d(x,y)$、$p(x,y)$、$v(x,y)$ 也是大小为 $M \times N$ 的灰度图像。

图像间的代数运算有重要的应用，例如带有不同噪声的同一图像相加可以降噪（见例 3.1）。其他的应用包括图像相减可以增强图像的差别，图像的相乘（相除）可以用来校正阴影。在 MATLAB 中，图像间的代数运算可以调用函数来实现。设 X 和 Y 表示需要相加的两幅图像，返回值 Z 表示得到的操作结果，相应的函数如表 3.1 所示。

表 3.1　MATLAB 中图像间的代数运算函数

加法	减法	乘法	除法
$Z = \text{imadd}(X,Y)$	$Z = \text{imsubtract}(X,Y)$	$Z = \text{immultiply}(X,Y)$	$Z = \text{imdivide}(X,Y)$

【例 3.1】设 $g(x,y)$ 是无噪声图像，$\eta(x,y)$ 是噪声，观测 $g_i(x,y) = g(x,y) + \eta_i(x,y)$（$i = 1, 2, \cdots, k$），若噪声 $\eta(x,y)$ 在点 (x,y) 处是不相关的且均值为零。$\bar{g}(x,y)$ 代表 k 幅不同噪声图像平均而成，即

$$\bar{g}(x,y) = \frac{1}{k} \sum_{i=1}^{k} g_i(x,y) \tag{3.6}$$

可得 $E\{\bar{g}(x,y)\} = g(x,y)$，$\sigma_{\bar{g}(x,y)} = \frac{1}{k}\sigma_{\eta(x,y)}^2$，其中 $\sigma_{\bar{g}(x,y)}^2$ 和 $\sigma_{\eta(x,y)}^2$ 分别表示 $\bar{g}$ 和 η 在坐标 (x,y) 处的方差。当 k 增大时，$\sigma_{\bar{g}(x,y)}$ 减小，从而减少噪声。图像平均的一项重要应用是在天文学领域，该领域中由于单幅成像常常伴有传感器噪声，从而导致无法分析。其解决办法是使用传感器阵列获取图像（CCD 成像），长时间地观察同一场景达到降噪的目的[1]。

如图 3.1 所示为图像间代数相减实例。

(a) 原始图像　　　　　　　(b) 图(a)高斯滤波结果　　　　　(c) 图(a)和图(b)的代数相减

图 3.1　图像间代数相减实例

3.1.3　几何运算

图像的几何运算包括图像插值与空间几何变换。图像的插值是根据原始图像的像素值估计

周围点的像素值,它是图像缩放的基础。MATLAB 提供 3 种二维图像插值方法:最近邻插值、双线性插值和双三次插值。在 3 种方法中,最近邻插值用最近邻位置的像素值作为目标像素值估计;双线性插值采用最近的 2×2 邻域内像素值加权平均作为像素值估计;双三次插值采用最近的 4×4 邻域内像素值加权平均作为像素值估计。MATLAB 中二维图像插值函数为

$$ZI=interp2(X,Y,Z,XI,YI,Method)$$

其中,X、Y 为原始像素位置,Z 为原始像素值。相应地,XI、YI 为目标像素位置的返回值,ZI 为目标像素的估计值。Method 是所用的插值方法,例如,$'linear'$ 表示双线性插值,$'nearest'$ 表示最近邻插值,$'cubic'$ 表示双三次插值。相应的插值算法原理可以参考数值分析方面的教材,这里不再赘述。

对图像进行平移、旋转时,需要对图像进行空间几何变换,其数学表达式为

$$\begin{bmatrix} x' \\ y' \\ z' \end{bmatrix}=\boldsymbol{T}\begin{bmatrix} x \\ y \\ z \end{bmatrix} \tag{3.7}$$

其中,(x,y,z) 表示原空间坐标,(x',y',z') 为经过变换 $\boldsymbol{T}$ 后在变换空间中的坐标。因为该变换不是齐次变换,所以定义二维规范齐次坐标为 $(x,y,1)$,则相应的仿射变换为

$$\begin{bmatrix} x' \\ y' \\ 1 \end{bmatrix}=\boldsymbol{T}\begin{bmatrix} x \\ y \\ 1 \end{bmatrix}=\begin{bmatrix} a & b & p \\ c & d & q \\ l & m & s \end{bmatrix}\begin{bmatrix} x \\ y \\ 1 \end{bmatrix} \tag{3.8}$$

其中,$\begin{bmatrix} a & b \\ c & d \end{bmatrix}$ 实现图形的比例变换、对称变换、旋转变换和错切变换;$\begin{bmatrix} p \\ q \end{bmatrix}$ 实现平移变换,p、q 分别表示沿 x、y 方向的平移量;s 表示图形的缩放比例;$\begin{bmatrix} l & m \end{bmatrix}$ 的作用是实现透视变换,符号物理意义的解释可以参考文献[3]。

平移变换:假设某点 P_0 对应坐标 (x_0,y_0),经过 $(\nabla x,\nabla y)$ 的平移变换后,变换到点 P 对应坐标 (x,y),在直角坐标系下存在变换关系

$$\begin{bmatrix} x \\ y \\ 1 \end{bmatrix}=\begin{bmatrix} 1 & 0 & \nabla x \\ 0 & 1 & \nabla y \\ 0 & 0 & 1 \end{bmatrix}\begin{bmatrix} x_0 \\ y_0 \\ 1 \end{bmatrix} \tag{3.9}$$

旋转变换:假设某点 P_0 对应坐标 (x_0,y_0),经过角度为 θ 的顺时针旋转后,变换到点 P 对应坐标 (x,y),在极坐标系下存在变换关系

$$x_0=r\cos\alpha,\ y_0=r\sin\alpha \tag{3.10}$$

$$x=r\cos(\alpha+\theta)=r\cos\alpha\cos\theta-r\sin\alpha\sin\theta=x_0\cos\theta-y_0\sin\theta \tag{3.11}$$

$$y=r\sin(\alpha+\theta)=r\sin\alpha\cos\theta+r\cos\alpha\sin\theta=x_0\sin\theta+y_0\cos\theta \tag{3.12}$$

而有

$$\begin{bmatrix} x \\ y \\ 1 \end{bmatrix}=\begin{bmatrix} \cos\theta & -\sin\theta & 0 \\ \sin\theta & \cos\theta & 0 \\ 0 & 0 & 1 \end{bmatrix}\begin{bmatrix} x_0 \\ y_0 \\ 1 \end{bmatrix} \tag{3.13}$$

MATLAB 中图像空间几何变换函数为 imtransform()。图 3.2 为图 3.1(a)经过仿射变换 $\begin{bmatrix} 1 & 0 & 0 \\ 0.5 & 1 & 0 \\ 0 & 0 & 1 \end{bmatrix}$ 后的图像。

图 3.2　经过仿射变换后的图像

3.2　数字图像的正交变换

回顾线性代数中线性变换的概念,对于向量 $\boldsymbol{x},\boldsymbol{y}\in R^d,a,b\in R^1$,我们称 $\mathcal{L}$ 为线性变换,当且仅当 $\mathcal{L}(\cdot)$ 满足如下性质:

$$\mathcal{L}(a\boldsymbol{x}+b\boldsymbol{y})=a\mathcal{L}\boldsymbol{x}+b\mathcal{L}\boldsymbol{y} \tag{3.14}$$

$$\mathcal{L}(a\boldsymbol{x})=a\mathcal{L}\boldsymbol{x} \tag{3.15}$$

在图像处理中常见的线性变换为积分变换。使用积分变换时,图像作为线性空间来处理,通过某些变换将常用图像函数从空域(Spatial Domain)变换到频域(Frequency Domain),图像被表达为某种积分线性变换的一组基函数 $\{\varphi_i\}_{i=1,2,\cdots}$ 的线性组合。例如,傅里叶变换(Fourier Transform)使用正弦和余弦函数作为基函数。如果所使用的基函数满足正交条件,则称该变换为正交变换。本节将详细介绍 4 种变换,在此之前首先介绍狄拉克函数 $\delta(x,y)$ 的定义与性质。

从连续信号过渡到离散信号,通常要使用狄拉克函数 $\delta(x,y)$。$\delta(x,y)$ 满足如下条件

$$\int_{-\infty}^{+\infty}\int_{-\infty}^{+\infty}\delta(x,y)\mathrm{d}x\mathrm{d}y=1 \tag{3.16}$$

另外,$\delta(x,y)$ 函数有如下重要性质:对于所有 $x,y\neq0,\delta(x,y)=0$,则有如下恒等式成立

$$\int_{-\infty}^{+\infty}\int_{-\infty}^{+\infty}f(x,y)\delta(x-\lambda,y-u)\mathrm{d}x\mathrm{d}y=f(\lambda,u) \tag{3.17}$$

3.2.1　傅里叶变换

1. 一维连续傅里叶变换

设 $f(x)$ 为变量 x 的连续可积函数,则定义 $f(x)$ 的傅里叶变换为

$$F(u)=\int_{-\infty}^{+\infty}f(x)\mathrm{e}^{-\mathrm{j}2\pi ux}\mathrm{d}x \tag{3.18}$$

其中,j 为虚数单位,u 为频域变量,x 为空域变量。

将 $F(u)$ 恢复到 $f(x)$ 的变换称为傅里叶逆变换,定义为

$$f(x)=\int_{-\infty}^{+\infty}F(u)\mathrm{e}^{\mathrm{j}2\pi ux}\mathrm{d}u \tag{3.19}$$

需要注意的是,实函数的傅里叶变换,其结果多为复函数。不妨假设 $F(u)$ 的实部和虚部分别为 $R(u)$ 和 $I(u)$,则有

$$F(u)=R(u)+\mathrm{j}I(u) \tag{3.20}$$

约定傅里叶变换的傅里叶谱、能量谱及相位角分别为 $|F(u)|$、$E(u)$、$\varphi(u)$，即

$$|F(u)|=\sqrt{R^2(u)+I^2(u)} \tag{3.21}$$

$$E(u)|F(u)|^2=R^2(u)+I^2(u) \tag{3.22}$$

$$\varphi(u)=\arctan\frac{I(u)}{R(u)} \tag{3.23}$$

式(3.18)中，指数项 $\mathrm{e}^{-\mathrm{j}2\pi ux}$ 应用欧拉公式可以展开为

$$\mathrm{e}^{-\mathrm{j}2\pi ux}=\cos2\pi ux-\mathrm{j}\sin2\pi ux \tag{3.24}$$

能量谱是图像的重要特征，反映图像的灰度分布。例如，精细结构和细微结构的图像高频分量丰富，而低频分量反映图像的概貌。

从欧拉公式可以看出，指数函数可以表达为正弦函数和余弦函数的代数和，利用正弦函数和余弦函数的奇偶性可以简化式(3.18)傅里叶变换的计算。可以证明傅里叶变换是正交变换，也是完备的。

【例3.2】 求函数 $f(x)=\begin{cases}\dfrac{1}{2}, & -1\leqslant x\leqslant1 \\ 0, & \text{其他}\end{cases}$ 的傅里叶变换及其傅里叶谱。

解：由式(3.18)傅里叶变换的定义得

$$F(u)=\int_{-1}^{+1}\frac{1}{2}\mathrm{e}^{-\mathrm{j}2\pi ux}\mathrm{d}x=\frac{\sin(\pi u)}{\pi u} \tag{3.25}$$

$$|F(u)|=\left|\frac{\sin(\pi u)}{\pi u}\right| \tag{3.26}$$

将 $f(x)$、$F(u)$、$|F(u)|$ 绘图，如图3.3所示。对于复杂形式的 $f(x)$，傅里叶变换的计算并不简单。MATLAB中提供了快速计算傅里叶变换与逆变换的函数，将在下一节中详细介绍。

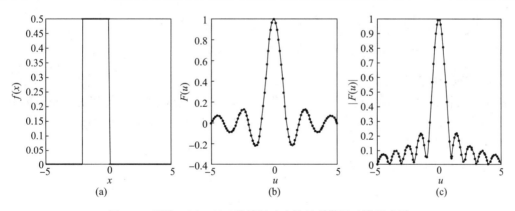

图3.3 函数 $f(x)$、$f(x)$ 的傅里叶变换及其傅里叶谱示意图

傅里叶变换的一个重要应用是快速计算卷积。卷积运算在现代深度学习与图像处理中有着广泛应用。本节约定连续变量 t 的两个连续函数 $g(t)$ 和 $h(t)$ 的卷积由算子 $*$ 表示，定义为

$$g(t)*h(t)=\int_{-\infty}^{\infty}g(\tau)h(t-\tau)\mathrm{d}\tau \tag{3.27}$$

其中，t 是一个函数划过另一个函数的位移，而 τ 是积分变量。函数 $g(t)$ 和 $h(t)$ 的定义域从 $-\infty$ 到 ∞。

令 $g(t)*h(t)$、$g(t)$、$h(t)$ 的傅里叶变换分别为 $F(g(t)*h(t))$、$G(u)$、$H(u)$，t 为空域变量，u 为频域变量，则

$$F(g(t) * h(t)) = \int_{-\infty}^{\infty} \left[\int_{-\infty}^{\infty} g(\tau) h(t-\tau) \mathrm{d}\tau \right] \mathrm{e}^{-2\mathrm{j}\pi ut} \, \mathrm{d}t$$

$$= \int_{-\infty}^{\infty} g(\tau) \left[\int_{-\infty}^{\infty} h(t-\tau) \mathrm{e}^{-2\mathrm{j}\pi ut} \, \mathrm{d}t \right] \mathrm{d}\tau$$

$$= H(u) \int_{-\infty}^{\infty} g(\tau) \mathrm{e}^{-\mathrm{j}2\pi u\tau} \, \mathrm{d}\tau = H(u)G(u) \tag{3.28}$$

其中,j 为虚数单位。

2. 二维连续傅里叶变换

一维连续傅里叶变换可以推广到两个变量连续可积的函数 $f(x,y)$。若 $F(u,v)$ 是可积的,则存在如下傅里叶变换对,可以表示为

$$F(u,v) = \int_{-\infty}^{+\infty} \int_{-\infty}^{+\infty} f(x,y) \mathrm{e}^{-\mathrm{j}2\pi(ux+vy)} \, \mathrm{d}x\mathrm{d}y \tag{3.29}$$

$$f(x,y) = \int_{-\infty}^{+\infty} \int_{-\infty}^{+\infty} F(u,v) \mathrm{e}^{\mathrm{j}2\pi(ux+vy)} \, \mathrm{d}u\mathrm{d}v \tag{3.30}$$

相应的傅里叶谱(幅度谱)、能量谱及相位谱分别定义为

$$|F(u,v)| = \sqrt{R^2(u,v) + I^2(u,v)} \tag{3.31}$$

$$E(u,v) = R^2(u,v) + I^2(u,v) \tag{3.32}$$

$$\varphi(u,v) = \arctan \frac{I(u,v)}{R(u,v)} \tag{3.33}$$

注意:本章将在章末练习题中探讨幅度谱与相位谱所包含的图像信息。

【例 3.3】 求函数 $f(x,y) = \begin{cases} \dfrac{1}{2}, & -1 \leqslant x, y \leqslant 1 \\ 0, & \text{其他} \end{cases}$ 的傅里叶变换。

解:由式(3.29)傅里叶变换的定义得

$$F(u,v) = \int_{-1}^{+1} \int_{-1}^{+1} \frac{1}{2} \mathrm{e}^{-\mathrm{j}2\pi(ux+vy)} \, \mathrm{d}x\mathrm{d}y = \frac{\sin(\pi u)}{\pi u} \frac{\sin(\pi v)}{\pi v} \tag{3.34}$$

3. 一维离散傅里叶变换

由于现实世界对于函数的观测通常是离散的,假设对连续函数 $f(x)$ 等间隔采样得到一个离散序列,该序列的采样点为 N 个,均匀间隔为 ΔT,则这个离散序列具有如下形式:$\{f(0), f(\Delta T), \cdots, f(N-1)\Delta T\}$。

一维离散傅里叶变换对定义为

$$F(u) = \sum_{x=0}^{N-1} f(x) \mathrm{e}^{-\mathrm{j}\frac{2\pi ux}{N}} \quad (u = 0, 1, \cdots, N-1) \tag{3.35}$$

$$f(x) = \frac{1}{N} \sum_{u=0}^{N-1} F(u) \mathrm{e}^{\mathrm{j}\frac{2\pi ux}{N}} \quad (x = 0, 1, \cdots, N-1) \tag{3.36}$$

一般地,取 $\Delta T = 1$,则这个离散序列表示为 $\{f(0), f(1), \cdots, f(N-1)\}$。一维离散傅里叶变换对的矩阵形式为

$$\begin{bmatrix} F(0) \\ F(1) \\ \vdots \\ F(N-1) \end{bmatrix} = \begin{bmatrix} W^0 & W^0 & W^0 & \cdots & W^0 \\ W^0 & W^{1\times 1} & W^{2\times 1} & \cdots & W^{(N-1)\times 1} \\ \vdots & \vdots & \vdots & & \vdots \\ W^0 & W^{1\times(N-1)} & W^{2\times(N-1)} & \cdots & W^{(N-1)\times(N-1)} \end{bmatrix} \begin{bmatrix} f(0) \\ f(1) \\ \vdots \\ f(N-1) \end{bmatrix} \tag{3.37}$$

$$\begin{bmatrix} f(0) \\ f(1) \\ \vdots \\ f(N-1) \end{bmatrix} = \begin{bmatrix} W^0 & W^0 & W^0 & \cdots & W^0 \\ W^0 & W^{-1\times 1} & W^{-2\times 1} & \cdots & W^{-(N-1)\times 1} \\ \vdots & \vdots & \vdots & & \vdots \\ W^0 & W^{-1\times(N-1)} & W^{-2\times(N-1)} & \cdots & W^{-(N-1)\times(N-1)} \end{bmatrix} \begin{bmatrix} F(0) \\ F(1) \\ \vdots \\ F(N-1) \end{bmatrix} \tag{3.38}$$

式中，$W = \mathrm{e}^{-\mathrm{j}\frac{2\pi}{N}}$ 称为变换核。

下面给出由一维连续傅里叶变换式(3.18)、式(3.19)到一维离散傅里叶变换式(3.35)、式(3.36)的简单推导过程。由恒等式(3.17)可得

$$f(k\Delta T) = \int_{-\infty}^{+\infty} f(x)\delta(x - k\Delta T)\mathrm{d}x \quad (k = 0,1,\cdots,N-1) \tag{3.39}$$

其中，$\delta(x) = \begin{cases} 1, & x=0 \\ 0, & \text{其他} \end{cases}$。离散后得到

$$f(t) = \sum_{n=-\infty}^{\infty} f(t)\delta(t - n\Delta T) \tag{3.40}$$

于是得到

$$F(u) = \int_{-\infty}^{\infty} \sum_{n=-\infty}^{\infty} f(t)\delta(t - n\Delta T)\mathrm{e}^{-\mathrm{j}2\pi ut}\mathrm{d}t = \sum_{n=-\infty}^{\infty} \int_{-\infty}^{\infty} f(t)\delta(t - n\Delta T)\mathrm{e}^{-\mathrm{j}2\pi ut}\mathrm{d}t$$

$$= \sum_{n=-\infty}^{\infty} f(n)\mathrm{e}^{-\mathrm{j}2\pi un\Delta T} \tag{3.41}$$

令 $u = \dfrac{k}{N\Delta T}$，得到 $F(u) = \sum_{x=0}^{N-1} f(x)\mathrm{e}^{-\mathrm{j}\frac{2\pi ux}{N}}$ $(u = 0,1,\cdots,N-1)$，即式(3.35)。类似地，可以得到傅里叶逆变换形式。

【例3.4】假设函数 $f(0)=1,f(1)=2,f(2)=4,f(3)=4$，求傅里叶变换 $F(0)$、$F(1)$、$F(2)$、$F(3)$ 的值。

解：由式(3.35)傅里叶变换的定义得

$$F(0) = \sum_{x=0}^{3} f(x) = f(0) + f(1) + f(2) + f(3) = 11$$

$$F(1) = \sum_{x=0}^{3} f(x)\mathrm{e}^{-\mathrm{j}\frac{2\pi}{4}x} = 1\mathrm{e}^0 + 2\mathrm{e}^{-\mathrm{j}\frac{\pi}{2}} + 4\mathrm{e}^{-\mathrm{j}\pi} + 4\mathrm{e}^{-\mathrm{j}\frac{3\pi}{2}} = -3 + 2\mathrm{j}$$

同理，可得 $F(2)=-1,F(3)=-3(3+2\mathrm{j})$。

需要注意的是，由于这里计算 $F(u)$ 用到了 $f(x_i)$ 所有点的值，因此傅里叶变换是一种全局变换，从而变换后丢失时序信息。为了弥补这一不足，后面将引入小波变换这种局部变换。

4. 二维离散傅里叶变换

二维离散傅里叶变换对定义为

$$F(u,v) = \frac{1}{\sqrt{MN}} \sum_{x=0}^{M-1} \sum_{y=0}^{N-1} f(x,y)\mathrm{e}^{-\mathrm{j}2\pi(\frac{xu}{M}+\frac{yv}{N})} \quad (u = 0,1,\cdots,M-1; v = 0,1,\cdots,N-1) \tag{3.42}$$

$$f(x,y) = \frac{1}{\sqrt{MN}} \sum_{u=0}^{M-1} \sum_{v=0}^{N-1} F(u,v)\mathrm{e}^{\mathrm{j}2\pi(\frac{xu}{M}+\frac{yv}{N})} \quad (x = 0,1,\cdots,M-1; y = 0,1,\cdots,N-1) \tag{3.43}$$

当 $M=N$ 时，正、逆变换具有下列对称形式

$$F(u,v) = \frac{1}{N} \sum_{x=0}^{N-1} \sum_{y=0}^{N-1} f(x,y)\mathrm{e}^{-\mathrm{j}2\pi(ux+vy)/N} \tag{3.44}$$

$$f(u,v) = \frac{1}{N} \sum_{u=0}^{N-1} \sum_{v=0}^{N-1} f(x,y) e^{j2\pi(ux+vy)/N} \tag{3.45}$$

类似于二维连续傅里叶变换,定义 $\{f(x,y)\}$ 的能量谱为 $F(u,v)$ 与 $F^*(u,v)$ 的乘积,即 $F(u,v)$ 实部的平方加虚部的平方,其中 $F^*(u,v)$ 表示 $F(u,v)$ 的共轭。二维离散傅里叶变换在数字图像处理中经常使用,MATLAB 中二维离散傅里叶变换的函数为 fft2(),相应的逆变换函数为 ifft2(),其调用方法可参考相关文献。图 3.4 直观地显示了原始图像经过二维离散傅里叶变换后在频域的图像及傅里叶能量谱。

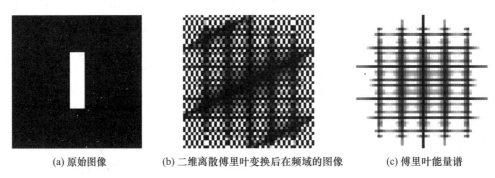

(a) 原始图像　　　　(b) 二维离散傅里叶变换后在频域的图像　　　　(c) 傅里叶能量谱

图 3.4　原始图像经过二维离散傅里叶变换后在频域的图像及傅里叶能量谱

5. 傅里叶变换的性质

一维傅里叶变换的一些基本性质见表 3.2。

表 3.2　一维傅里叶变换的性质

性质	$f(x)$	$F(u)$
线性	$af_1(x)+bf_2(x)$	$aF_1(u)+bF_2(u)$
平移	$f(x-x_0)$	$e^{-j2\pi ux_0}F(u)$
微分	$\dfrac{\mathrm{d}f(x)}{\mathrm{d}x}$	$2\pi juF(u)$
乘以 x	$xf(x)$	$\dfrac{j}{2\pi}\dfrac{\mathrm{d}F(u)}{\mathrm{d}u}$
时间伸缩	$f(ax)$	$\dfrac{1}{|a|}F\left(\dfrac{u}{a}\right)$

表 3.2 中,$f(x)$ 表示原函数,$F(u)$ 表示变换后的函数,a、b、x_0 表示常数。下面将介绍二维离散傅里叶变换的两个重要性质:可分离性与平移性。

(1) 可分离性

傅里叶变换式(3.44)、式(3.45)可表示为

$$F(u,v) = \frac{1}{N} \sum_{x=0}^{N-1} e^{-j2\pi\frac{ux}{N}} \sum_{x=0}^{N-1} f(x,y) e^{-j2\pi\frac{vy}{N}} \quad (u,v=0,1,\cdots,N-1) \tag{3.46}$$

$$f(x,y) = \frac{1}{N} \sum_{u=0}^{N-1} e^{j2\pi\frac{ux}{N}} \sum_{v=0}^{N-1} F(u,v) e^{j\pi\frac{vy}{N}} \quad (x,y=0,1,\cdots,N-1) \tag{3.47}$$

由可分离性可知,一个二维离散傅里叶变换可以连续两次运用一维离散傅里叶变换来实现。例如,式(3.46)可以分为如下两式

$$F(x,v) = N\left[\frac{1}{N} \sum_{y=0}^{N-1} f(x,y) e^{-j2\pi\frac{vy}{N}}\right] \quad (v=0,1,\cdots,N-1) \tag{3.48}$$

$$F(u,v) = \frac{1}{N} \sum_{x=0}^{N-1} F(x,v) e^{-j2\pi\frac{ux}{N}} \quad (u,v=0,1,\cdots,N-1) \tag{3.49}$$

对于每个 x 值,式(3.48)方括号中是一个一维离散傅里叶变换,因此 $F(x,v)$ 可以按 $f(x,y)$ 的每一列求变换再乘以 N 得到。在此基础上,再对 $F(x,v)$ 的每一行求傅里叶变换就可以得到 $F(u,v)$。上述过程可以描述为

$$f(x,y) \xrightarrow{\text{列变换} \times N} F(x,v) \xrightarrow{\text{行变换}} F(u,v)$$

同理,逆变换可以调用正变换程序执行,只要以 $F^*(u,v)$ 代替 $f(x,y)$ 的位置即可。

(2) 平移性

对图像 $\{f(x,y)\}$ 做傅里叶变换,得到 $F(u,v)$。通常希望将 $F(0,0)$ 移到 $F\left(\dfrac{N}{2},\dfrac{N}{2}\right)$,以得到傅里叶变换及其功率谱的完整显示。利用傅里叶变换的平移性可以证明,对 $f(x,y)(-1)^{x+y}$ 进行傅里叶变换可以将频域的中心移到 $\left(\dfrac{N}{2},\dfrac{N}{2}\right)$,其傅里叶变换结果为

$$
\begin{aligned}
F\left(\frac{u+N}{2},\frac{v+N}{2}\right) &= \frac{1}{N}\sum_{x=0}^{N-1}\sum_{y=0}^{N-1}f(x,y)\exp\left\{-\frac{\mathrm{j}2\pi}{N}\left[\left(u+\frac{N}{2}\right)x+\left(v+\frac{N}{2}\right)y\right]\right\} \\
&= \frac{1}{N}\sum_{x=0}^{N-1}\sum_{y=0}^{N-1}f(x,y)\exp[-\mathrm{j}\pi(x+y)]\exp\left[-\frac{\mathrm{j}2\pi(xu+vy)}{N}\right] \\
&= \frac{1}{N}\sum_{x=0}^{N-1}\sum_{y=0}^{N-1}f(x,y)(-1)^{x+y}\exp\left[-\frac{\mathrm{j}2\pi(xu+vy)}{N}\right] \\
&\quad (u,v=0,1,2,\cdots,N-1)
\end{aligned}
\tag{3.50}
$$

3.2.2 离散余弦变换

离散余弦变换(Discrete Cosine Transform,DCT)也是数字图像处理中常用的正交变换之一,但只是变换到实数域,从而更适用于图像处理。

离散余弦变换主要用于对声音和图像(包括静止图像和运动图像)进行有损数据压缩,这是因为离散余弦变换具有很强的"能量集中"特性。部分的自然信号(包括声音和图像)的能量都集中在离散余弦变换的低频部分,而且当信号具有接近马尔可夫过程(Markov Process)的统计特性时,离散余弦变换的去相关性接近 KL 变换(Karhunen-loève 变换,具有最优的去相关性)的性能。

【例3.5】在静止图像编码标准 JPEG、运动图像编码标准 MPEG 和 H.26x 的各个标准中均使用了二维离散余弦变换(DCT)。在这些标准中,首先对输入图像进行 DCT 变换,然后将 DCT 变换系数量化之后进行熵编码。在对输入图像进行 DCT 变换前,需要将图像分成 $N \times N$ 个子块,通常 $N=8$,对每个 8×8 子块的每行进行 DCT 变换,然后每列进行 DCT 变换,得到 8×8 维的变换系数矩阵。其中,(0,0)位置的元素就是直流分量,矩阵中的其他元素根据其位置,表示不同频率的交流分量。在以上特性的基础上,改进的离散余弦变换可以用在高级音频编码、Vorbis 和 MP3 音频压缩中。

此外,离散余弦变换也经常用于使用谱方法求解偏微分方程,这时不同的变量对应数组两端不同的奇/偶边界条件。下面着重讨论 DCT 的基本定义及其在数字图像处理中的应用。

1. 一维离散余弦变换

一维离散余弦变换定义为

$$F(0) = \frac{1}{\sqrt{N}}\sum_{x=0}^{N-1}f(x) \tag{3.51}$$

$$F(u) = \sqrt{\frac{2}{N}}\sum_{x=0}^{N-1}f(x)\cos\frac{2(x+1)u\pi}{2N} \tag{3.52}$$

$$f(x) = \sqrt{\frac{1}{N}}F(0) + \sqrt{\frac{2}{N}}\sum_{u=1}^{N-1}F(u)\cos\frac{2(x+1)u\pi}{2N} \tag{3.53}$$

其中，$F(u)$ 是第 u 个离散余弦变换的系数，u 是广义频率变量，$u=1,2,\cdots,N-1$。$f(x)$ 是空域的 N 点序列，$x=0,1,2,\cdots,N-1$。式(3.52)和式(3.53)构成了一维离散余弦变换对。

2. 二维离散余弦变换

二维离散余弦变换定义为

$$F(0,0) = \frac{1}{N}\sum_{x=0}^{N-1}\sum_{y=0}^{N-1}f(x,y) \tag{3.54}$$

$$F(0,v) = \frac{\sqrt{2}}{N}\sum_{x=0}^{N-1}\sum_{y=0}^{N-1}f(x,y)\cos\frac{(2y+1)v\pi}{2N} \tag{3.55}$$

$$F(u,0) = \frac{\sqrt{2}}{N}\sum_{x=0}^{N-1}\sum_{y=0}^{N-1}f(x,y)\cos\frac{(2x+1)u\pi}{2N} \tag{3.56}$$

$$F(u,v) = \frac{2}{N}\sum_{x=0}^{N-1}\sum_{y=0}^{N-1}f(x,y)\cos\frac{(2x+1)u\pi}{2N}\cos\frac{(2y+1)v\pi}{2N} \tag{3.57}$$

式(3.57)是正交变换式，其中 $f(x,y)$ 是空域的二维向量元素，$u,v=0,1,2,\cdots,N-1$，$F(u,v)$ 是变换系数矩阵的元素。

二维离散余弦逆变换表示为

$$f(x,y) = \frac{1}{N}F(0,0) + \frac{\sqrt{2}}{N}\sum_{v=1}^{N-1}F(0,v)\cos\frac{(2y+1)v\pi}{2N} + \frac{\sqrt{2}}{N}\sum_{v=1}^{N-1}F(u,0)\cos\frac{(2x+1)u\pi}{2N} +$$

$$\frac{2}{N}\sum_{u=1}^{N-1}\sum_{v=1}^{N-1}F(u,v)\cos\frac{(2x+1)u\pi}{2N}\cos\frac{(2y+1)v\pi}{2N} \tag{3.58}$$

其中，$x,y=0,1,2,\cdots,N-1$。

二维离散余弦变换具有系数为实数、正变换与逆变换的核相同的特点。为了分析计算方便，还可以用矩阵的形式来表示。

设 f 为一个 N 点的离散信号序列，即 f 可以用 $N\times1$ 维的列向量表示，F 为频域中一个 $N\times1$ 维的列向量。$N\times N$ 维的矩阵 C 为离散余弦变换矩阵，一维离散余弦变换表示为

$$F = Cf \tag{3.59}$$

$$f = C^{T}F \tag{3.60}$$

二维离散余弦变换可以表示为

正变换

$$F = CfC^{T} \tag{3.61}$$

逆变换

$$f = C^{T}FC \tag{3.62}$$

其中

$$C = \sqrt{\frac{2}{N}}\begin{bmatrix} \sqrt{\frac{1}{2}} & \sqrt{\frac{1}{2}} & \cdots & \sqrt{\frac{1}{2}} \\ \cos\frac{1}{2N}\pi & \cos\frac{3}{2N}\pi & \cdots & \cos\frac{2N-1}{2N}\pi \\ \vdots & \vdots & & \vdots \\ \cos\frac{N-1}{2N}\pi & \cos\frac{3(N-1)}{2N}\pi & \cdots & \cos\frac{(2N-1)(N-1)}{2N}\pi \end{bmatrix}$$

C 是一个正交矩阵，即 $C^{T}C = I$，I 为单位矩阵。

在 MATLAB 中,二维 DCT 变换的函数为 dct2(),相应逆变换函数为 idct2(),返回 DCT 变换矩阵的函数为 dctmtx()。

【例 3.6】 设一幅 4×4 的图像用矩阵表示为 $f(x,y) = \begin{bmatrix} 1 & 1 & 1 & 1 \\ 1 & 0 & 0 & 1 \\ 1 & 0 & 0 & 1 \\ 1 & 1 & 1 & 1 \end{bmatrix}$, $N = 4$,则

$$C = \sqrt{\frac{1}{2}} \begin{bmatrix} \sqrt{\frac{1}{2}} & \sqrt{\frac{1}{2}} & \sqrt{\frac{1}{2}} & \sqrt{\frac{1}{2}} \\ \cos\frac{\pi}{8} & \cos\frac{3\pi}{8} & \cos\frac{5\pi}{8} & \cos\frac{7\pi}{8} \\ \cos\frac{2\pi}{8} & \cos\frac{6\pi}{8} & \cos\frac{10\pi}{8} & \cos\frac{14\pi}{8} \\ \cos\frac{3\pi}{8} & \cos\frac{9\pi}{8} & \cos\frac{15\pi}{8} & \cos\frac{21\pi}{8} \end{bmatrix} \approx \begin{bmatrix} 0.5 & 0.5 & 0.5 & 0.5 \\ 0.653 & 0.271 & -0.271 & -0.653 \\ 0.5 & -0.5 & -0.5 & 0.5 \\ 0.270 & -0.653 & 0.653 & -0.271 \end{bmatrix}$$

试求 $f(x,y)$ 的离散余弦变换 $F(u,v)$。

解：

$$F(u,v) = CfC^{\mathrm{T}}$$

$$= \begin{bmatrix} 0.5 & 0.5 & 0.5 & 0.5 \\ 0.653 & 0.271 & -0.271 & -0.653 \\ 0.5 & -0.5 & -0.5 & 0.5 \\ 0.270 & -0.653 & 0.653 & -0.271 \end{bmatrix} \begin{bmatrix} 1 & 1 & 1 & 1 \\ 1 & 0 & 0 & 1 \\ 1 & 0 & 0 & 1 \\ 1 & 1 & 1 & 1 \end{bmatrix} \begin{bmatrix} 0.5 & 0.5 & 0.5 & 0.5 \\ 0.653 & 0.271 & -0.271 & -0.653 \\ 0.5 & -0.5 & -0.5 & 0.5 \\ 0.270 & -0.653 & 0.653 & -0.271 \end{bmatrix}^{\mathrm{T}}$$

$$\approx \begin{bmatrix} 3 & 0 & 1 & -0.002 \\ 0 & 0 & 0 & 0 \\ 1 & 0 & -1 & 0 \\ -0.002 & 0 & 0 & 0 \end{bmatrix}$$

从结果可以看出,离散余弦变换具有信息强度集中的特点。图像进行 DCT 变换后,在频域中矩阵左上角低频的幅值大而右下角高频的幅值小,经过量化处理后,产生大量的零值系数,在编码时可以压缩数据。因此,DCT 变换被广泛用于视频编码和图像压缩中。在 JPEG 图像压缩算法中,输入图像被分块处理(见图 3.5),然后进行 DCT 变换,将得到的 DCT 系数量化、编码、传输。

(a) 原始图像

(b) 经过DCT变换后的图像

图 3.5　DCT 变换示例

图 3.5(b)对图 3.5(a)进行 8×8 分块并进行 DCT 变换,变换后每块的 64 个系数只保留 10 个,但基本不影响图片的视觉效果。

3.2.3 KL 变换

Karhunen-Loève(KL)变换是一种主成分分析变换方法。主成分分析变换方法是一种重要的线性方法,在统计、信号处理、图像处理及其他学科中广泛应用。当变量之间存在一定相关关系时,可以通过原始变量的线性组合,构成为数较少的新变量代替原始变量。这种处理方法称为主成分分析,其中的新变量称为原始变量的主成分。

设大小为 $N×N$ 的 M 幅图像 $f_i(x,y),i=1,2,\cdots,M$,每幅图像以向量形式表示为

$$\boldsymbol{X}_i=\begin{bmatrix} f_i(0,0) \\ f_i(0,1) \\ \vdots \\ f_i(N-1,N-1) \end{bmatrix}$$

$\boldsymbol{X}$ 向量的协方差矩阵定义为

$$\boldsymbol{C}_x=E\{(\boldsymbol{X}-m_x)(\boldsymbol{X}-m_x)^{\mathrm{T}}\}$$

其中,$m_x=E\{\boldsymbol{X}\}$。

令 φ_i 和 $\lambda_i(i=1,2,\cdots,N^2)$ 为 $\boldsymbol{C}_x$ 的特征向量和对应的特征值,特征值按降序排列。变换矩阵的行是 $\boldsymbol{C}_x$ 的特征值,则变换矩阵为

$$\boldsymbol{A}=\begin{bmatrix} \varphi_{11} & \varphi_{12} & \cdots & \varphi_{1N^2} \\ \varphi_{21} & \varphi_{21} & \cdots & \varphi_{2N^2} \\ \vdots & \vdots & & \vdots \\ \varphi_{N^21} & \varphi_{N^22} & \cdots & \varphi_{N^2N^2} \end{bmatrix}$$

式中,φ_{ij} 对应第 i 个特征向量的第 j 个分量。

KL 变换的定义为

$$\boldsymbol{K}=\boldsymbol{A}(\boldsymbol{X}-m_x) \tag{3.63}$$

其中,$\boldsymbol{K}$ 为新的图像向量,$(\boldsymbol{X}-m_x)$ 为原始向量 $\boldsymbol{X}$ 减去均值向量 m_x,称为中心化的图像向量。KL 变换的步骤如下:

① 求协方差矩阵 $\boldsymbol{C}_x$;

② 求协方差矩阵的特征值 λ_i;

③ 求协方差矩阵的特征向量 φ_i;

④ 构成特征矩阵 $\boldsymbol{A}$,按式(3.63)计算 $\boldsymbol{K}$。

KL 变换是均方误差最小意义上的最优变换,去相关性好,可用于数据压缩、图像旋转等。但是它是非分离变换,必须计算协方差矩阵及其特征值和特征向量,因此计算量巨大。此外,因为 KL 变换没有快速算法,所以应用有一定局限。

【例 3.7】对于一幅 452×452 像素的图像,选取前 71 个特征向量、前 21 个特征向量分别重建图片,结果如图 3.6 所示。

图 3.6(b)表示选取前 71 个特征向量的重建结果,可以保持 99% 的能量;图 3.6(c)表示选取前 21 个特征向量的重建结果,可以保持 95% 的能量。

(a) 原始图像　　　　(b) 选取前71个特征向量的重建结果 (c) 选取前21个特征向量的重建结果

图 3.6　KL 变换重建结果

3.2.4　小波变换与多尺度分析

傅里叶变换将信号展开为无限个正弦和余弦函数的线性组合,其缺陷是仅提供有关频率的信息,不能获得事件所反映的时间方面信息。换而言之,傅里叶谱提供了图像中出现的所有频率,但是并不能告知它们出现在何处。想象一首美妙的旋律,傅里叶变换可以识别音符及出现的频率,但不能确定演奏的次序;而小波变换具有有限持续时间,从而像一首乐谱,音乐家的演奏录音可以看成小波的逆变换,用时频来重构信号。与傅里叶变换相比较,小波变换在两个方向上做了扩展。

① 采用小波基函数(Wavelet,母小波),比正弦和余弦函数都要复杂。小波基函数提供某种程度上的时间、空间定位。需要说明的是,小波基函数的选取不唯一,后面将以 Haar(哈尔)小波基函数为例进行介绍。

② 小波分析在多尺度上进行(多尺度、分辨率分析)。例如,地图通常以不同尺度绘制,在较大尺度如中国地图上,省和城市作为主要特征,而像城市街道和地区(如中北大学)这些细节信息很难分辨;但在较小尺度如太原市地图上,细节变得可见,但省和城市变得不可见了,这就是多分辨率分析被提出的原因。

1. 一维小波变换

本节首先介绍一些小波变换的基本概念,这对理解多分辨率分析有重要作用。为了简单起见,本书主要以线性空间为基础讨论小波变换。需要指出的是,小波变换可以建立在更一般的泛函空间,如巴拿赫空间(Banach Space)、希尔伯特空间(Hilbert Space)上。

设函数 $f(t)$ 具有有限能量$[f(t) \in L^2(R)]$,$L^2(R)$ 表示在实数域 R 上的平方可积函数。给定小波基函数 $\psi(t)$,$\overline{\psi(t)}$ 是 $\psi(t)$ 的共轭函数,则信号 $f(t)$ 的连续小波变换定义为

$$W_f(a,b) = \frac{1}{\sqrt{a}} \int_{-\infty}^{+\infty} f(t) \overline{\psi\left(\frac{t-b}{a}\right)} \mathrm{d}t = \int_{-\infty}^{+\infty} f(t) \overline{\psi_{ab}(t)} \mathrm{d}t, a > 0 \tag{3.64}$$

式中,a 为尺度系数,b 为定位系数。小波变换的实质是将 $L^2(R)$ 空间中的任意函数 $f(t)$ 表示成为具有不同伸缩因子和平移因子投影的叠加,小波函数事实上是信号处理的滤波器。不妨把 $f(t)$ 类比成观察目标,$\psi(t)$ 表示镜头所起的作用(如卷积或滤波),b 相当于镜头对于目标的平行移动,a 相当于镜头的推进或远离。由此可见,b 仅影响时频窗口在相平面时间轴上的位置,而 a 不仅影响时频窗口在频率轴上的位置,也影响窗口的形状。这样小波变换对于不同频域在时域上的步长是可以调节的,也就是多分辨率。

若 $a < 1$,则函数 $\psi_{ab}(t) = \frac{1}{\sqrt{a}} \psi\left(\frac{t-b}{a}\right)$ 具有收缩作用。需要说明的是,小波基函数的选择既不是唯一的,也不是任意的。$\psi(t)$ 是归一化的具有单位能量的解析函数,它应满足如下几个条件:

① 定义域应是紧支撑的,即在很小的区间之外,函数值为零,该函数具有速降特性。

② 平均值为零，即

$$\int_{-\infty}^{+\infty} \psi(t)\mathrm{d}t = 0 \tag{3.65}$$

③ 其高阶矩也为零，即

$$\int_{-\infty}^{+\infty} t^k\psi(t)\mathrm{d}t = 0 \quad (k = 0,1,2,\cdots,N-1) \tag{3.66}$$

④ 小波的容许特性条件

$$C_\Psi = \int_{-\infty}^{+\infty} \frac{|\Psi(\omega)|^2}{\omega}\mathrm{d}\omega < \infty \tag{3.67}$$

式中，$\Psi(\omega) = \int_{-\infty}^{+\infty} \psi(t)\mathrm{e}^{-\mathrm{j}\omega t}\mathrm{d}t$ 表示 $\psi(t)$ 的傅里叶变换。C_Ψ 有限，代表 $\Psi(\omega)$ 连续可积，且 $\Psi(0) = \int_{-\infty}^{+\infty} \psi(t)\mathrm{d}t = 0$。类似地，可以定义小波逆变换为

$$f(t) = \frac{1}{C_\Psi}\int_0^{+\infty}\int_{-\infty}^{+\infty}\frac{1}{a^2}W_f(a,b)\psi\left(\frac{t-b}{a}\right)\mathrm{d}a\,\mathrm{d}b \tag{3.68}$$

实践中更常用的是离散小波变换，将式（3.64）离散化，设 a_0、b_0 为给定常数，离散小波基函数

$$\psi_{jk}(t) = a_0\psi(a_0^{-j}t - kb_0) \tag{3.69}$$

离散小波系数

$$W_{jk}(t) = \int_{-\infty}^{+\infty} f(t)\,\overline{\psi_{jk}(t)}\mathrm{d}t \tag{3.70}$$

其中，k、b_0 决定 $\psi_{jk}(t)$ 沿时间轴的位置，j、a_0 决定 $\psi_{jk}(t)$ 的宽度。选取 $a_0 = \frac{1}{2}$，$b_0 = 1$，则称二进制小波。理论上可以证明，将连续小波变换离散成离散小波变换，信号的基本信息不会丢失。由于小波基函数的正交性，使得小波空间中两点之间因冗余度造成的关联得以消除。

2. 多尺度分析

多尺度分析又称为多分辨率分析，是小波分析中的重要组成部分。它将信号处理的子带编码、数字语音识别的积分镜像过滤及金字塔图像处理等多学科技术有效统一在一起。此外，它也提供了一种构造小波的统一框架。在观察图像时，对于不同大小的物体，往往采用不同的分辨率，若物体不仅尺寸有大有小，而且对比度有强有弱时，多尺度分析就能凸显出其优势。

将平方可积函数 $f(t)\in L^2(R)$ 看成是某一逐级逼近的极限情况，每级逼近都是用某一低通平滑函数 $\psi(t)$ 对 $f(t)$ 做平滑的结果。在逐级逼近时，平滑函数 $\psi(t)$ 也做逐级伸缩，称为多尺度（多分辨率），即用不同尺度来逐级逼近待分析函数 $f(t)$。

设子空间 V_j 和 W_j 满足

$$\cdots,V_1=V_0\oplus W_0,V_2=V_1\oplus W_1,\cdots,V_{j+1}=V_j\oplus W_j,\cdots \tag{3.71}$$

其中，$j\in Z$ 是 $(-\infty,+\infty)$ 中的整数，j 越小，子空间越大；$\oplus$ 表示线性空间的直和。对于 $L^2(R)$ 空间，有如下事实成立：

① 当 $j\rightarrow-\infty$，$V_j\rightarrow L^2(R)$，从而 $\bigcup_{j\in \mathbf{Z}} V_j = L^2(R)$；

② 当 $j\rightarrow+\infty$，$V_j\rightarrow 0$，从而 $\bigcap_{j\in \mathbf{Z}} V_j = \{0\}$；

③ $V_j\perp W_j$ 且 $W_i\perp W_j$，$i\neq j$，$\perp$ 表示子空间正交。

④ 正交基存在，即存在 $\varphi(t)\in V_0$，使得 $\varphi(a_0^{-j}t-kb_0)$ 构成 V_j 中的正交基。

⑤ 对任意 $k\in\mathbf{Z}$，正交基函数满足 $\varphi(a_0^{-j}t)\in V_j\Rightarrow\varphi(a_0^{-j}t-kb_0)\in V_j$，$\varphi(t)$ 有时称为尺度函数。

综上所述,多尺度分析指一串嵌套式子空间逼近序列$\{V_j\}_{j\in\mathbf{z}}$,设φ_{jk}是$\{V_j\}_{j\in\mathbf{z}}$产生的尺度函数,它的补空间$\{W_j\}_{j\in\mathbf{z}}$满足$V_{j+1}=V_j\oplus W_j$,$\{W\}_{j\in\mathbf{z}}$构成小波空间,设$\psi_{jk}(t)$为小波基,则任意信号$f(t)$可以多尺度展开为

$$f(t)=\sum_k c_{jk}\varphi_{jk}(t)+\sum_{j'>j}\sum_k d_{j'k}\psi_{j'k}(t) \tag{3.72}$$

其中,j表示任意开始尺度,c_{jk}称为尺度系数,$d_{j'k}$称为小波系数。式(3.72)中等式右边的第一项提供了$f(t)$在尺度j上的近似,特别地,当$f(t)\in V_j$时,该函数的展开是精确的。式(3.72)中,等式右边的第二项对于更高的尺度j',更细的分辨率被添加到近似中,以获得细节的增加。规定式(3.72)是一个正交展开,则

$$c_{jk}=\int_{-\infty}^{+\infty}f(t)\,\overline{\varphi_{jk}(t)}\mathrm{d}t \tag{3.73}$$

$$d_{j'k}=\int_{-\infty}^{+\infty}f(t)\,\overline{\psi_{j'k}(t)}\mathrm{d}t \tag{3.74}$$

式中,$\overline{\varphi_{jk}(t)}$、$\overline{\psi_{j'k}(t)}$分别表示函数$\varphi_{jk}(t)$、$\psi_{j'k}(t)$的共轭函数。

【例3.8】$y=x^2$的 Haar 小波序列展开。

解:Haar 尺度函数为$\varphi(x)=\begin{cases}1,&0\leqslant x<1\\0,&\text{其他}\end{cases}$,Haar 小波函数为$\psi(x)=\begin{cases}1,&0\leqslant x<0.5\\-1,&0.5\leqslant x<1,\\0,&\text{其他}\end{cases}$

取初始尺度$j=0$。利用二进制小波变换$\varphi_{jk}=2^{j/2}\varphi(2^jx-k)$,$\psi_{jk}=2^{j/2}\psi(2^jx-k)$,根据式(3.73)和式(3.74),计算展开系数

$$c_0(0)=\int_0^1 x^2\varphi_{00}\mathrm{d}x=\int_0^1 x^2\mathrm{d}x=\frac{1}{3}$$

$$d_0(0)=\int_0^1 x^2\psi_{00}\mathrm{d}x=\int_0^{1/2}x^2\mathrm{d}x-\int_{1/2}^1 x^2\mathrm{d}x=-\frac{1}{4}$$

$$d_1(0)=\int_0^1 x^2\psi_{10}\mathrm{d}x=\int_0^{1/4}x^2\sqrt{2}\mathrm{d}x-\int_{1/4}^{1/2}x^2\sqrt{2}\mathrm{d}x=-\frac{\sqrt{2}}{32}$$

$$d_1(1)=\int_0^1 x^2\psi_{11}\mathrm{d}x=\int_0^{3/4}x^2\sqrt{2}\mathrm{d}x-\int_{3/4}^{1/2}x^2\sqrt{2}\mathrm{d}x=-\frac{3\sqrt{2}}{32}$$

代入式(3.72),得到如下小波序列展开

$$y=\underbrace{\underbrace{\frac{1}{3}\varphi_{00}(x)}_{v_0}+\underbrace{\left[-\frac{1}{4}\psi_{00}(x)\right]}_{w_0}}_{V_1=V_0\oplus W_0}+\underbrace{\left[-\frac{\sqrt{2}}{32}\psi_{10}(x)-\frac{3\sqrt{2}}{32}\psi_{11}(x)\right]}_{W_1}+\cdots$$

$$V_2=V_1\oplus W$$

3. 图像处理中小波分解与重构

对于二维图像信号,可以从滤波器的角度理解多尺度分析。首先对图像"逐行"进行一维小波变换,分解出低通滤波 L 和高通滤波 H 两个分量;再"逐列"进行一维小波变换,分解为 LL、LH、HL、HH 四个分量。L 和 H 分别代表低通和高通滤波输出。

二维小波变换有一个尺度函数$\varphi(x,y)$,三个小波函数$\psi^{\mathrm{LH}}(x,y)$、$\psi^{\mathrm{HL}}(x,y)$、$\psi^{\mathrm{HH}}(x,y)$。相应的二维尺度函数为$\varphi(x,y)=\varphi(x)\varphi(y)$,小波函数对应不同方向上的高/低通滤波特性

$$\psi^{\mathrm{LH}}(x,y)=\psi(x)\varphi(y) \tag{3.75}$$

$$\psi^{\mathrm{HL}}(x,y)=\varphi(x)\psi(y) \tag{3.76}$$

$$\psi^{\mathrm{HH}}(x,y)=\psi(x)\psi(y) \tag{3.77}$$

分解的结果说明,在2^j层次有A_jf主体信号及D_j^1f、D_j^2f、D_j^3f三个细节信号(分别为水平、

垂直与对角方向),因此每上一层近似图像分解成 4 个分量。若原始图像为 A_0,分解的总层数为 J,则共有 $3J+1$ 幅子图像。分解与合成的过程可以表示为

分解 $$A_{j+1}f \rightarrow (A_jf,(D_j^1f,D_j^2f,D_j^3f))$$

合成 $$A_{j+1}f = A_jf + D_j^1f + D_j^2f + D_j^3f$$

图 3.7 表示图像小波分解的示意图。

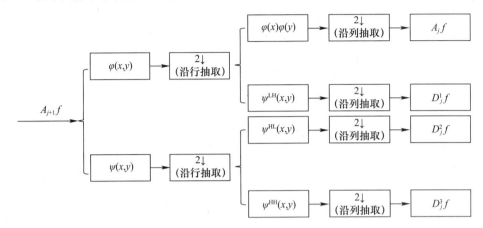

图 3.7　图像小波分解示意图

在 MATLAB 中,dwt2()函数可以实现二维单尺度小波变换,其可以通过指定小波或者分解滤波器进行二维单尺度小波分解,如图 3.8 所示。其中,图 3.8(a)是图像的近似,相当于图像的低频部分,而其他三幅图是图像的轮廓,也就是水平(见图 3.8(b))、垂直(见图 3.8(c))和对角(见图 3.8(d))三个方向的细节,是图像的高频部分。

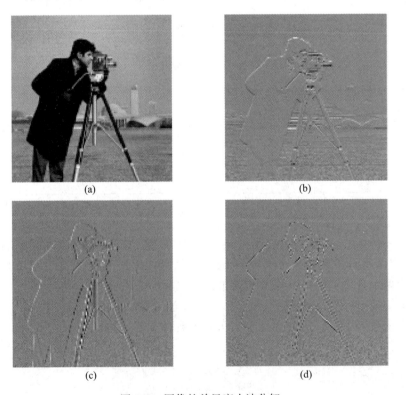

图 3.8　图像的单尺度小波分解

本 章 小 结

本章讲解了数字图像处理技术中的基础内容,介绍了图像处理的基本运算与正交变换以及相应的 MAT-LAB 函数。其中,傅里叶变换、离散余弦变换、KL 变换是本章的重点,小波变换是本章的难点。关于图像变换在图像增强中的应用实例,将会在后续章节中介绍。

思考与练习题

3.1 函数 $f(x,y)$ 可以进行傅里叶变换的基本条件是什么?

3.2 小波变换是如何定义的? 小波基函数是唯一的吗?

3.3 图像的两种几何变换为

$$T_1 = \begin{bmatrix} 1 & 0 & 0 & 2 \\ 0 & 2 & 0 & 4 \\ 0 & 0 & 1 & 6 \\ 0 & 0 & 0 & 1 \end{bmatrix}, T_2 = \begin{bmatrix} 4 & 0 & 0 & 0 \\ 0 & 3 & 0 & 0 \\ 0 & 0 & 2 & 0 \\ 0 & 0 & 0 & 1 \end{bmatrix}$$

对于空间中的点 $(1,2,3)^T$。

(1) 计算该点先经过 T_1,再经过 T_2 的齐次变换。

(2) 计算该点先经过 T_2,再经过 T_1 的齐次变换。

(3) 比较 $T_1 T_2$ 和 $T_2 T_1$ 结果是否一致。

3.4 证明积分

$$\int_{-1}^{+1} \frac{1}{2} e^{-j2\pi ux} dx = \frac{\sin(2\pi u)}{2\pi u}$$

3.5 已知离散傅里叶变换 $F(0)=11, F(1)=-3+2j, F(2)=-1, F(3)=-(3+2j)$,试求其傅里叶逆变换 $f(0), f(4)$ 的值。

3.6 已知图像像素矩阵 $f(x,y)$ 如下所示

$$f(x,y) = \begin{bmatrix} 1 & 4 & 4 & 1 \\ 2 & 4 & 4 & 2 \\ 2 & 4 & 4 & 2 \\ 1 & 4 & 4 & 1 \end{bmatrix}$$

求 $f(x,y)$ 的离散傅里叶变换。

3.7 用 MATLAB 编程验证上题的计算结果是否正确。

拓 展 训 练

1. 请准备两幅尺寸全等的图片 a、b,把图片转化为灰度图,并做如下处理:

(1) 分别对两幅图片进行傅里叶变换,根据式(3.31)和式(3.33)分别计算离散幅度谱 $|F(u,v)|$ 和相位谱 $\varphi(u,v)$。

(2) 按照如下公式重构傅里叶变换

$$F(u,v) = |F(u,v)| e^{j\varphi(u,v)}$$

① 用图片 a 的幅度谱与图片 b 的相位谱;

② 用图片 b 的幅度谱与图片 a 的相位谱。

(3) 计算傅里叶逆变换。

(4) 观测重构图片,这样做将会产生怎样的结果?

第4章 图 像 增 强

※本章思维导图

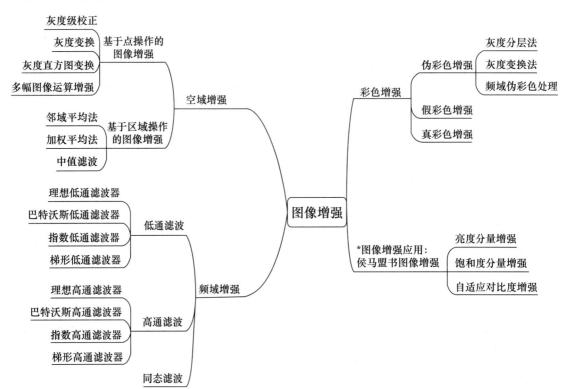

※学习目标

1. 了解图像增强的相关概念。
2. 能阐述常见的空域增强、频域增强和彩色增强。
3. 会进行直方图均衡化和直方图规定化计算。
4. 能初步根据实际需求设计并编程实现图像增强。

图像在成像、传输、复制等过程中不可避免地会产生某些降质,如成像过程由于曝光过度或不足会使图像过亮或过暗,运动状态下成像会使目标模糊;传输过程中由于各种噪声和干扰会使图像被污染等。因此,常常需要对降质图像进行图像增强,即通过有选择地突出某些感兴趣的信息并抑制一些无用信息对图像的某些特征(如边缘、轮廓、对比度等)进行强调,从而达到方便人或机器分析、使用这些信息的目的。

图像增强技术从不同的角度有不同的分类方法。常见的有:①从是否先对输入图像进行变换的角度,可分为空域增强和频域增强;②从对单个像素或区域进行操作的角度,可分为基于点操作的增强和基于区域操作增强;③从处理效果的角度,可分为平滑与锐化;④从增强结果图像颜色的角度,又可分为灰度增强和彩色增强。这些分类在具体应用中存在诸多交叉、组合,如空域增强包括基于点操作的增强和基于区域操作的增强两类;点操作既可以在空域进行,也可以在频域进行。实际应用中,图像增强可以综合以上几种技术,如同态滤波增强既包含空域灰度的非线性运算,也包括频域的高频细节增强。本章的思路是:大的方面分灰度和彩色图像两类,对灰度图像再进一步分空域和频域两类介绍。

4.1 空 域 增 强

在空域直接对像素值进行运算的模型如图 4.1 所示。图中,$f(x,y)$ 是待增强的原始图像,$g(x,y)$ 是已增强的图像,$h(x,y)$ 是空间运算函数。显然,对点操作(如灰度变换、直方图变换等)有

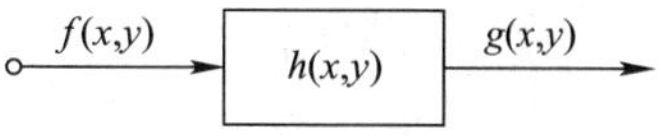

图 4.1 空域增强模型

$$g(x,y) = f(x,y) \cdot h(x,y) \qquad (4.1)$$

而对于区域操作(如平滑、锐化等)有

$$g(x,y) = f(x,y) * h(x,y) \qquad (4.2)$$

式中,* 表示卷积运算。

4.1.1 基于点操作的图像增强

数字图像是一个二维的空间像素矩阵,矩阵中的数值就是该位置像素的灰度值。基于点操作的图像增强就是将这个二维像素矩阵置于笛卡儿坐标系中,以单个像素为对象进行的增强处理,这是一种简单、常见、实用的图像增强技术。

常见的增强方法主要有以下几类:

● 将 $f(\cdot)$ 中的每个像素基于某种操作 $T\{\cdot\}$ 直接得到 $g(\cdot)$,常用的有灰度级校正和灰度变换;

● 借助 $f(\cdot)$ 的直方图进行变换;

● 借助对一系列图像间的操作进行变换。

1. 灰度级校正

灰度级校正主要用于解决成像不均匀的问题。设原始图像为 $f(x,y)$,实际获得的含噪声的图像为 $g(x,y)$,则有

$$g(x,y) = f(x,y) \cdot e(x,y) \qquad (4.3)$$

式中,$e(x,y)$ 是具有降质性质的函数。显然,只要知道了 $e(x,y)$,就可以重建原始图像 $f(x,y)$。然而 $e(x,y)$ 往往未知,需要根据图像降质系统的特性计算或测量。

系统降质函数 $e(x,y)$ 可以简单地采用一幅灰度级全部为常数 C 的图像来标定。若标定图像 C 经成像系统实际的输出为

$$g_C(x,y) = C \cdot e(x,y) \qquad (4.4)$$

根据式(4.4),可求得 $e(x,y)$ 为

$$e(x,y) = \frac{g_C(x,y)}{C} \qquad (4.5)$$

将上式代入式(4.3),就可得实际图像 $g(x,y)$ 经校正后所恢复的原始图像 $f(x,y)$,即

$$f(x,y) = C \cdot \frac{g(x,y)}{g_C(x,y)} \tag{4.6}$$

在实际应用中,应当注意两个问题。

① 按式(4.6)校正的图像由于系数 C 的影响,有可能出现"溢出"(overflow)现象,即灰度级可能超过某些记录器件或显示设备输入信号的动态范围,这时还需要再做适当的灰度级变换。

② 经灰度级校正后的图像灰度值不一定在原降质图像的量化值上,因此必须对变换后的图像重新进行量化。

2. 灰度变换

灰度变换是指图像 $f(x,y)$ 经过变换函数 $T\{\cdot\}$ 逐点变换成一幅新图像 $g(x,y)$ 的过程,即

$$g(x,y) = T\{f(x,y)\} \tag{4.7}$$

通过变换可使图像灰度的动态范围扩大,从而提高图像的对比度。根据变换函数 $T\{\cdot\}$ 的不同,可将灰度变换分为线性变换、分段线性变换和非线性变换三种。

(1) 线性变换

当曝光不足或曝光过度等原因导致图像层次感较差时,可利用线性变换将灰度范围扩大,以增强图像的对比度。常用的是截取式线性变换,如需要将原始图像 $f(x,y)$ 的灰度范围由 $[a,b]$ 变换到 $[c,d]$(见图4.2),设变换后的图像为 $g(x,y)$,则变换算法为

$$g(x,y) = \begin{cases} c & 0 \leqslant f(x,y) < a \\ \dfrac{d-c}{b-a}[f(x,y)-a]+c & a \leqslant f(x,y) \leqslant b \\ d & f(x,y) > b \end{cases} \tag{4.8}$$

式(4.8)中,当 $a=c=0$,且解除 $g(x,y)$ 恒等于 d 限制时,线性变换如图4.3所示。这时,变换后的图像 $g(x,y)$ 在灰度级范围内为

$$g(x,y) = kf(x,y), \quad k = \frac{d}{b} \tag{4.9}$$

当 $k=-1$ 时,表示图像反转。若图像灰度级为 $[0,L-1]$,则反转图像的灰度级为

$$g = L - 1 - f \tag{4.10}$$

当 $k=1$ 时,图像不变;当 $k<1$ 时,图像均匀变暗;当 $k>1$ 时,图像均匀变亮。

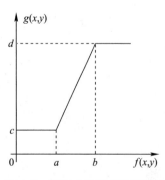

图4.2 截取式线性变换示意图

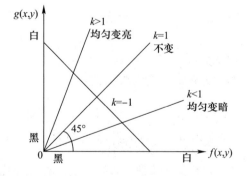

图4.3 线性变换示意图($a=c=0$)

【例4.1】利用式(4.10)实现图像反转,$L=256$,如图4.4所示。

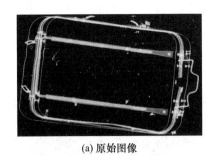
(a) 原始图像

(b) 图(a) 的反转结果

图 4.4　图像反转实例

（2）分段线性变换

为了突出感兴趣的目标或灰度区域、抑制那些不感兴趣的灰度区域,可以采用分段线性变换（截取式变换实际上是分段线性变换的特例）。常用的分段线性变换是三段线性变换法。图 4.5 示例中将原始图像 $f(x,y)$ 的灰度分布区间$[0,M_f]$划分为所示的三个子区间,对每个子区间采用不同的线性变换,即通过变换参数 a、b、c、d 可实现不同灰度区间的灰度扩展或压缩。

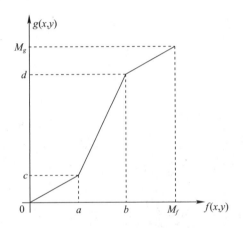

图 4.5　分段线性变换示意图

设变换后的图像为 $g(x,y)$,其灰度范围为$[0,M_g]$,则分段线性变换可表示为

$$g(x,y)=\begin{cases} \dfrac{c}{a}f(x,y) & 0\leqslant f(x,y)<a \\[2mm] \dfrac{d-c}{b-a}[f(x,y)-a]+c & a\leqslant f(x,y)<b \\[2mm] \dfrac{M_g-d}{M_f-b}[f(x,y)-b]+d & b\leqslant f(x,y)<M_f \end{cases} \tag{4.11}$$

【例 4.2】利用式（4.11）实现图像分段线性变换,如图 4.6 所示,其中图 4.6(a)为原始图像,图 4.6(b)为当 $a=80,b=140,c=30,d=200$ 时图 4.6(a)的分段线性变换结果。

通过增加灰度区间分割的段数,以及调整各区间的分割点,可对任一灰度区间进行扩展和压缩,这种分段线性变换适用于在黑色或白色附近有噪声干扰的情况。例如,照片中的划痕、污斑,运用分段线性变换可以有效地改善视觉效果。

（3）非线性变换

当变换函数 $T\{\cdot\}$ 采用某些非线性变换函数时,如指数函数、对数函数等,即可实现图像灰度的非线性变换。

(a) 原始图像

(b) 分段线性变换结果

图 4.6 分段线性变换实例

1) 对数变换

对数变换的一般公式为

$$g(x,y)=c\log[1+f(x,y)] \tag{4.12}$$

式中,c 为正常数。对数变换可以用于扩展低灰度区,压缩高灰度区,使灰度较低的图像细节更容易看清楚。同时,对数变换使图像灰度的分布与人的视觉特效相匹配。

【例 4.3】利用式(4.12)对图 4.7(a)进行对数变换增强,取 $c=0.5$,变换结果如图 4.7(b)所示。

(a) 原始图像

(b) 对数变换结果

图 4.7 对数变换实例

2) 指数变换

指数变换的一般公式为

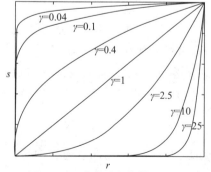

图 4.8 γ 取值对变换结果的影响

$$g(x,y)=c[f(x,y)]^{\gamma} \tag{4.13}$$

式中,c 和 γ 为正常数。γ 取不同的值会得到不同的变换结果,如在 $c=1$ 的情况下,$\gamma<1$ 时的变换结果是扩展了低灰度区同时压缩了高灰度区;$\gamma=1$ 时,变换结果仍为原始图像;$\gamma>1$ 时的变换结果是压缩了低灰度区同时扩展了高灰度区。γ 取值对变换结果的影响可参看图 4.8,图中 r 表示原始图像的灰度级,s 表示指数变换结果的灰度级。

【例 4.4】利用式(4.13)对图 4.9(a)进行指数变换增强,取 $c=0.5$,$\gamma=2.5$,变换结果如图 4.9(b)所示。

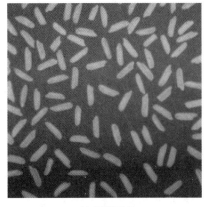

(a) 原始图像   (b) 指数变换结果

图 4.9 指数变换实例

3) 灰度切分变换

灰度切分也称为灰度开窗,它是将输入图像中某一灰度范围内的像素输出,而使其他灰度输出转换为最小灰度。其表达式为

$$g(x,y)=\begin{cases} f(x,y) & f(x,y)\in\Delta \\ 0 & \text{其他} \end{cases} \tag{4.14}$$

灰度切分变换可用于伪色彩显示,是人工图像分析时一种十分有效的方法。

【例 4.5】利用式(4.14)对图 4.10(a)进行灰度切分变换增强,取 $\Delta=[120,200]$,变换结果如图 4.10(b)所示。

(a) 原始图像   (b) 灰度切分变换结果

图 4.10 灰度切分变换实例

4) 裁剪变换

裁剪变换主要用于图像的二值化处理,其表达式为

$$g(x,y)=\begin{cases} 255 & f(x,y)\geqslant T \\ 0 & f(x,y)<T \end{cases} \tag{4.15}$$

【例 4.6】利用式(4.15)对图 4.11(a)进行裁剪变换增强,取 $T=100$,变换结果如图 4.11(b)所示。

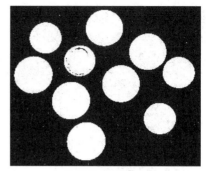

(a) 原始图像　　　　　　　　　　　(b) 裁剪变换结果

图 4.11　裁剪变换实例

3. 灰度直方图变换

基于直方图变换方法进行图像增强是以概率论为基础的,常用的方法主要有直方图均衡化和直方图规定化。

直方图的概念我们已在 2.4.1 节学习过,这里采用式(4.16)定义进行讨论。

$$P(r_k) = \frac{n_k}{N} \tag{4.16}$$

式中,$P(r_k)$表示灰度 r_k 出现的相对频数。

(1) 直方图均衡化

直方图均衡化也称直方图均匀化,就是把给定图像的直方图分布改变成均匀分布的直方图,然后按均衡直方图修正原始图像(借助直方图变换实现灰度映射)。直方图均衡化可使灰度值的动态范围最大,从而增强图像整体的对比度,使之看起来更清晰。

设图像 $f(x,y)$ 的灰度范围为 $f_{\min} \leqslant f(x,y) \leqslant f_{\max}$。为方便讨论,将其灰度范围转换到 $[0,1]$区间,即

$$r = \frac{f(x,y) - f_{\min}}{f_{\max} - f_{\min}} \tag{4.17}$$

式中,用 r 和 s 分别代表归一化的原始图像和经直方图均衡化后的图像灰度,即 $0 \leqslant r,s \leqslant 1$。直方图均衡化的过程就是要找到一种变换 $s = T(r)$,使原始图像直方图 $P(r)$ 变成均匀分布的直方图 $P(s)$。$s = T(r)$应满足以下条件:

① 在 $0 \leqslant r \leqslant 1$ 区间,$T(r)$是单调递增函数;

② s 和 r 一一对应;

③ 对于 $r \in [0,1]$,有 $s \in [0,1]$;

④ 逆变换 $r = T^{-1}(s)$也满足条件①、②、③。

变换函数 $T(r)$使原先集中于 Δr 区间的灰度拉开或压缩,记作 $\Delta r \rightarrow \Delta s$,于是概率密度发生了变化,但变换前后概率不变,即

$$P(s)\Delta s = P(r)\Delta r \tag{4.18}$$

要进行直方图均衡化,就意味着 $P(s) = 1, s \in [0,1]$,由式(4.18)可得

$$\Delta s = P(r)\Delta r \tag{4.19}$$

若 $\Delta r \rightarrow dr, \Delta s \rightarrow ds$,则有

$$ds = P(r)dr \tag{4.20}$$

从而

$$s = T(r) = \int_0^r P(r)\mathrm{d}r \tag{4.21}$$

可见,直方图均衡化的变换函数 $T(r)$ 为变换前概率密度函数的累加分布函数,它是一个从 0 单调递增的函数。

在数字图像中,灰度是离散的,离散化的直方图均衡化公式为

$$s_k = T(r_k) = \sum_{j=0}^k P_r(r_j) = \sum_{j=0}^k \frac{n_j}{N} \tag{4.22}$$

其中,$0 \leqslant r_k \leqslant 1$,$k$ 为离散的灰度级,N 为图像的像素总数,s_k 的取值是与 $T(r_k)$ 最近的那个灰度值。

【例 4.7】直方图均衡化计算。设有一幅大小为 64×64 像素、灰度级为 8 级的图像,直方图均衡化的计算步骤如表 4.1 所示。

表 4.1 直方图均衡化计算步骤

步骤	运算	步骤和结果							
1	列出原始图像灰度级 r_k,$k=0,1,2,\cdots,7$	0	1	2	3	4	5	6	7
2	统计原始图像各灰度级像素数 n_k	750	1035	780	636	320	260	190	125
3	计算原始图像的概率密度 $\frac{n_k}{n}$	0.18	0.25	0.19	0.16	0.08	0.06	0.05	0.03
4	计算累计概率密度 s_k	0.18	0.43	0.62	0.78	0.86	0.92	0.97	1.0
5	取整 $t_k = \mathrm{int}[(N-1)s_k + 0.5]$	1	3	4	5	6	6	7	7
6	确定映射对应关系 $(r_k \rightarrow t_k)$	0→1	1→3	2→4	3→5	4,5→6		6,7→7	
7	统计新图像各灰度级像素 n_k'	0	750	0	1035	780	636	580	315
8	计算新图像的概率密度 $\frac{n_k'}{n}$	0	0.18	0	0.25	0.19	0.16	0.14	0.08

以 $k=1$ 为例,表 4.1 中的第 7 步 n_k' 的求法是:在第 6 步找到"新(1)"与"旧(0)"的对应关系 0→1,获得原始图像灰度级 0 上的像素个数 $n_k = 750$,即为 n_k',以此类推即可(参见虚线箭头)。

如图 4.12(a) 所示图像的灰度直方图如图 4.12(b) 所示,该直方图在低灰度区域上的频率较集中,这样图像看上去整体偏暗、细节不太清楚。经直方图均衡化后的图像如图 4.12(c) 所示(其直方图分布如图 4.12(d) 所示),可以看出图像灰度间距拉开了,灰度分布变均匀了,目标和背景的反差增大了,图像的细节变得清晰可见,达到了图像增强的效果。

直方图均衡化实质上是以减少图像的灰度级来换取对比度的增大的,因此,均衡化后的图像中常会出现假轮廓(见图 4.12(c))。

(2) 直方图规定化

直方图规定化(也称直方图匹配)是修改图像的直方图,使得它与另一幅图像的直方图匹配或具有一种预先规定的函数形状。其目的在于突出感兴趣的灰度范围,从而改善图像质量。直方图均衡化实际上是直方图规定化的一个特例,它预先规定变换后的直方图灰度分布呈均匀分布状,即 $P(s)=1$。

用 $P(r)$ 和 $P(z)$ 分别表示原始图像和期望图像的灰度分布函数,对原始图像和期望图像均作直方图均衡化处理,则有

$$s = T(r) = \int_0^r P(\eta)\mathrm{d}\eta \tag{4.23}$$

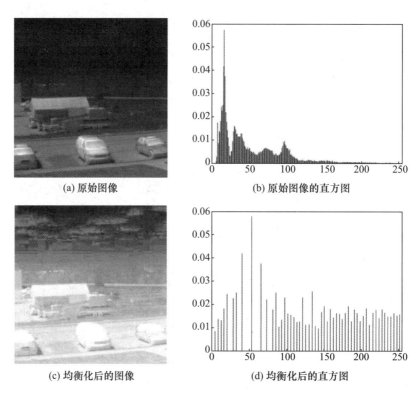

(a) 原始图像 (b) 原始图像的直方图

(c) 均衡化后的图像 (d) 均衡化后的直方图

图 4.12　直方图均衡化示例

$$v = G(z) = \int_0^z P(\eta)\mathrm{d}\eta \tag{4.24}$$

$$z = G^{-1}(v) \tag{4.25}$$

由于都是进行均衡化处理,原始图像处理后的灰度分布 $P(s)$ 与期望图像处理后的灰度分布 $P(v)$ 应相等,故可以用变换后的原始图像灰度级 s 代替式(4.25)中的 v,即

$$z = G^{-1}(s) \tag{4.26}$$

由式(4.23)可得

$$z = G^{-1}[T(r)] \tag{4.27}$$

可见,直方图规定化是以直方图均衡化为桥梁来实现 $P(r)$ 与 $P(z)$ 的变换的。

直方图规定化的具体步骤如下:

① 由输入图像得到 $P_r(r)$,均衡化后得到 s(对应式(4.23));

② 由指定图像或直方图得到变换函数 $G(z)$(对应式(4.24));

③ 求逆变换函数 z(对应式(4.26))得到相应像素,主要通过离散化来实现逆变换,具体如下:

$$\text{I}.\ s_k = T(r_k) = (L-1)\sum_{j=0}^{k} P_r(r_j) = \frac{L-1}{MN}\sum_{j=0}^{k} n_j \tag{4.28}$$

$$\text{II}.\ G(z_q) = (L-1)\sum_{i=0}^{q} P_z(z_i) \tag{4.29}$$

III. 计算 $q = 0, 1, 2, \cdots, L-1$ 时所有的 G 值,四舍五入为区间 $[0, L-1]$ 内的整数(z_q 存入表中);

Ⅳ. 给定一个 s_k 后，从Ⅲ中找最匹配的值(如果不唯一,习惯上取最小的一个),实现了 $s_k \to z_q$ 的映射。

下面通过一个实例讲述直方图规定化的处理过程。

【例4.8】设一幅图像大小为 64×64,灰度级为8级。表4.2所示为原始直方图的数据,表4.3所示为均衡化处理后的直方图数据,表4.4所示为规定化处理后的直方图数据。

表4.2　原始直方图数据

r_k	0	1	2	3	4	5	6	7
n_k	790	1023	850	656	329	245	122	81
$P_r(r_k)=\dfrac{n_k}{n}(n=4096)$	0.19	0.25	0.21	0.16	0.08	0.06	0.03	0.02

表4.3　均衡化处理后的直方图数据

$r_j \to s_k$	n'_k	$P_s(s_k)$	$r_j \to s_k$	n'_k	$P_s(s_k)$
$0 \to 1$	790	0.19	$3,4 \to 6$	985	0.24
$1 \to 3$	1023	0.25	$5,6,7 \to 7$	448	0.11
$2 \to 5$	850	0.21	—	—	—

表4.4　规定化处理后的直方图数据

z_q	0	1	2	3	4	5	6	7
$P_z(z_q)$	0.00	0.00	0.00	0.15	0.20	0.30	0.20	0.15

直方图规定化的计算方法归纳如下:

① 对原始图像进行直方图均衡化处理(见表4.5);

表4.5　表4.2的均衡化过程

累计概率密度	0.19	0.44	0.65	0.81	0.89	0.95	0.98	1
$s_k=\text{int}[(N-1)n_k+0.5]$	1	3	5	6	6	7	7	7
映射: $r_k \to s_k$	$0 \to 1$	$1 \to 3$	$2 \to 5$	$3 \to 6$	$4 \to 6$	$5 \to 7$	$6 \to 7$	$7 \to 7$
均衡化图像的像素 s_k	0	790	0	1023	0	850	985	448

表4.5中均衡化图像的 s_k 计算方法:因为其灰度级 0、2、4 和原始图像没有映射对应关系,所以, s_k 都为0;灰度级1与原始图像的0级对应,所以像素数 n_k 为790;同理,灰度级7与原始图像的5、6和7对应,所以,此级的 $s_k=245+122+81=448$。其他以此类推,得到原始图像灰度与均衡化的映射关系,如表4.3所示。

② 对表4.4均衡化处理,方法同①,得到 $G(z_q)$,见表4.6。

表4.6　表4.4的均衡结果

累计概率密度	0	0	0	0.15	0.35	0.65	0.85	1
$G(z_q)$	0	0	0	1	2	5	6	7

③ 进行映射得到新的直方图,见表4.7及其映射关系。

表4.7　原始图像和规定图像(或直方图)的均衡结果

s_k	0	1	0	3	0	5	6	7
$G(z_q)$	0	0	0	1	2	5	6	7

找最匹配值,则 $s_k \to z_q$ 依次是:$1 \to 3,3 \to 4,5 \to 5,6 \to 6,7 \to 7$,根据映射即可得到每个灰度级上的像素个数。

图4.13为直方图规定化示例。其中,图4.13(a)为原始图像,其直方图分布如图4.13(b)所

示,图 4.13(c)为期望实现的直方图分布,图 4.13(d)为直方图规定化(匹配)后的图像,其直方图分布如图 4.13(e)所示。通过直方图匹配,图像灰度分布与期望的直方图十分接近,使图像轮廓更为清晰。

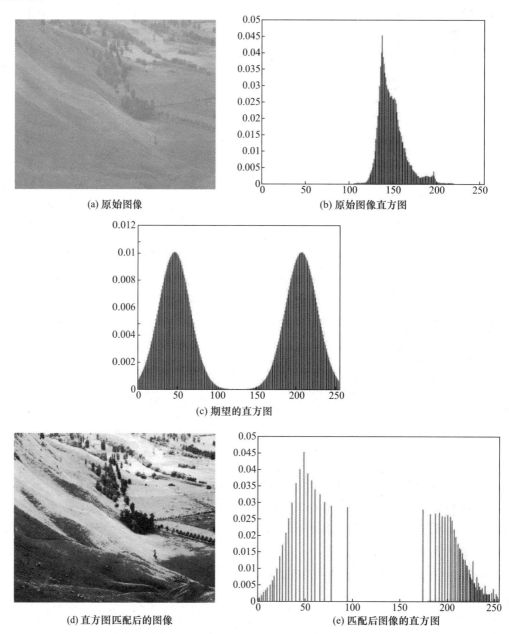

图 4.13　直方图规定化示例

4. 多幅图像运算增强

(1) 算术与逻辑运算

图像间运算是在两幅或多幅图像的对应(位置)像素间进行的,这要求运算图像有相同的尺寸大小。图像间运算主要有算术运算和逻辑运算两种。

设 P_{ik} 和 P_{jk} 分别表示两幅图像 $f_i(x, y)$ 和 $f_j(x, y)$ 中对应位置的像素,两幅图像运算的结果为 $f_l(x, y)$,则它们之间的算术运算参见 3.1 节。算术运算一般用于灰度图像,如果运算后所得到的新灰度值超出原始图像的动态范围,则需要利用灰度变换将其调整到原始图像允许的动态范围内。

逻辑运算只用于二值图像,基本的逻辑运算有:

① 对图像 $f_i(x,y)$ 的像素求补,记作 $P_{lk}=\overline{P_{ik}}$ 或 $\text{NOT}P_{ik}$;

② 像素间的与,记作 $P_{lk}=P_{ik} \cdot P_{jk}$ 或 $P_{ik}\text{AND}P_{jk}$;

③ 像素间的或,记作 $P_{lk}=P_{ik}+P_{jk}$ 或 $P_{ik}\text{OR}P_{jk}$;

④ 像素间的异或,记作 $P_{lk}=P_{ik}\oplus P_{jk}$ 或 $P_{ik}\text{XOR}P_{jk}$。

这些基本的逻辑运算还可以组合,其组合定理同数字电路中所学过的逻辑运算定理,如 $\overline{AB}=\overline{A}+\overline{B}$,$\overline{A+B}=\overline{A}\ \overline{B}$ 等。

(2) 图像间运算的应用

1) 图像加法运算的应用

① 去除叠加性噪声。多幅图像累加可用于减少或去除图像采集过程中引入的随机噪声。在实际中,采集到的图像 $g(x,y)$ 可看作是由原始图像 $f(x,y)$ 和噪声图像 $n(x,y)$ 叠加而成的,即

$$g(x,y)=f(x,y)+n(x,y) \tag{4.30}$$

如果图像中各点的噪声互不相关,且具有零均值统计特性,则可通过将一系列采集的图像 $\{g_i(x,y),i=1,2,\cdots,M\}$ 相加来消除噪声。$g_i(x,y)$ 实际上是混入噪声的图像集,可表示为

$$g_i(x,y)=f_i(x,y)+n_i(x,y) \tag{4.31}$$

设将 M 幅含有随机加性噪声的图像相加,求平均得到一幅新图像,即

$$\bar{g}(x,y)=\frac{1}{M}\sum_{i=1}^{M}g_i(x,y)=\frac{1}{M}\sum_{i=1}^{M}\left[f_i(x,y)+n_i(x,y)\right]$$

$$=f(x,y)+\frac{1}{M}\sum_{i=1}^{M}n_i(x,y) \tag{4.32}$$

则新图像 $\bar{g}(x,y)$ 的数学期望为

$$E\{\bar{g}(x,y)\}=E\left\{\frac{1}{M}\sum_{i=1}^{M}g_i(x,y)\right\}=\frac{1}{M}\sum_{i=1}^{M}\{E[f_i(x,y)]+E[n_i(x,y)]\}$$

$$=\frac{1}{M}\sum_{i=1}^{M}f_i(x,y)=f(x,y) \tag{4.33}$$

图像 $\bar{g}(x,y)$ 的均方差与噪声方差的关系为

$$\sigma_{\bar{g}(x,y)}=\sqrt{\frac{1}{M}}\sigma_{n(x,y)} \tag{4.34}$$

可见,随着平均图像数量 M 的增加,噪声在每个像素位置 (x,y) 的影响就会减少。图 4.14 给出一组用图像平均法消除随机噪声的例子。其中,图 4.14(a) 为叠加了零均值高斯随机噪声的灰度图像,图 4.14(b)、(c)、(d) 分别为 8、16、32 幅同类图像叠加后再取平均的结果。由此可见,随着平均图像数量的增加,噪声的影响逐渐减小。

② 产生图像叠加效果。两幅或多幅图像相加可以得到图像合成的效果,也可以用于图片衔接。图 4.15(a)、(b) 是两幅原始图像,图 4.14(c) 是叠加合成后的效果。

(a) 叠加高斯噪声的图像　　(b) 8幅图像平均结果　　(c) 16幅图像平均结果　　(d) 32幅图像平均结果

图 4.14　用多幅图像平均法消除随机噪声

(a) 原始图像1　　　　　　(b) 原始图像2　　　　　　(c) 叠加图像

图 4.15　两幅图像及其叠加效果

2）图像间减法的应用

① 运动目标检测。将同一景物在不同时间拍摄的图像或同一景物在不同波段的图像相减，这就是图像的减法运算，实践中常称为差影法。设有图像 $f_1(x,y)$ 和 $f_2(x,y)$，它们之间的差为

$$g(x,y)=f_1(x,y)-f_2(x,y) \tag{4.35}$$

利用相邻两幅图像的差可以将图像中的运动目标检测出来，图 4.16 给出了带有运动目标的两幅图像（见图 4.16(a)、(b)）及它们的差图像（见图 4.16(c)），从差图像中很容易确定运动目标的位置。因此，差影法常用于动态监测和目标跟踪。比如在银行金库内，摄像头每隔一固定时间拍摄一幅图像，并与上一幅图像做差影，如果图像差超过了预先设置的阈值，则表明可能有异常情况发生，应自动或以某种方式报警；在遥感监测中，差值图像可以发现森林火灾、洪水泛滥、灾情变化等；也可用于监测河口、海岸的泥沙淤积及江河、湖泊、海岸等的污染；利用差值图像还能鉴别出耕地及不同的作物覆盖情况。

(a) 第N帧图像　　　　　(b) 第N+1帧图像　　　　(c) 两帧图像的差图像

图 4.16　序列图像的差值效果

② 混合图像分离。对于一幅混合图像，如果能够获得相同尺寸的其中某些场景目标图像，通过减法则可以实现目标图像分离，如图 4.17 所示。用同样的方法，可以移除背景信息，从而增强目标的识别性。

(a) 混合图像 （b) 被减图像 （c) 分离图像

图 4.17　混合图像分离

3) 图像间乘法的应用

图像的乘法主要是对图像进行掩模操作,可以遮掉图像中的某些部分,如图 4.18 所示。

(a) 原始图像1 （b) 原始图像2 （c) 相乘结果

图 4.18　图像间乘法的运算

4) 图像间除法的应用

图像的除法可以用来纠正由于照明或传感器的非均匀性造成的图像灰度阴影,还被用于产生比率图像。简单的除法运算可用于改变图像的灰度级,常用于遥感图像处理中。除法运算可以理解为两幅图像之间的对比,也可以说是两幅图像之间的对比度。图 4.19(c)是用图 4.19(a)除以图 4.19(b)得到的结果加黑色边框构成的,由此可以得到两幅原始图像之间的差异。

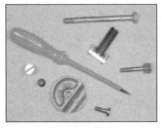 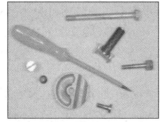 

(a) 原始图像1 （b) 原始图像2 （c) 相除结果

图 4.19　图像间除法的运算

5) 图像间逻辑运算的应用

下面给出图像逻辑运算实例,如图 4.20 所示,图 4.20(a)、(b)为原始图像,图 4.20(c)～(f)为图像间逻辑运算所得结果。为方便阅读,图像外部实线框均为后期添加。注意:白色为前景。

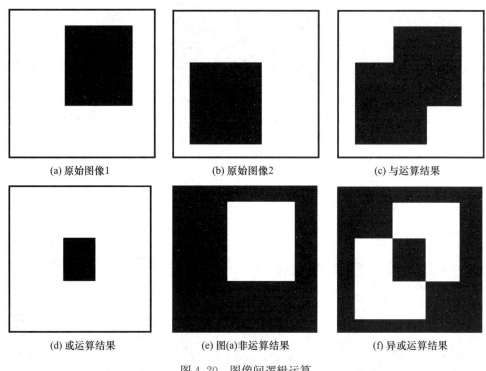

(a) 原始图像1　　　　　　　　(b) 原始图像2　　　　　　　　(c) 与运算结果

(d) 或运算结果　　　　　　　　(e) 图(a)非运算结果　　　　　　(f) 异或运算结果

图 4.20　图像间逻辑运算

4.1.2　基于区域操作的图像增强

所谓区域操作增强是指增强运算是在原始图像的一个小窗口内进行的,而非单个像素上,常用的有邻域平均、空域滤波、频域滤波、自适应滤波及中值滤波等方法。

1. 邻域平均法

设一幅图像 $f(x,y)$ 为 $N \times N$ 维的阵列,图像 $g(x,y)$ 的像素灰度值由 $f(x,y)$ 对应位置上预定邻域的几个像素的灰度值的平均值所决定,实现方法为

$$g(x,y) = \frac{1}{M} \sum_{(i,j) \in S} f(i,j) \tag{4.36}$$

式中,$x,y=0,1,2,\cdots,N-1$,S 是 (x,y) 点邻域坐标的集合(不含点 (x,y)),M 是 S 内坐标点的总数。

图 4.21 给出了以 3×3 模板用邻域平均法对随机噪声污染图像的平滑效果。可以看出,采用邻域平均法对消除随机噪声效果较好,但在降噪的同时也使图像模糊了,尤其是图像边缘和细节之处的模糊更为明显。研究表明,邻域越大,模糊越严重。

2. 加权平均法

针对邻域平均法导致图像模糊的问题,可以通过对参与平均的像素的不同特点分别赋予不同权值方法来改进,这类方法统称为加权平均法。常用的加权平均法有 k 近旁均值法、梯度倒数加权平均、最大均匀性平均、小斜面模型平均等。

这些方法的关键之处是权值如何确定。常见的权值确定方法有:

① 给处理像素赋予较大权值,其他像素的权值相对小一些;

② 按照距离待处理像素的远近确定权值,距离待处理像素较近的像素赋予较大的权值;

③ 按照与待处理像素灰度接近程度确定权值,与待处理像素灰度较接近的像素赋予较大的权值。

(a) 含有噪声的图像   (b) 平均滤波效果

图 4.21　用邻域平均法的图像平滑示例

下面以 k 近旁均值法为例进行介绍。

k 近旁均值法的依据是在 $m \times m$ 的窗口中,属于同一集合内的像素的灰度值相关度高。因此,被处理的像素(对应于窗口中心的像素)可以用窗口内与中心像素灰度最接近的 k 个邻近像素的平均灰度值来代替。具体步骤如下:

① 选取一个 $m \times m$ 的模板;

② 在其中选择 k 个与待处理像素的灰度差为最小的像素;

③ 用这 k 个像素的灰度均值(取整数)替换掉原来的值。

图 4.22 所示为模板为 $3 \times 3, k=3$ 的 k 近旁均值滤波器。

图 4.22　模板为 $3 \times 3, k=3$ 的 k 近旁均值滤波器

3. 中值滤波

中值滤波是一种非线性滤波,由于它在实际运算过程中并不需要图像的统计特性,因此比较方便。在一定的条件下,可以克服线性滤波器所带来的图像细节模糊问题,特别是对滤除脉冲干扰及图像扫描噪声最为有效。但对点、线、尖顶细节多的图像,不宜采用中值滤波的方法。

(1) 中值滤波原理

中值滤波用一个含有奇数点的滑动窗口,将窗口中心点的值用窗口内各点中间的值代替。假设窗口有 5 个点,其值为 80,90,200,110,120,那么此窗口内各点的中值即为 110。

设有一个一维序列 $f_1, f_2, \cdots, f_n$,取窗口长度为 m(m 为奇数),对此序列进行中值滤波,就是从输入序列中相继抽出 m 个数 $f_{i-v}, \cdots f_{i-1}, f_i, f_{i+1}, \cdots, f_{i+v}$,其中 f_i 为窗口的中心值,$v = \dfrac{m-1}{2}$,再将这 m 个点值按其数值大小排列,取其序号为正中间的那个数作为滤波后的输出值。

用数学公式表示为

$$g_i = \mathrm{Med}\{f_{i-v}, \cdots, f_i, \cdots, f_{i+v}\} \quad i \in \mathbf{Z}, v = \frac{m-1}{2} \tag{4.37}$$

【例 4.9】 有一个序列为 $\{0,3,4,0,7\}$,重新排序后为 $\{0,0,3,4,7\}$,则 $\mathrm{Med}\{0,3,4,0,7\}=3$。此例若用均值滤波,窗口也取 5,那么其输出为 $(0+3+4+0+7)/5=2.8$,取整恰好也是 3。

一维中值滤波概念很容易推广到二维。对二维图像序列$\{f_{ij}\}$进行中值滤波时,滤波窗口也是二维的,同样将窗口内的像素排序,生成单调数据序列$\{x_{ij}\}$,取其中间值作为滤波后对应的中心像素值即可。

中值滤波器的窗口形状有线状、方形、十字形、圆形、菱形等多种,不同形状的窗口产生不同的滤波效果,使用时需根据图像内容和要求来选择。对于有缓变的、较长轮廓线物体的图像,采用方形或圆形窗口比较适宜;对于包含尖顶角物体的图像,则适宜采用十字形窗口。

【例4.10】图4.23给出了使用中值滤波去除椒盐噪声的示例。

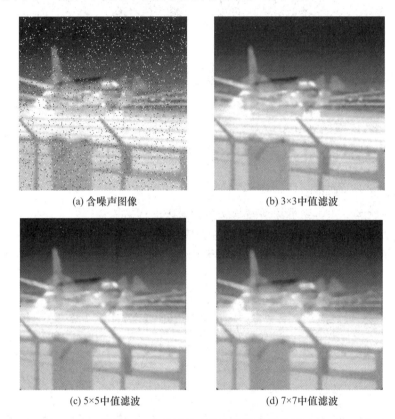

(a) 含噪声图像   (b) 3×3中值滤波

(c) 5×5中值滤波   (d) 7×7中值滤波

图4.23　中值滤波去除椒盐噪声的示例

图4.23(a)为带有椒盐噪声的图像,图4.23(b)为用3×3窗口进行中值滤波的效果,图4.23(c)为用5×5窗口进行中值滤波的效果,图4.23(d)为用7×7窗口进行中值滤波的效果。从中可以看出,窗口尺寸越大,噪声清除得越干净,但图像的边缘变得越模糊。

(2) 复合型中值滤波

对一些内容复杂的图像,可以使用复合型中值滤波。如中值滤波的线性组合、高阶中值滤波组合、加权中值滤波及迭代中值滤波等。

1) 中值滤波的线性组合

将几种窗口尺寸大小和形状不同的中值滤波器组合使用,只要各窗口都与中心对称,滤波输出可保持几个方向上的边缘跳变,而且跳变幅度可调节。其线性组合方程式为

$$g_{ij} = \sum_{k=1}^{N} a_k \mathop{\mathrm{Med}}_{A_k}(f_{ij}) \tag{4.38}$$

式中,a_k为不同中值滤波的系数,A_k为窗口。

2）高阶中值滤波组合

可以用式(4.39)表示为

$$g_{ij} = \max_k \left[\underset{A_k}{\mathrm{Med}}(x_{ij}) \right] \tag{4.39}$$

这种中值滤波可以使输入图像中任意方向的细线条保持不变,而且又有一定的噪声平滑性能。

3）其他类型的中值滤波

在某些情况下,为了尽可能去除噪声,而又尽量保持有效的图像细节,可以对中值滤波器参数进行某种修正。如迭代中值滤波,就是对输入序列重复进行同样的中值滤波,一直到输出不再有变化为止;加权中值滤波,也就是对窗口中的数进行某种加权,以保证滤波的效果。另外,中值滤波器还可以和其他滤波器联合使用。总之,图像信息是多种多样的,要求也不一样,因此在处理具体问题时,要依靠丰富的经验来合理有效地使用中值滤波器。

4.2 频域增强

先对待增强图像 $f(x,y)$ 进行 DFT 或 DWT 等某种变换 $T(\cdot)$,即由空域的 $f(x,y)$ 变换为频域的 $F(u,v)$,再在频域利用二维滤波器 $H(u,v)$ 对 $F(u,v)$ 进行操作,得到新的频谱 $G(u,v)$,即

$$G(u,v) = F(u,v) \cdot H(u,v) \tag{4.40}$$

式中,$H(u,v)$ 可以是低通滤波器,起平滑作用;也可以是高通滤波器,起锐化作用。$G(u,v)$ 经过逆变换即得到增强后的图像 $g(x,y)$。频域的增强过程如图 4.24 所示。

图 4.24 频域的增强过程

4.2.1 低通滤波

图像灰度变化平缓的部分在频域属于低频部分,而其灰度变化快的部分在频域属于高频部分,因此,图像中目标的边缘及噪声的频率分量都属于高频频率分量,因此采用低通滤波可去除噪声。由于频域滤波与空域卷积等价,因此只要适当地设计空域系统单位冲激响应矩阵 $\boldsymbol{H}$,就可以达到滤除噪声、增强图像的效果。

$$\boldsymbol{G}(x,y) = \sum_m \sum_n \boldsymbol{F}(m,n) \boldsymbol{H}(x-m+1, y-n+1) \tag{4.41}$$

式中,$\boldsymbol{G}$ 为 $N \times N$ 维矩阵;$\boldsymbol{H}$ 为 $L \times L$ 维矩阵。

下面是几种用于噪声平滑的系统单位冲激响应矩阵

$$\boldsymbol{H}_1 = \frac{1}{9} \begin{bmatrix} 1 & 1 & 1 \\ 1 & 1 & 1 \\ 1 & 1 & 1 \end{bmatrix} \quad \boldsymbol{H}_2 = \frac{1}{10} \begin{bmatrix} 1 & 1 & 1 \\ 1 & 2 & 1 \\ 1 & 1 & 1 \end{bmatrix} \quad \boldsymbol{H}_3 = \frac{1}{16} \begin{bmatrix} 1 & 2 & 1 \\ 2 & 4 & 2 \\ 1 & 2 & 1 \end{bmatrix}$$

$$\boldsymbol{H}_4 = \frac{1}{8} \begin{bmatrix} 1 & 1 & 1 \\ 1 & 1 & 1 \\ 1 & 1 & 1 \end{bmatrix} \quad \boldsymbol{H}_5 = \frac{1}{2} \begin{bmatrix} 0 & \frac{1}{4} & 0 \\ \frac{1}{4} & 1 & \frac{1}{4} \\ 0 & \frac{1}{4} & 0 \end{bmatrix} \tag{4.42}$$

以上矩阵 **H** 又叫低通卷积模板或称为掩模。

掩模不同,中心点或邻域的重要程度也不同,因此,具体应用时应根据问题的需要选取合适的掩模。但无论什么样的掩模,通常都必须保证全部权系数之和为单位值(特殊目的除外),这样才能保证输出图像的灰度值在许可范围内,从而不致产生"溢出"现象。

下面介绍几种常用的低通滤波器。

1. 理想低通滤波器(Ideal Low Pass Filter,ILPF)

一个理想低通滤波器的传递函数可表示为

$$H(u,v)=\begin{cases}1 & D(u,v)\leqslant D_0 \\ 0 & D(u,v)>D_0\end{cases} \tag{4.43}$$

式中,D_0 是一个规定的非负的量,称为理想低通滤波器的截止频率。$D(u,v)$ 代表从频率平面的原点到 (u,v) 点的距离,即

$$D(u,v)=[u^2+v^2]^{1/2} \tag{4.44}$$

图 4.25 给出了理想低通滤波器的特性曲线。

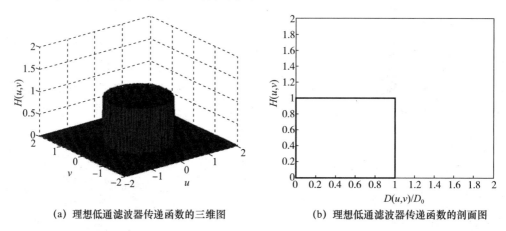

(a) 理想低通滤波器传递函数的三维图　　　　(b) 理想低通滤波器传递函数的剖面图

图 4.25　理想低通滤波器的特性曲线

由于 $H(u,v)$ 在 D_0 处由 1 突变到 0,因此理想低通滤波器在平滑处理过程中会产生较严重的模糊和振铃现象。巴特沃斯滤波器、指数滤波器和梯形滤波器可以改善此种情况。

2. 巴特沃斯低通滤波器(Butterworth Low Pass Filter,BLPF)

BLPF 又称作最大平坦滤波器。一个 n 阶巴特沃斯低通滤波器的传递系数为

$$H(u,v)=\cfrac{1}{1+\left[\cfrac{D(u,v)}{D_0}\right]^{2n}} \tag{4.45}$$

或

$$H(u,v)=\frac{1}{1+[\sqrt{2}-1][D(u,v)/D_0]^{2n}} \tag{4.46}$$

与 ILPF 不同,BLPF 的通带与阻带之间没有明显的不连续性,因此它没有振铃现象发生,模糊程度减少,但从它的传递函数 $H(u,v)$ 的特性曲线可以看出,其尾部保留有较多高频,因此对噪声的平滑效果不如 ILPF。通常采用下降到 $H(u,v)$ 最大值的 $1/\sqrt{2}$ 点为滤波器的截止频率点较好。阶数 n 不同,滤波效果也不同。

图 4.26 给出了一阶和三阶巴特沃斯低通滤波器的特性曲线。

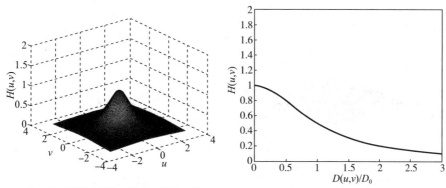

(a) 一阶巴特沃斯低通滤波器传递函数的三维图　　(b) 一阶巴特沃斯低通滤波器传递函数的剖面图

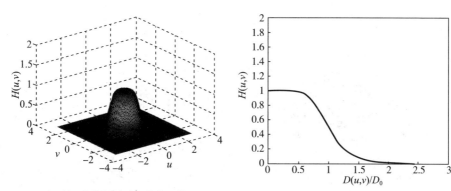

(c) 三阶巴特沃斯低通滤波器传递函数的三维图　　(d) 三阶巴特沃斯低通滤波器传递函数的剖面图

图 4.26　一阶和三阶巴特沃斯低通滤波器的特性曲线

3. 指数低通滤波器(Exponential Low Pass Filter,ELPF)

ELPF 的传递函数 $H(u,v)$ 表示为

$$H(u,v)=\mathrm{e}^{-\left[\frac{D(u,v)}{D_0}\right]^n} \tag{4.47}$$

或

$$H(u,v)=\exp\left\{\left[\ln\frac{1}{\sqrt{2}}\right]\left[\frac{D(u,v)}{D_0}\right]^n\right\} \tag{4.48}$$

当 $D(u,v)=D_0$，$n=1$ 时，式(4.47)的 $H(u,v)=1/\mathrm{e}$，式(4.48)的 $H(u,v)=1/\sqrt{2}$，所以两者的衰减特性仍有不同。ELPF 具有比较平滑的过渡带，因此平滑后的图像没有振铃现象，而 ELPF 与 BLPF 相比具有更快的衰减特性。

图 4.27 给出了一阶和三阶指数低通滤波器的特性曲线。

4. 梯形低通滤波器(Trapezoidal Low Pass Filter,TLPF)

TLPF 的传递函数介于理想低通滤波器和具有平滑过渡带的低通滤波器之间，它的传递函数为

$$H(u,v)=\begin{cases} 1 & D(u,v)<D_0 \\ \dfrac{1}{[D_0-D_1]}[D(u,v)-D_1] & D_0\leqslant D(u,v)\leqslant D_1 \\ 0 & D(u,v)>D_1 \end{cases} \tag{4.49}$$

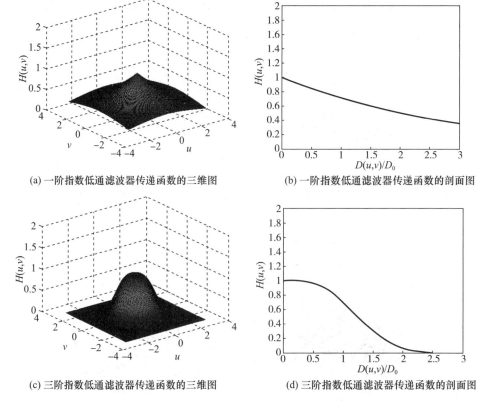

(a) 一阶指数低通滤波器传递函数的三维图　　　(b) 一阶指数低通滤波器传递函数的剖面图

(c) 三阶指数低通滤波器传递函数的三维图　　　(d) 三阶指数低通滤波器传递函数的剖面图

图 4.27　一阶和三阶指数低通滤波器的特性曲线

在规定 D_0 和 D_1 时，要满足 $D_0 < D_1$ 的条件。一般为了方便，把 $H(u,v)$ 的第一个转折点 D_0 定义为截止频率，第二个变量 D_1 可以任意选取，只要 D_1 大于 D_0 就可以了。

图 4.28 给出了梯形低通滤波器的特性曲线。

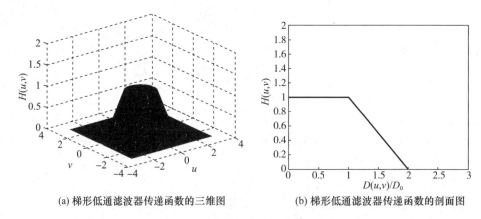

(a) 梯形低通滤波器传递函数的三维图　　　(b) 梯形低通滤波器传递函数的剖面图

图 4.28　梯形低通滤波器的特性曲线

将以上 4 种滤波器性能进行比较，结果如表 4.8 所示。

表 4.8　4 种滤波器性能比较

类别	振铃程度	图像模糊程度	噪声平滑效果
ILPF	严重	严重	最好
BLPF	无	很轻	一般

类别	振铃程度	图像模糊程度	噪声平滑效果
ELPF	无	较轻	一般
TLPF	较轻	轻	好

4.2.2 高通滤波

由于图像中目标的边缘对应高频分量,因此可用高通滤波器锐化图像。频域中常用的高通滤波器有 4 种,即理想高通滤波器、巴特沃斯高通滤波器、指数高通滤波器和梯形高通滤波器。

1. 理想高通滤波器(Ideal High Pass Filter,IHPF)

一个二维理想高通滤波器的转移函数满足下式

$$H(u,v)=\begin{cases}0 & D(u,v)\leqslant D_0 \\ 1 & D(u,v)>D_0\end{cases} \tag{4.50}$$

式中,D_0 为截止频率,可根据图像的特点来选定。

$$D(u,v)=\sqrt{u^2+v^2} \tag{4.51}$$

理想高通滤波器使特定频率区域的高频分量通过并保持不变,而其他频率区域的分量全部被抑制。理想高通滤波器的特性曲线如图 4.29 所示。

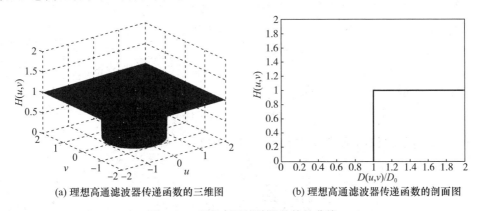

(a) 理想高通滤波器传递函数的三维图 (b) 理想高通滤波器传递函数的剖面图

图 4.29 理想高通滤波器的特性曲线

2. 巴特沃斯高通滤波器(Butterworth High Pass Filter,BHPF)

巴特沃斯高通滤波器的传递函数为

$$H(u,v)=\frac{1}{1+[D_0/D(u,v)]^{2n}} \tag{4.52}$$

或

$$H(u,v)=\frac{1}{1+(\sqrt{2}-1)[D_0/D(u,v)]^{2n}} \tag{4.53}$$

式中,D_0 为截止频率,$D(u,v)=\sqrt{u^2+v^2}$,n 为阶数。巴特沃斯高通滤波器是二维空间上的连续平滑高通滤波器。三阶巴特沃斯高通滤波器的特性曲线如图 4.30 所示。

3. 指数高通滤波器(Exponential High Pass Filter,EHPF)

指数高通滤波器的传递函数为

$$H(u,v)=\exp\{[\ln(1/\sqrt{2})][D_0/D(u,v)]^n\} \tag{4.54}$$

式中,n 决定指数函数的衰减率。

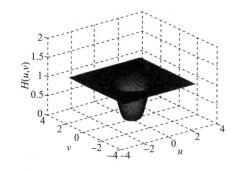
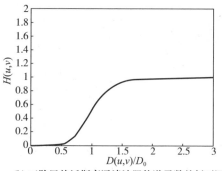

(a) 三阶巴特沃斯高通滤波器传递函数的三维图　　(b) 三阶巴特沃斯高通滤波器传递函数的剖面图

图 4.30　三阶巴特沃斯高通滤波器的特性曲线

三阶指数高通滤波器的特性曲线如图 4.31 所示。

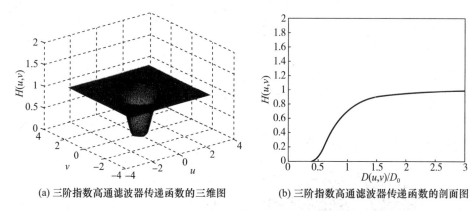

(a) 三阶指数高通滤波器传递函数的三维图　　(b) 三阶指数高通滤波器传递函数的剖面图

图 4.31　三阶指数高通滤波器的特性曲线

4. 梯形高通滤波器(Trapezoidal High Pass Filter,THPF)

梯形高通滤波器的传递函数为

$$H(u,v)=\begin{cases}0 & D(u,v)<D_1\\ \dfrac{D(u,v)-D_1}{D_0-D_1} & D_1\leqslant D(u,v)\leqslant D_0\\ 1 & D(u,v)>D_0\end{cases} \tag{4.55}$$

式中,D_0 为截止频率,$D_1<D_0$,D_1 根据需要选择。梯形高通滤波器是一种滤波特性介于理想高通滤波器和像 BHPF 这种完全平滑滤波器之间的高通滤波器。图 4.32 是其特性曲线。

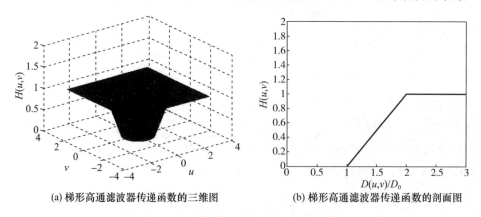

(a) 梯形高通滤波器传递函数的三维图　　(b) 梯形高通滤波器传递函数的剖面图

图 4.32　梯形高通滤波器的特性曲线

4.2.3 同态滤波

同态是代数上的一个术语,20 世纪 60 年代被引入信号处理领域,主要用于处理乘性噪声。具体做法是将乘法利用对数变为加法处理,即

$$\ln[f_1(x,y)f_2(x,y)]=\ln f_1(x,y)+\ln f_2(x,y) \tag{4.56}$$

设由光反射形成自然景物的图像 $f(x,y)$ 的数学模型为

$$f(x,y)=f_i(x,y)f_r(x,y) \tag{4.57}$$

不失一般性,假定入射光的动态范围大但变化缓慢,与图像低频分量对应;而反射光部分变化迅速,与图像的高频分量对应。因此,图像增强时的基本思路是通过减少入射分量 $f_i(x,y)$,同时增加反射分量 $f_r(x,y)$ 来改善图像 $f(x,y)$ 的效果。

同态滤波的具体步骤如下:

(1) 对式(4.57)两边取对数得

$$\ln f(x,y)=\ln f_i(x,y)+\ln f_r(x,y) \tag{4.58}$$

(2) 对式(4.58)两边进行傅里叶变换,得

$$F(u,v)=F_i(u,v)+F_r(u,v) \tag{4.59}$$

(3) 用一个频域同态滤波函数 $H(u,v)$ 进行滤波,可得

$$H(u,v)F(u,v)=H(u,v)F_i(u,v)+H(u,v)F_r(u,v)$$

即

$$F'(u,v)=F'_i(x,y)+F'_r(x,y) \tag{4.60}$$

这样就可以衰减 $F_i(u,v)$ 分量并提升 $F_r(u,v)$ 频率分量。

(4) 对式(4.60)进行傅里叶逆变换,则有

$$f'(x,y)=f'_i(x,y)+f'_r(x,y) \tag{4.61}$$

(5) 对式(4.61)两边取指数,得同态滤波结果为

$$g(x,y)=\exp\{f'(x,y)\}=\exp\{f'_i(x,y)\}\cdot\exp\{f'_r(x,y)\} \tag{4.62}$$

同态滤波增强图像的效果与滤波曲线的分布形状有关。在实际应用中,需要根据不同图像的特性和增强需要,选用不同的滤波曲线以得到满意的结果。

【例 4.11】图 4.33 给出了同态滤波处理的示例。图 4.33(a)为原始图像,其中在暗处的图像轮廓几乎看不清,使用同态滤波函数 $H(u,v)=(\gamma_H-\gamma_L)*e^{-c*D(u,v)/D_0^2}+\gamma_L$ 对原始图像进行同态滤波处理。图 4.33(b)为 $\gamma_H=2.0,\gamma_L=0.3,c=2.0$ 时经同态滤波处理后的图像,可以看出处理结果图像整体变亮且轮廓较为清晰。

4.3 彩 色 增 强

4.3.1 伪彩色增强

伪彩色增强是把图像的各个灰度级按一定关系(线性或非线性)映射成相应的彩色,从而将单色图像映射为彩色图像。伪彩色处理的目的是提高图像内容的可辨识度。伪彩色处理又分为空域法和频域法。空域法包括灰度分层法和灰度变换法。

1. 灰度分层法

灰度分层法是伪彩色处理技术中最简单且易操作的一种。假设图像的灰度范围为 $0\leqslant f(x,$

(a) 原始图像　　　　　　　　　　(b) 同态滤波效果

图 4.33　同态滤波处理示例

$y) \leqslant L$，用 $M+1$ 个灰度等级把该灰度范围划分成 M 个灰度区间，并将 $M+1$ 个灰度级记为 l_0，$l_1, \cdots, l_M$。对每一个灰度区间赋给一种颜色 C_i，这种映射关系可表示为

$$f(x,y) = C_i \quad l_{i-1} \leqslant f(x,y) \leqslant l_i \tag{4.63}$$

图 4.34 给出了这种映射关系的示意图。

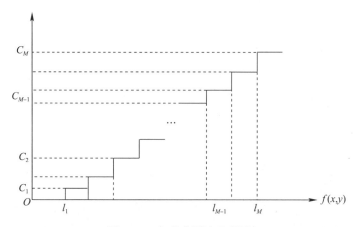

图 4.34　灰度分层法示意图

对灰度区间的划分，可以是均匀的，也可以是非均匀的，即对感兴趣的灰度级范围分得密一些，其他区间分得稀一些。灰度分层可以通过硬件实现，也可由编程来实现。一般来说，灰度分层法的效果和分层密度成比例，层次越多，细节越丰富，彩色越柔和，但分层的层数受到显示系统硬件性能的约束。

2. 灰度变换法

灰度变换法是一种有代表性的伪彩色处理方法。根据色度学原理，任何一种彩色均由红、绿、蓝三基色按适当比例合成，灰度变换法就是把灰度图像的灰度 $f(x,y)$ 映射为三基色灰度，然后用它们分别控制彩色显示器的红、绿、蓝电子枪即可产生相应的彩色图像或控制硬拷贝机（如彩色打印机）形成彩色图片。

把灰度图像的灰度 $f(x,y)$ 映射成三基色的对应关系为

$$\begin{cases} R(x,y) = T_R\{f(x,y)\} \\ G(x,y) = T_G\{f(x,y)\} \\ B(x,y) = T_B\{f(x,y)\} \end{cases} \tag{4.64}$$

灰度变换法形成伪彩色图像的原理框图如图 4.35 所示。

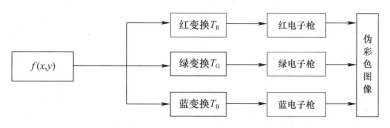

图 4.35　灰度变换法形成伪彩色图像的原理框图

灰度变换的关系 T_R, T_G, T_B 可以是线性的,也可以是非线性的。图 4.36 所示的是一组典型的变换函数,其中图 4.36(a)将任何低于 $L/2$ 的灰度级映射成最暗的红色;在 $L/2$ 到 $3L/4$ 之间,红色输入线性增加;灰度在 $3L/4$ 到 L 之间则映射保持不变,等于最亮的红色调。其他彩色映射与此类似。三种变换函数共同作用如图 4.36(d)所示,从中可以看出,纯基色只在灰度轴的两端和正中心处出现。

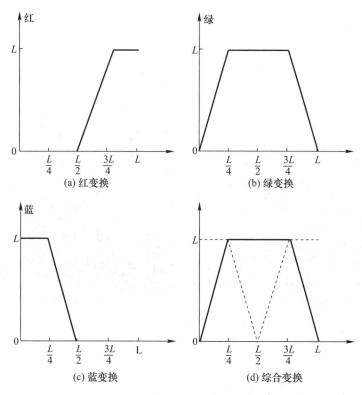

图 4.36　典型的伪彩色变换函数

3. 频域伪彩色处理

频域伪彩色处理与空域伪彩色处理除图像处理空间不同外,更为重要的特点是,它不是以图像灰度级为根据对图像进行彩色变换的,而是以图像的频谱函数为根据对图像进行彩色变换的。也就是说,变换后图像彩色不是图像灰度级的表示特征,而是图像空间频率成分的表示特征。如图 4.37 所示,输入图像 $f(x,y)$ 经过傅里叶变换得到频谱函数 $F(u,v)$,将频谱函数分别送到红、绿、蓝三个通道并各自独立进行不同频谱成分的滤波处理,如分别进行低通、带通、高通滤波,得到相应的红、绿、蓝的频谱量;然后各通道分别进行傅里叶逆变换,得到空域的红、绿、蓝分量;最后,经过附加处理后送到彩色显示器或打印机等,得到彩色图像的输出。

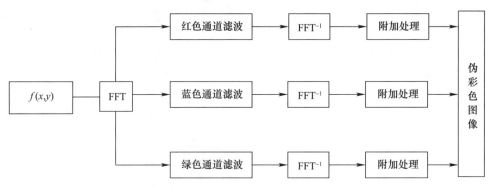

图 4.37　频域伪彩色处理原理图

【例 4.12】图 4.38(a)是一幅原始灰度图像,图 4.38(b)是由下列红、绿、蓝变换函数变换得到的伪彩色结果。

$0 \leqslant f(x,y) \leqslant \dfrac{L}{4}$ 时　　　　$R(x,y)=0; G(x,y)=0; B(x,y)=f(x,y)$

$\dfrac{L}{4} \leqslant f(x,y) \leqslant \dfrac{3L}{4}$ 时　　　$R(x,y)=0; G(x,y)=f(x,y); B(x,y)=0$

$\dfrac{3L}{4} \leqslant f(x,y) \leqslant L$ 时　　　$R(x,y)=f(x,y); G(x,y)=0; B(x,y)=0$

(a) 原始图像

(b) 伪彩色处理后

图 4.38　图像的伪彩色变换

4.3.2　假彩色增强

假彩色增强是将真实的自然彩色图像或遥感多光谱图像处理成便于人们识别的彩色图像的方法。比如,将绿色草原变成红色草原、蓝色海洋换成绿色海洋等,使目标物体置于奇特的环境中更容易引起观察者的注意。另外,可根据人眼的色觉灵敏度,重新分配图像成分的颜色。例如,根据人眼视网膜中视锥体和视杆体对可见光区的绿色波长较敏感的特性,可将原来非绿色描述的图像细节或目标物经过假彩色处理变成绿色,来达到提高目标分辨率的目的。

通过对三基色分量的坐标变换,可把真彩色图像处理成假彩色图像,其一般表示式为

$$\begin{pmatrix} R_{\mathrm{g}} \\ G_{\mathrm{g}} \\ B_{\mathrm{g}} \end{pmatrix} = \begin{pmatrix} \alpha_1 & \beta_1 & \gamma_1 \\ \alpha_2 & \beta_2 & \gamma_2 \\ \alpha_3 & \beta_3 & \gamma_3 \end{pmatrix} \begin{pmatrix} R_{\mathrm{f}} \\ G_{\mathrm{f}} \\ B_{\mathrm{f}} \end{pmatrix} \tag{4.65}$$

式中,R_f、G_f、B_f 为原始图像某点的三基色亮度;R_g、G_g、B_g 为处理后图像该点的三基色亮度。

在多光谱图像中,常常包含一些非可见光波段的图像,因而可以探测到人眼看不到的目标,通过假彩色增强可以使之凸显。

假定同一景物的多个波段图像为 $f_1(x,y)$,$f_2(x,y)$,$\cdots$,$f_n(x,y)$,按照其灰度级依比例赋给对应的红、绿、蓝三基色,即作如下映射

$$\begin{pmatrix} R(x,y) \\ G(x,y) \\ B(x,y) \end{pmatrix} = \begin{pmatrix} T_{R1} & T_{R2} & \cdots & T_{Rn} \\ T_{B1} & T_{B2} & \cdots & T_{Bn} \\ T_{G1} & T_{G2} & \cdots & T_{Gn} \end{pmatrix}_{3 \times n} \begin{pmatrix} f_1(x,y) \\ f_2(x,y) \\ \vdots \\ f_n(x,y) \end{pmatrix} \tag{4.66}$$

式中,$R(x,y)$、$G(x,y)$、$B(x,y)$ 是合成的假彩色图像中红、绿、蓝三色分量值,T_{Ri}、T_{Gi}、T_{Bi} 分别代表灰度级到三基色的映射关系,它们构成一个 $3 \times n$ 的映射关系矩阵。再把 $R(x,y)$、$G(x,y)$、$B(x,y)$ 合成,就得到处理后的假彩色图像 $g(x,y)$,即

$$g(x,y) = [R(x,y),G(x,y),B(x,y)] \tag{4.67}$$

最常用的映射关系矩阵是 3×3 阶的单位矩阵。这样,通过多个波段图像的假彩色融合就达到了目标凸显的效果。

【例 4.13】图 4.39 是经过配准的同一场景的可见光(Visible Image)、红外中波(Infrared Medium Wave Image,MWIR)和红外长波图像(Infrared Long Wave Image,LWIR)及其假彩色合成图像。具体实现方法如下:$f_1(x,y)$,$f_2(x,y)$,$f_3(x,y)$ 分别表示红外长波图像、红外中波图像和可见光图像,$T_{Ri} = 0.9$,$T_{Gi} = 1.5$,$T_{Bi} = 1.2$。从合成图像图 4.39(d) 中可以看出隐藏在树林中两个热目标已很好凸显。

(a) 可见光图像　　　　　　　　　　(b) MWIR图像

(c) LWIR图像　　　　　　　　　　(d) 合成图像

图 4.39　图像的假彩色变换

4.3.3 真彩色增强

"真彩色"(True Color)图像是指接近人眼能够分辨的最大颜色数目的彩色图像,一般指能够达到照片质量的24位彩色图像。在真彩色增强中,尽管对R、G、B各分量直接使用对灰度图的增强方法可以增加图像中可视细节的亮度,但得到的增强图像中的色调有可能没有意义。这是因为在增强中对应同一个像素的R、G、B这三个分量都发生了变化,它们的相对数值与原来不同了,所以导致原始图像颜色的较大变化,且这种变化很难控制。所以,真彩色增强常常在不同颜色空间进行,特别是与人的视觉特性相吻合的 H(Hue)、S(Saturation)、I(Intensity)等空间。若将 RGB 图像转化为 HSI 图像,亮度分量和色度分量就分开了,避免了相对数值发生变化。采用真彩色增强方法的基本步骤如下:

① 将原始彩色图像的R、G、B分量转化为H、S、I分量。

② 利用对灰度图增强的方法增强其中的某个分量。

③ 再将结果转换为R、G、B分量,以便用彩色显示器显示。

【例 4.14】图 4.40 是将原始图像从 RGB 空间转到为 HSI 空间,对I分量增强,再逆变换回 RGB 空间的结果。其中图 4.40(a)是原始图像,图 4.40(b)是增强后的结果。可以看出增强以后图像的色彩更明亮,且边缘整体上更为清楚。强度增强是采用式(4.13)实现的,其中$c=1$,$\gamma=0.6$。

(a) 原始图像　　　　　　　　　　　(b) 强度增强后的图像

图 4.40　彩色图像强度增强的结果

※ 4.4　图像增强应用:侯马盟书图像增强

图像增强是图像预处理的主要手段,现已被引入文物虚拟修复领域。侯马盟书是我国春秋晚期晋国记录盟誓活动的约信文书,出土于 1965—1966 年,是中国考古发现十大成果之一。盟书由 5000 多片写有朱红色毛笔字迹的玉石片组成,其中可以清楚辨识且保存完整的仅有 650 多片。如果采用传统的手工修复技术需要对文物表面杂物清除,依据个人经验进行补缺、补色等复杂工序,一旦修复不当就可能被破坏,甚至造成不可挽回的损失。如果利用虚拟修复结果指导人工修复,既可减轻修复人员的劳动强度,还可有效避免碑文受到二次伤害,同时还能为文物数字博物馆建设提供支持。

为恢复侯马盟书图像的色彩信息,在把原始采集到的 RGB 图像变换到 HSV 颜色空间后,分别对S(饱和度)分量和V(亮度)分量进行增强图像,然后将增强后的S、V与H一起逆变回 RGB 颜色空间,即可改善像值。具体过程如下:

1. 亮度分量增强

利用图像中每个像素邻域的均值和方差特性进行增强,可以使图像细节更加突出,从而使模糊文字变得清晰。图像亮度分量可通过以下方法得到增强

$$V = v(x,y) + c_1 \times \frac{\mathrm{Var}_w(x,y)}{\bar{v}(x,y)}(v(x,y) - \overline{v_w}(x,y)) \tag{4.68}$$

其中

$$\overline{v_w}(x,y) = \frac{1}{w}\sum_{i,j\in w} v(x,y) \tag{4.69}$$

$$\mathrm{Var}_w(x,y) = \sum_{i,j\in w}\left[v(x,y) - \overline{v_w}\right]^2 \tag{4.70}$$

式中,$v(x,y)$为像素(x,y)的亮度;w表示邻域大小(通常取值为3);$\mathrm{Var}_w(x,y)$代表像素点邻域内亮度的方差;c_1是控制图像亮度的比例系数(通常取值为1)。

由于图像文字部分亮度变化明显,其邻域内像素方差较大,即$c_1 \times \dfrac{\mathrm{Var}_w(x,y)}{\bar{v}(x,y)}$的值变大就可突出盟书图像的文字细节。盟书图像中背景部分亮度变化范围窄,其邻域内像素方差小,相应$c_1 \times \dfrac{\mathrm{Var}_w(x,y)}{\bar{v}(x,y)}$的值也不大,因此,增强后亮度变化平缓,使背景柔和而不生硬。

2. 饱和度分量增强

判断碑文图像质量的重要因素就是画面的清晰度,为解决碑文的视觉晦涩、饱和度不够的现象,对饱和度进行增强。使用亮度与饱和度相关系数法,使饱和度随亮度分量的变化而变化,具体算法如下

$$S = s(x,y) + c_2 \times (V(x,y) - v(x,y)) \times \rho(x,y) \tag{4.71}$$

$$\rho(x,y) = \frac{\sum_{i,j\in w}|v(x,y) - \overline{v_w}(x,y)| \times |s(i,j) - \overline{s_w}(x,y)|}{\sqrt{\mathrm{Var}_w(x,y) - \mathrm{Var}_s(x,y)}} \tag{4.72}$$

式中,$s(x,y)$代表原始图像像素点的饱和度;$\rho(x,y)$是亮度和饱和度的局部相关系数;$\overline{s_w}(x,y)$表示坐标为(x,y)的像素点邻域内饱和度的均值;$\mathrm{Var}_s(x,y)$代表像素点邻域内饱和度的方差。

3. 自适应对比度增强

亮度增强后,盟书图像整体偏灰,可利用高斯滤波进行对比度增强。二维离散卷积在大小为$M \times N$的亮度(V)图像和饱和度(S)图像上进行,以S图像为例。

$$S_{\mathrm{conv}}(x,y) = \sum_{m=0}^{M-1}\sum_{n=0}^{N-1} S(m,n)G(m+x,n+y) \tag{4.73}$$

通过二维卷积获得周围像素的强度信息,与中心像素的强度进行比较。如果中心像素的强度比周围像素的平均强度高,亮度增强图像的对应像素则会被拉高,否则会被降低。具体实现方法如下

$$S'(x,y) = 255 \times S(x,y)^{E(x,y)} \tag{4.74}$$

$$E(x,y) = r(x,y)^t = \left[(S_{\mathrm{conv}}(x,y))/S(x,y)\right]^t \tag{4.75}$$

式中,$S'(x,y)$是对比度增强后的像素的强度;$r(x,y)$是$S_{\mathrm{conv}}(x,y)$和$S(x,y)$之间的强度比;t是调整对比度增强的一个相关参数。

各分量图像及最终得到的增强结果如图4.41所示。为使读者能直观感受处理结果,同时给出原始图像、增强结果和进一步颜色迁移的结果,分别如图4.41(g)、(h)、(i)所示。

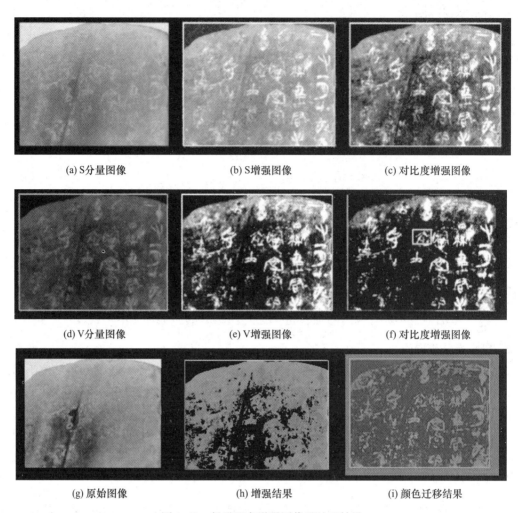

(a) S分量图像　　　　　(b) S增强图像　　　　　(c) 对比度增强图像

(d) V分量图像　　　　　(e) V增强图像　　　　　(f) 对比度增强图像

(g) 原始图像　　　　　(h) 增强结果　　　　　(i) 颜色迁移结果

图 4.41　侯马盟书增强图像及处理结果

本 章 小 结

本章基于像素点操作,详细介绍了灰度级校正、灰度变换和直方图变换,以及利用图像间运算增强图像的方法。对于受噪声污染的图像,则重点介绍了基于区域运算增强的方法。为了改善目标的边缘,介绍了图像的锐化方法。由于人类从彩色图像中获取的信息远大于灰度图像,因此用伪彩色、假彩色和真彩色三种方法介绍了彩色增强方法。

思考与练习题

4.1　简述空域的图像增强模型。

4.2　试分别给出把灰度范围(0,10)拉伸为(0,15)、把灰度范围(10,20)变换到(15,25)和把灰度范围(20,30)压缩为(25,30)的变换方程。

4.3　试给出变换方程 $t(Z)$,使其满足在 $10 \leqslant Z \leqslant 100$ 的范围内,$t(Z)$ 是 $\lg Z$ 的线性函数。

4.4　直方图均衡化处理的主要步骤是什么?

4.5　已知一幅 64×64,3bit 数字图像,各个灰度级出现的频数如表 4.9(a)所示。要求将此幅图像进行直方图变换,使其变换后的图像具有表4.9(b)所示的灰度级分布,并画出变换前后图像的直方图。

表 4.9　习题 4.5 表

(a) 原图各灰度级频数

灰度级	n_k	n_k/n
0	560	0.14
1	920	0.22
2	1046	0.26
3	705	0.17
4	356	0.09
5	267	0.06
6	170	0.04
7	72	0.02

(b) 变换后图像各灰度级频数

$g(x,y)$	n_k	n_k/n
0	0	0
1	0	0
2	0	0
3	790	0.19
4	1023	0.25
5	850	0.21
6	985	0.24
7	448	0.11

4.6　有一幅图像如图 4.42 所示,由于受到干扰,在接收时图中有若干个亮点(灰度为 255),试问此类图像如何处理? 并将处理后的图像画出来。

1	1	1	8	7	4
2	255	2	3	3	3
3	3	255	4	3	3
3	3	3	255	4	6
3	3	4	5	255	8
2	3	4	6	7	8

图 4.42　习题 4.6 图

4.7　编程题:给一幅图像加上随机噪声,并用平均法消除该随机噪声。

4.8　编程题:编程实现图像间的逻辑运算。

4.9　常见的低通滤波器有哪些? 常见的高通滤波器有哪些?

4.10　什么是同态滤波? 请阐述其基本原理。

4.11　编程实现同态滤波。

4.12　什么是图像的伪彩色增强? 伪彩色增强图像有哪些常用方法?

4.13　什么是图像的假彩色增强? 如何进行图像的假彩色增强?

4.14　编程实现:(1)RGB 模型与 HIS 模型的变换与逆变换;(2)图像的真彩色增强。

拓 展 训 练

1. 检索并介绍最新的数字图像增强方法。

2. 写下自己对某幅图像的增强需求并尝试设计增强算法。

第 5 章　图像编码与压缩

※本章思维导图

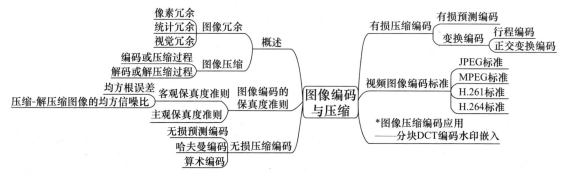

※学习目标

1. 能叙述图像的保真度准则。
2. 会用哈夫曼编码进行编码。
3. 能阐述预测编码和图像变换编码的基本过程与方法。
4. 了解常用的图像及视频压缩标准。

5.1　概　　述

模拟图像信号在传输过程中极易受到各种噪声的干扰,而且一旦受到污染,则很难完全得到恢复。另外,在模拟信号领域,要进行人与机器(计算机或智能机)、机器与机器之间的信息交换,以及对图像进行诸如增强、恢复、特征提取和识别等一系列处理都是比较困难的。从对图像信号进行处理的角度而言,图像数字化是必需的,而图像数字化的关键是编码。编码是把模拟信号转换成数字信号的技术,其中图像编码属于信源编码的范畴,在编码过程中尽量提高编码效率,也就是用最少的数码传递最大的信息量,实际上是压缩频带。

图像编码至今已有七十余年的历史,M. Kunt 把 1948—1988 年这 40 年中研究的以去除冗余为基础的编码方法称为第一代编码,如 PCM、DPCM、亚采样编码法,变换域的 DFT、DCT、Walsh-Hadamard 变换编码等方法及以此为基础的混合编码法。20 世纪 80 年代后提出的金字塔编码、Fractal 编码、基于神经网络的编码、小波变换编码、模型基编码等属于第二代编码,它们充分考虑了人的视觉特性,恰当地考虑了对图像信号的分解与表述,采用图像的合成与识别方案压缩数据率。

5.1.1　图像冗余

从信息论的角度看,各种信源都存在大量的冗余成分。为了实现图像数据快速传输,必须进行合理的图像数据压缩。只要去掉或缩减其中的冗余成分,就能提高编码效率。第一代编码就是以去除冗余度为中心目的实现数据压缩的。冗余度存在于图像数据的相关性中,存在于图像信源各个元素出现概率的不均等之中。而图像数据是高度相关的,或者说存在冗余信息,去除这些冗余信息可以有效压缩图像,同时又不会损害图像的有效信息。这也是图像数据可以被压缩的依据,其冗余性可以从空间、统计和视觉等方面进行描述,图像压缩时主要利用图像三个方面的冗余性:像素冗余、统计冗余和视觉冗余。

1. 像素冗余

图像相邻像素之间存在较强的相关性所造成的冗余称作像素冗余,也称为空间冗余。例如,图像中包含蓝天,蓝天部分的像素均为蓝色或接近蓝色。对于大部分物体,都必须在一定范围内拥有相同或近似的颜色或亮度才能引起人类视觉兴奋。否则,如果像素间相互独立,灰度值随机出现,则只能表现为无意义的图像。图 5.1 是一幅图像,其中心部分为一个灰色的方块,在灰色区域中的所有像素点的光强和彩色及饱和度都是相同的,因此该区域中的数据之间存在

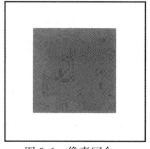

图 5.1　像素冗余

很大的冗余度。再如显像管电视机接收故障时出现的雪花点。一般在编码中,采用预测的方式消除空域和时域上的像素冗余。

2. 统计冗余

统计冗余是最根本的冗余,它基于以下规律:在大部分数据文件中,不同的符号出现的概率并不相同。对于一幅灰度图像,原始图像相当于对 0～255 之间的像素值均采用 8 位编码。如果该图像中灰度值为 0～79 之间的像素各占 1%,则共占总数的 80%,其余灰度值的像素仅占 20%。此时如果对出现概率高的 0～79 之间的像素采用 7 位编码,出现概率低的 80～255 之间的像素采用 9 位编码,则共需比特数为 $7.4N$(N 为像素总数),而原始图像所需比特数为 $8N$,从而节省了空间。

3. 视觉冗余

多媒体数据的压缩允许有损压缩,在人眼可接受的范围内去除部分细节是可行的,这与人眼的特点有关,如细节分辨率、运动分辨率和彩色分辨率。人眼不能感知或不敏感的那部分图像信息造成视觉冗余。人眼对图像细节和颜色的辨认受到人的视觉特性的限制,人类最多能分辨 2^{16} 种颜色,而彩色图像用 24 位表示,即 2^{24} 种颜色,这种数据冗余即为视觉冗余。

5.1.2　图像压缩

图像压缩是指减少表示已知信息量所需数据量的处理。由于能够使用各种数量的数据来表示相同的信息量,包含无关或重复信息的表示中会有冗余数据,因此,对图像进行压缩可有效消除冗余,节省存储空间。如图 5.2 所示,通用图像压缩系统由两个不同的功能部分组成:编码器和解码器。编码器执行压缩操作,解码器执行解压缩的互补操作。两种操作都可以使用软件实现,或使用硬件和固件相结合的形式执行。

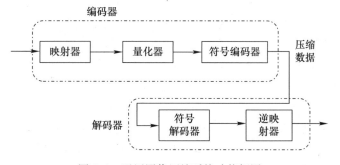

图 5.2　通用图像压缩系统功能框图

图像被输入编码器中,编码器创建该输入图像的压缩表示,并把这一表示存储在指定位置以备后续应用,或为传输存储以便远程应用。当压缩后的表示送入其互补的解码器时,即可产生重建的输出图像。在静止图像应用中,编码器的输入和解码器的输出分别是 $f(x,y)$ 和 $\hat{f}(x,y)$;在视频图像序列应用中,它们分别是 $f(x,y,t)$ 和 $\hat{f}(x,y,t)$,其中离散参数 t 为时间。通常 $\hat{f}(x,y)$ 可能是也可能不是 $f(x,y)$ 的精确复制。如果是精确复制,则压缩系统被称为无失真压缩或信息保持系统。如果不是 $f(x,y)$ 的精确复制,则重建的输出图像就会失真,并且压缩系统称为有损压缩系统。

1. 编码或压缩过程

编码器通过映射、量化和编码三个独立操作去除冗余。在第一阶段,映射器把 $f(x,y)$ 变换为降低空间和时间冗余的形式,此操作不可逆,可能会直接减少表示图像的数据规模,行程编码就是映射的例子。把一幅图像映射为一组不相关的变换系数。

量化器根据预设的保真度准则来降低映射器输出的精度。目的是排除压缩表示的无关信息,这一操作也是不可逆的。当希望进行无误差压缩时,这一步必须略去。在视频应用中,通常需要度量编码输出的比特率,并调整量化器的操作,以保持预设的平均输出比特率,输出的图像视觉效果可根据图像内容逐帧变化。

在第三阶段,符号编码器生成一个定长编码或变长编码来表示量化器的输出,并根据该编码来变换输出。在大多数情况下,使用变长编码。最短的码字赋予出现频率最高的量化器输出值,以最小化编码冗余。这种操作是可逆的,该操作完成后,输入图像的三种冗余都被处理过了。

2. 解码或解压缩过程

解码器包含两部分:符号解码器和逆映射器,它们以相反的顺序执行编码器的符号解码和映射器的逆操作。因为量化导致了不可逆的信息损失,所以逆量化器模块没有包含在通常的解码器中。

对图像文件进行压缩和解压缩都需要时间。当图像文件在系统与系统之间或用户与用户之间进行交换时,这个时间是不容忽略的。因此,要根据具体情况选择有损压缩和无损压缩,以及在速度、压缩比和保真度之间进行折中选择。

5.2 图像编码的保真度准则

数字图像压缩编码分类方法有很多,但从不同的角度,可以有不同的划分。从信息论角度分,可以将图像的压缩编码方法分为无损压缩编码和有损压缩编码。无损压缩编码利用图像信源概率分布的不均匀性,通过变长编码来减少信源数据冗余,使编码后的图像数据接近其信息熵而不产生失真,因而也通常被称为熵编码。有损压缩编码则是根据人眼视觉特性,在允许图像产生一定失真的情况下(尽管这种失真常常不为人眼所觉察),利用图像信源在空间和时间上具有较大的相关性这一特点,通过某种信号变换来消除信源的相关性、减少信号方差,达到压缩编码的目的。

图像编码的结果是减少了数据量,提高了存储和传输的速度。图像信号在编码和传输过程中会产生误差,尤其在熵压缩编码中,产生的误差应在允许的范围之内。实际应用时,需要将编码结果解码,恢复成图像的形式才能使用。在一定前提条件下,图像允许有损压缩,失真程度也需要量化的指标来衡量。主观质量只能依靠肉眼判断,客观质量采用信噪比来衡量。保真度准则可以用来衡量编码方法或系统质量的优劣。通常,这种衡量的尺度可分为客观保真度准则和主观保真度准则。

5.2.1 客观保真度准则

1. 均方根误差

常用的准则是输入图像和输出图像的均方根误差。令 $f(x,y)$ 表示输入图像，$\hat{f}(x,y)$ 表示对输入图像压缩编码和解码后的近似图像，则 $f(x,y)$ 和 $\hat{f}(x,y)$ 之间的误差可以表示为

$$e(x,y) = \hat{f}(x,y) - f(x,y) \tag{5.1}$$

设图像的大小为 $M \times N$，则 $f(x,y)$ 和 $\hat{f}(x,y)$ 之间的均方根误差为

$$e_{\text{rms}} = \left\{ \frac{1}{MN} \sum_{x=0}^{M-1} \sum_{y=0}^{N-1} \left[\hat{f}(x,y) - f(x,y) \right]^2 \right\}^{1/2} \tag{5.2}$$

2. 压缩-解压缩图像的均方信噪比

设 $\hat{f}(x,y) = f(x,y) + n(x,y)$，其中 $f(x,y)$ 为原始图像，$n(x,y)$ 为噪声信号，则输出图像的均方根信噪比为

$$\text{SNR}_{\text{rms}} = \sum_{x=0}^{M-1} \sum_{y=0}^{N-1} \hat{f}(x,y)^2 \Big/ \sum_{x=0}^{M-1} \sum_{y=0}^{N-1} \left[\hat{f}(x,y) - f(x,y) \right]^2 \tag{5.3}$$

5.2.2 主观保真度准则

尽管客观保真度准则提供了一种简单和方便的评估信息损失的方法，但图像处理的结果在绝大多数场合是给人观看、由研究人员来解释的，图像质量的好坏，既与图像本身的客观质量有关，也与人的视觉系统的特性有关。有时候客观保真度完全一样的两幅图像可能会有完全不同的视觉质量，因此用主观的方法来衡量图像的质量在某种意义上更为有效。

主观评估是通过向观察者显示解压缩的图像，并将他们的评估结果加以平均，以此评价图像的主观质量。常用的方法是规定一种绝对尺度，例如：

① 优秀的——具有极高质量的图像；

② 好的——可供观赏的高质量的图像，干扰并不明显；

③ 可通过的——图像质量可以接受，干扰不讨厌；

④ 边缘的——图像质量较低，希望能加以改善，干扰有些讨厌；

⑤ 劣等的——图像质量很差，尚能观看，干扰显著地令人讨厌；

⑥ 不能用——图像质量非常之差，无法观看。

也可以采用表5.1提供的五等级主观质量评价标准。

表5.1　五等级主观质量评价标准

等级	评价	说明
1	优秀	图像清晰,质量好
2	良好	图像较清晰,有轻微马赛克但是不影响使用
3	可用	图像有干扰但不影响观看
4	差	大面积马赛克,几乎无法观看
5	不能使用	图像质量很差,不能使用

另外常用的还有两种准则，即妨害准则和品质准则。

妨害准则分为5级：①没有妨害感觉；②有妨害，但不讨厌；③能感到妨害，但没有干扰；④妨害严重，并有明显干扰；⑤不能接收信息。

品质准则分为7级：①非常好；②好；③稍好；④普通；⑤稍坏；⑥恶劣；⑦非常恶劣。

5.3　无损压缩编码

无损压缩可以分为两大类:基于字典的技术和基于统计的方法。基于字典的技术生成的文件包含的是定长码,每个码字代表原文件中数据的一个特定的序列。基于统计的方法通过用较短代码代表频繁出现的字符,用较长的代码代表不常出现的字符,从而实现图像数据文件的压缩。

5.3.1　无损预测编码

预测编码(Predictive Coding)就是根据"过去"时刻的像素值,运用一种模型,预测当前的像素值。预测编码通常不直接对信号编码,而是对预测误差进行编码。当预测比较准确、误差较小时,即可达到编码压缩的目的。

无损预测编码认为相邻像素的信息有冗余,当前像素值可以用以前的像素值来获得,仅通过对每个像素中提取的新信息编码来消除像素之间的冗余。这里一个像素的新信息定义为该像素的当前值或现实值与其预测值的差值。无损预测编码系统主要由一个编码器和一个解码器组成,它们各有一个相同的预测器,如图 5.3 所示。

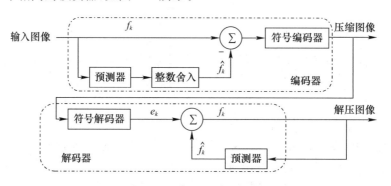

图 5.3　无损预测编码系统

当输入图像的像素序列 $f_k(k=1,2,\cdots)$ 逐个进入编码器时,预测器根据若干个过去的输入产生对当前输入像素的预测值,也称为估计值。将这个预测值进行整数舍入,得到预测器的输出值 $\hat{f}_k$,此时产生的预测误差表示为

$$e_k = f_k - \hat{f}_k \tag{5.4}$$

预测误差可以用符号编码器借助变长码进行编码,用以产生压缩图像数据流的下一个元素。利用符号解码器,根据接收的变长码重建预测误差 e_k,则解压缩图像的像素序列表示为

$$f_k = e_k + \hat{f}_k \tag{5.5}$$

利用预测器,可以将原始图像序列的编码转换成预测误差的编码。由于在预测比较时,预测误差的动态范围会远小于原始图像序列的动态范围,因此对预测误差的编码所需的比特数会大大减少,这是预测编码可以获得数据压缩结果的原因。

在多数情况下,可以通过将 m 个先前的像素进行线性组合得到预测值,即

$$\hat{f}_n(x,y) = R\left[\sum_{i=1}^{m} a_i f_{n-i}\right] \tag{5.6}$$

式中,m 称为线性预测器的阶,R 是舍入函数,a_i 是预测系数。下标 n 为图像序列的空间坐标,在一维线性预测编码中,设扫描沿行进行,式(5.6)可以表示为

$$\hat{f}_n(x,y) = R\Big[\sum_{i=1}^{m} a_i f(x-i,y)\Big] \tag{5.7}$$

根据式(5.7)，一维线性预测编码中，$\hat{f}_n(x,y)$ 仅是当前行扫描到的先前像素的函数。在二维线性预测编码中，$\hat{f}_n(x,y)$ 是对图像从左向右、从上向下进行扫描时所扫描到的先前像素的函数。在三维线性预测编码中，预测基于上述像素和前一帧的像素。预测误差的概率密度函数一般用零均值不相关拉普拉斯概率密度函数表示为

$$p_e(e) = \frac{1}{\sqrt{2}\sigma_e} \exp\Big(\frac{-\sqrt{2}\,|e|}{\sigma_e}\Big) \tag{5.8}$$

式中，σ_e 是 e 的标准差。

5.3.2　哈夫曼编码

哈夫曼编码(Huffman Coding)是图像压缩中最重要的编码方式之一，也被称为最优编码。它是 1952 年由哈夫曼提出的非等长无损统计编码方法，利用变长码使冗余量达到最小。编码器的输出码字是字长不等的编码，按编码输入信息符号出现的统计概率不同，给输出码字分配以不同的字长。在编码输入中，对于那些出现概率大的信息符号，用较短字长编码；而对于那些出现概率小的信息符号，则用较长的字长编码。设原始信源有 M 个信息，即

$$X = \begin{Bmatrix} u_1 & u_2 & \cdots & u_M \\ P_1 & P_2 & \cdots & P_M \end{Bmatrix} \tag{5.9}$$

其中，$u_1, u_2, \cdots, u_M$ 为信息源码；$P_1, P_2, \cdots, P_M$ 表示对应码出现的概率。

哈夫曼编码可以采用下述的步骤实现：

（1）按出现概率从大到小的顺序排列，即 $P_1 \geqslant P_2 \geqslant \cdots \geqslant P_M$。

（2）把最后两个出现概率最小的信息合并成一个信息，从而使信源的信息数减少一个，并同时再次将信源中信息的概率从大到小排列，得

$$X_1 = \begin{Bmatrix} u_1' & u_2' & \cdots & u_{M-1}' \\ P_1' & P_2' & \cdots & P_{M-1}' \end{Bmatrix} \tag{5.10}$$

其中，$u_1', u_2', \cdots, u_{M-1}'$ 为重排后的信息码；$P_1', P_2', \cdots, P_{M-1}'$ 表示重排后对应码出现的概率。

（3）重复上述步骤，直到信源最后为 X^0 形式为止。

$$X^0 = \begin{Bmatrix} u_1^0 & u_2^0 \\ P_1^0 & P_2^0 \end{Bmatrix} \tag{5.11}$$

（4）将被合并的信息赋予 1 和 0 或 0 和 1。对最后的 X^0，也对 u_1^0 和 u_2^0 对应地赋予 1 和 0 或 0 和 1。

下面借助一个实例具体说明哈夫曼编码方法。

【例 5.1】假设一个文件中出现了 8 种符号 S_0、S_1、S_2、S_3、S_4、S_5、S_6、S_7，每种符号编码至少需要 3 比特，假设编码为

$S_0 = 000, S_1 = 001, S_2 = 010, S_3 = 011, S_4 = 100, S_5 = 101, S_6 = 110, S_7 = 111$

那么，符号序列 $S_0 S_1 S_7 S_0 S_1 S_6 S_2 S_2 S_3 S_4 S_5 S_0 S_0 S_1$ 编码后变成 000 001 111 000 001 110 010 010 011 100 101 000 000 001，共 42 比特。

观察符号序列，发现 S_0、S_1、S_2 这 3 个符号出现的概率比较大，其他符号出现的概率比较小，如果采用一种编码方案使得 S_0、S_1、S_2 的码字短，其他符号的码字长，这样就能够减少符号序列占用的位数。

设 $S_0 = 01, S_1 = 11, S_2 = 101, S_3 = 000, S_4 = 0010, S_5 = 0001, S_6 = 0011, S_7 = 100$，那么符号序列变成 01 11 100 01 11 0011 101 101 0000 0010 0001 01 01 11，共 39 比特。

在上面的编码中，尽管其中有些码字，如 S_3、S_4、S_5、S_6 的码字由原来的 3 位变成 4 位，但是使用频繁的码字 S_0、S_1 变短了，使得整个序列的编码缩短，从而实现了数据的压缩。

编码必须保证不能出现一个码字和另一个码字的前几位相同的情况。例如，如果 S_0 的码字为 01，S_2 的码字为 011，那么当序列中出现 011 时，便无法判断是 S_0 的码字后面跟了一个"1"，还是完整的一个 S_2 的码字。按照哈夫曼编码方法可以保证编码的正确性，如图 5.4 所示为哈夫曼编码树示意图。

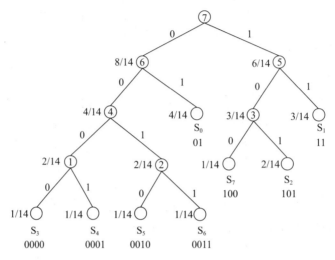

图 5.4　哈夫曼编码树示意图

哈夫曼编码方法的步骤如下：

（1）统计出每个符号出现的频率，$S_0 \sim S_7$ 出现的概率分别为 4/14，3/14，2/14，1/14，1/14，1/14，1/14，1/14；

（2）从左到右将上述概率按从小到大的顺序排列；

（3）每次选出最小的两个值，作为二叉树的两个叶子节点，将它们的和作为其根节点，之后，这两个叶子节点不再参与比较，新的根节点参与比较；

（4）重复步骤（3），直到最后得到和为 1 的根节点；

（5）将形成的二叉树的左节点标 0，右节点标 1，把从最上面的根节点到最下面的叶子节点过程中遇到的 0、1 序列串起来，得到 $S_0 \sim S_7$ 的编码。

产生哈夫曼编码需要对原始数据扫描两遍。第一遍扫描要精确地统计出原始数据中每个符号出现的概率，第二遍是建立哈夫曼树并进行编码。由于需要建立二叉树并遍历二叉树生成编码，因此哈夫曼编码的数据压缩和还原速度都较慢。但是哈夫曼编码简单有效，因而得到了广泛的应用。

5.3.3　算术编码

哈夫曼编码虽然被称为最优编码，但也存在缺陷。例如，其编码的码字长度必须为整数。对于一个出现概率为 $p(b_i) = 1/3$ 的符号，其信息量为 $-\log[p(b_i)] \approx 1.59$。因此，要达到最高的编码效率，应为其分配长度为 1.59 比特的码字，显然这是不可能实现的。同样地，对于概率 $p(b_i) = 2/3$ 的符号，其信息量为 0.59，但编码时至少要为其分配 1 比特的码字，这样就使进一步提高压缩效率变得比较困难。

20 世纪 60 年代,Elias 提出了算术编码的概念,但并未公布其发现。1976 年,J. Rissaner 引入后入先出的编码形式,1979 年他和 G. G. Langdom 一起将其优化,并于 1981 年实现了二值图像编码。对于二元平稳马尔可夫信源,二值图像编码的效率高于 95%,从此算术编码进入实用阶段。

与哈夫曼编码不同,算术编码是一种非分组编码方法,或称为非块码,它从全序列出发,考虑符号之间的依赖关系,并不是将单个信源符号映射成一个码字,而是把整个信源表示为实数 0 到 1 之间的一个区间,长度等于该序列的概率,消息越长,编码表示它的间隔就越小,表示这一间隔所需的二进制位就越多。算术编码用到两个基本的参数:符号的概率和它的编码间隔。信源符号的概率决定压缩编码的效率,也决定编码过程中信源符号的间隔,而这些间隔包含在 0 到 1 之间。编码过程中的间隔决定了符号压缩后的输出。

给出一个前闭后开区间 $[\text{low}, \text{high})$ 用于表示符号流,当信源符号输入完毕后,用一个二进制符号串来表示该区间,即完成编码。在没有符号输入时,该区间为 $[0, 1)$。随着符号的输入,区间逐渐减小。每次减小的程度与新输入的符号的先验概率有关。

算术编码的步骤如下:

(1) 确定区间长度 range＝high－low。符号 a 的区间上下限为 $H(a)$、$L(a)$,初始为 $[0, 1)$。

(2) 输入符号 a 时,按下式更新 high、low 和 range:

$$\text{high} = \text{low} + \text{range} \times H(a) \tag{5.12}$$

$$\text{low} = \text{low} + \text{range} \times L(a) \tag{5.13}$$

$$\text{range} = \text{high} - \text{low} \tag{5.14}$$

依次输入符号,反复执行步骤(2),最后将最终的区间 $[\text{low}, \text{high})$ 表示为二进制序列。

对于解码器,得到区间 $[\text{low}, \text{high})$ 内的任一个数字均可实现完全解码。从该区间取一个浮点数 f 进行解码的步骤如下:

(1) 查概率表,确定 f 落在哪一个区间范围,输出该区间范围对应的符号 a。

(2) 从编码数值 f 中消除已解码符号的影响,根据 a 对应的区间上下限 $H(a)$、$L(a)$ 调整 f 的值,即

$$f_{i+1} = \frac{f_i - L(a)}{H(a) - L(a)} \quad (i = 1, 2, \cdots, n, n \text{ 为编码长度}) \tag{5.15}$$

重复以上步骤,直到整个符号流解码完毕。

【例 5.2】设一个 4 符号的信源,分别为 a_1, a_2, a_3, a_4,其概率如表 5.2 所示,试解释符号序列 $a_4 a_3 a_4 a_2 a_3$ 的编码过程。

表 5.2 算术编码示例

符号	a_1	a_2	a_3	a_4
概率	0.1	0.2	0.3	0.4
分配区间	$[0, 0.1)$	$[0.1, 0.3)$	$[0.3, 0.6)$	$[0.6, 1)$

解:(1)初始化 high＝1,low＝0,range＝1。

(2) 输入第一个符号 a_4,因为 $H(a_4) = 1, L(a_4) = 0.6$,故

$$\text{high} = \text{low} + \text{range} \times H(a) = 0 + 1 \times 1 = 1$$

$$\text{low} = \text{low} + \text{range} \times L(a) = 0 + 1 \times 0.6 = 0.6$$

$$\text{range} = \text{high} - \text{low} = 0.4$$

(3) 输入第二个符号 a_3,因为 $H(a_3) = 0.6, L(a_3) = 0.3$,故

$$\text{high} = \text{low} + \text{range} \times H(a) = 0.6 + 0.4 \times 0.6 = 0.84$$

$$low = low + range \times L(a) = 0.6 + 0.4 \times 0.3 = 0.72$$
$$range = high - low = 0.12$$

(4) 依次输入 a_4、a_2、a_3,计算得

$$high = 0.84, low = 0.792, range = 0.048$$
$$high = 0.8064, low = 0.7968, range = 0.096$$
$$high = 0.8026, low = 0.7997, range = 0.0029$$

(5) 最终得到的区间为 $[0.7997, 0.8026)$,该区间中任意一个数字均可用来表示码流,一般取区间下限 0.7997。编码过程如图 5.5 所示。

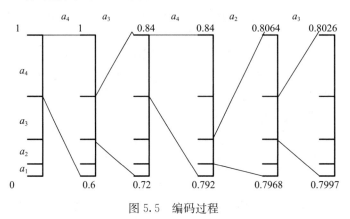

图 5.5 编码过程

解码过程中,根据编码值 0.7997 和表 5.2,计算编码符号。

(1) 首先,$f = 0.7997$ 所在区间为 $[0.6, 1)$,解码得到第一个符号,即 $[0.6, 1)$ 区间对应的符号是 a_4,再更新 f 为

$$f = \frac{0.7997 - 0.6}{1 - 0.6} = 0.4992$$

(2) 0.4992 在区间 $[0.3, 0.6)$ 内,输出对应符号 a_3,更新 f 为 $f = 0.6440$。

(3) 0.6440 在区间 $[0.6, 1)$ 内,输出对应符号 a_4,更新 f 为 $f = 0.16$。

(4) 0.16 在区间 $[0.1, 0.3)$ 内,输出对应符号 a_2,更新 f 为 $f = 0.3$。

(5) 0.3 在区间 $[0.3, 0.6)$ 内,输出对应符号 a_3,更新 f 为 $f = 0$。

最终结果为 0,解码完毕,输出符号为 $a_4 a_3 a_4 a_2 a_3$。

5.4 有损压缩编码

5.4.1 有损预测编码

有损压缩通过牺牲图像的准确率来达到加大压缩比的目的,如果能够容忍解压缩后的结果中有一定的误差,那么压缩比可以显著提高。一般而言,当图像压缩比大于 30：1 时,仍然能够重构图像,当图像压缩比在 10：1 到 20：1 之间时,重构图像与原始图像几乎没有差别。减少数据量的最简单办法是将图像量化成较少的灰度级,通过减少图像的灰度级来实现图像的压缩。这种量化是不可逆的,因而解码时图像有损失。有损预测编码系统与无损预测编码系统相比,主要增加了量化器,通过消除视觉心理冗余,达到对图像进一步压缩的目的,其作用是将预测误差映射到有限个输出 e_k 中,e_k 决定了有损预测编码中的压缩量和失真量。有损预测编码系统组成如图 5.6 所示。

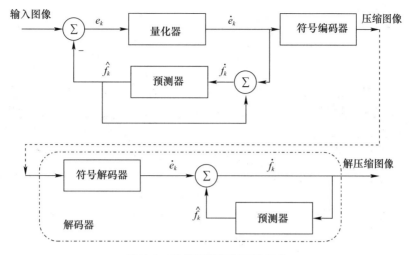

图 5.6　有损预测编码系统组成

解码器的输出 $\dot{f}_k$ 表示为

$$\dot{f}_k = \dot{e}_k + \hat{f}_k \tag{5.16}$$

式中，$\hat{f}_k$ 为过去的预测值，$\dot{e}_k$ 为量化误差，$\dot{f}_k$ 为解码器的输出。图 5.6 所示的闭环结构可以防止在解码器的输出端产生误差。

最简单的有损预测编码方法是德尔塔调制方法，其预测器和量化器分别定义为

$$\hat{f}_k = a\dot{f}_{n-1} \tag{5.17}$$

$$\dot{e}_k = \begin{cases} +c, & \text{对 } e_k > 0 \\ -c, & \text{其他} \end{cases} \tag{5.18}$$

式中，a 是预测系数，c 是一个正的常数。因为量化器的输出可用单个位符表示，符号编码器只用长度固定为 1 比特的码字，所以码率是 1 比特/像素。

5.4.2　变换编码

变换编码主要由映射变换、量化及编码等组成。映射变换把图像中的各个像素从一种空间变换到另一种空间，然后针对变换后的信号进行量化与编码操作。在接收端，首先对接收到的信号进行解码，然后进行逆变换以恢复原始图像。图像的变换编码利用某种变换将空域中描述的图像 $f(x,y)$ 变换为变换域中的 $F(u,v)$。对变换域中的 $F(u,v)$ 编码压缩，比对空域中的 $f(x,y)$ 压缩更为有效。这是因为在频域中相关性明显下降，能量主要集中于少数低频分量系数上。通常采用正交变换，如傅里叶变换、沃尔什变换、离散余弦变换等。以傅里叶变换为例，变换具有能量集中于少数低频系数、各系数不相关、高频分量衰减很快且能量较小等性质。这些性质都可以用于图像数据压缩。图像变换编码模型如图 5.7 所示。

$$f(x,y) \rightarrow \boxed{\text{映射变换}} \rightarrow \boxed{\text{量化器}} \rightarrow \boxed{\text{编码器}} \rightarrow F(u,v)$$

图 5.7　图像变换编码模型

映射变换的关键在于能够产生一系列更加有效的系数，对这些系数进行编码所需的总比特数比对原始图像进行编码所需要的总比特数要少得多，因此，数据得以大幅压缩。

1. 行程编码

行程编码(Run Length Encoding,RLE)属于基于字典的压缩技术,是一种熵编码。在逐行存储的图像中,具有相同灰度值的一些像素组成序列,称为一个行程。逐行存储图像时,可以只存储一个代表那个灰度值的码,后面是行程的长度,而不需要将同样的灰度值存储很多次,这就是行程编码。行程编码对于单一颜色背景下物体的图像可以达到很高的压缩比,但对其他类型的图像,压缩比就很低。在最坏的情况下,例如,图像中的每一个像素都与它周围的像素不同,这时应用行程编码实际上可以将文件的大小加倍。行程编码分为定长编码和不定长编码两种,定长编码是指编码的行程长度所用的二进制位数固定,而不定长编码是指对不同范围的行程长度使用不同的二进制位数进行编码。使用不定长编码时,需要增加标志位来表明所使用的二进制位数。

行程编码比较适合于二值图像的编码,一般用于量化后出现大量零系数连续的场合,用行程来表示连零码。如果图像是由很多块颜色或灰度相同的大面积区域组成的,那么采用行程编码可以达到很高的压缩比。如果图像中像素的数据非常分散,则行程编码不但不能压缩数据,反而会增加图像文件的大小。为了达到较好的压缩效果,通常在进行图像编码时不单独采用行程编码,而是和其他编码方法结合使用。例如在 JPEG 标准中,就综合使用了行程编码、离散余弦变换、量化编码及哈夫曼编码。首先对图像做分块处理,再对这些分块图像进行离散余弦变换,对变换后的频域数据进行量化并作 Z 字形扫描,然后对扫描结果进行行程编码,最后对行程编码后的结果进行哈夫曼编码。

行程编码对传输误差很敏感,一旦一位符号出错,就会改变行程编码的长度,从而使整个图像出现偏移,因此一般用行同步、列同步的方法把差错控制在一行一列之内。下面两个例子说明了行程编码的特点。

【例 5.3】某一图像的第 i 行为$(180,180,180,\cdots)$,共 10000 个数据,模仿行程编码可以简单写成$(180,10000)$。

【例 5.4】某一图像的第 i 行为$(a_{i1},a_{i2},\cdots,a_{ij})$,$j=10000$,其中,$a_{i1}\neq a_{i2}\neq\cdots\neq a_{ij}$。如果仍然采用行程编码,则写成$(a_{i1},1,a_{i2},1,\cdots,a_{ij},1)$,共 20000 个数据,文件被加倍是显而易见的。

2. 正交变换编码

正交变换编码就是对数字图像经过正交变换的系数矩阵进行量化编码,其基本原理是通过正交变换把图像从空域变换到能量比较集中的变换域,然后对变换系数进行编码,从而达到缩减比特率的目的。如图 5.8 所示为正交变换编解码系统的组成框图,整个系统由 5 部分组成,即二维正交变换、系数量化编码、信道传输、解码和逆变换。在变换阶段,将原始图像划分成若干个子块,对每个子块进行正交变换,通过变换使空域信号变换到变换域,降低或消除相邻像素之间或相邻扫描行之间的相关性,提供用于编码压缩的变换系数,然后对变换系数进行量化和编码。

图 5.8　正交变换编解码系统的组成框图

在信道中传输或在存储器中存储的是这些变换系数的码字,即编码端的处理过程,实现图像信息的压缩。在解码端,首先将收到的码字进行解码,然后进行逆变换以使变换系数恢复为空域的值,最后经过处理使数字信号变为模拟信号以供显示。在变换域中,图像信号的绝大部分能量集中在低频分量部分,编码中如果略去那些能量很小的高频分量,或者给这些高频分量分配较小的比特数,就可以明显减少图像传输或存储的数据量。其中,离散余弦变换(DCT)在图像压缩中具有广泛应用,压缩过程为:

（1）首先将输入图像分解为 8×8 或 16×16 的子块，然后对每个子块进行二维 DCT 变换。

（2）将变换后得到的量化 DCT 系数进行编码和传送，形成压缩后的图像格式。

二维 DCT 变换公式为

$$F(u,v) = \frac{1}{4}\left[\sum_{x=0}^{7}\sum_{y=0}^{7}C(u)C(v)f(x,y)\cos\frac{(2x+1)u\pi}{16}\cos\frac{(2y+1)v\pi}{16}\right] \quad (5.19)$$

其中，$f(x,y)$ 为输入图像；$C(u)$、$C(v)$ 为 DCT 系数，即

$$C(u) = \begin{cases} \dfrac{1}{\sqrt{2}} & u=0 \\ 1 & u\neq 0 \end{cases} \qquad C(v) = \begin{cases} \dfrac{1}{\sqrt{2}} & v=0 \\ 1 & v\neq 0 \end{cases}$$

$F(0,0)$ 代表 DC 系数（低频信息），其余 63 个为 AC 系数（高频信息）。

用 DCT 变换解码的过程为：

（1）对每个 8×8 或 16×16 的子块进行二维 DCT 逆变换；

（2）将逆变换矩阵的子块合成一个单一的图像。

余弦变换具有把高度相关数据能量集中的趋势，DCT 变换后矩阵的能量集中在矩阵的左上角，右下角的大多数 DCT 系数值非常接近 0。对于通常的图像而言，舍弃这些接近 0 的 DCT 系数值，并不会使重构图像的画面质量显著下降。因此，利用 DCT 变换进行图像压缩可以节约大量的存储空间。压缩应该在最合理地近似原始图像的情况下使用最少的系数，系数的多少决定了压缩比的大小。

正交变换具有以下性质：

（1）熵保持特性。正交变换并不丢失信息，因此，可以用变换系数来达到传送信息的目的。

（2）能量保持特性，即各种正交变换的帕斯维尔能量保持性质。意义在于：只有当有限离散空域能量全部转移到某个有限离散变换域后，有限个空间采样才能完全由有限个变换系数对基础向量加权来恢复。

（3）能量重新分配与集中。这个性质使我们有可能采用熵压缩法来压缩数据，也就是在质量允许的情况下，可舍弃一些能量较小的变换系数，或者对能量大的谱点分配较多的比特，对能量较小的谱点分配较少的比特，从而使数据有较大的压缩。

（4）去相关特性。正交变换可以使高度相关的空间样值变为相关性很弱的变换系数。换句话说，正交变换有可能使相关的空域转变为不相关的变换域，这样就使存在于相关性之中的冗余度得以去除。

综上所述，由于正交变换的结果，相关图像的空域可能变为能量保持、集中且为不相关的变换域。如果用变换系数来代替空间样值编码传送，只需对变换系数中能量比较集中的部分加以编码，这样就能使数字图像传输或存储时所需的码率得到压缩。

需要说明的是，在图像正交变换中，往往要将一帧图像划分成若干正方形的图像子块来进行。选择的图像子块越小，计算量就越小，但是不均方误差较大，在同样的允许失真度下，压缩比小。因此，从改善图像质量考虑，适当加大图像子块是明智之举。但是这并不意味着子块可以任意大，因为图像像素与其周围像素之间的相关性存在于一定距离之内，当子块已经足够大时，再进一步加大子块，则扩充进来的像素与中心像素之间的相关性很小，甚至不相关，同时计算的复杂性将显著加大。目前，图像正交变换中的图像子块一般取 8×8 或 16×16。

5.5 视频图像编码标准

随着计算机网络及通信技术的迅速发展，图像通信已越来越受到科技工作者的广泛关注。

国际标准化组织(ISO)、国际电工委员会(IEC)和国际电信联盟(ITU)等积极致力于图像处理的标准化工作。特别是图像编码,由于它涉及多媒体、数字电视、可视电话、电视会议等图像传输方面的广泛应用,为此制定的国际标准极大地推动了图像编码技术的发展与应用。这些图像编码的国际标准有 JPEG、MPEG、H. 26x 等。

5.5.1　JPEG 标准

1986 年,ISO 和 ITU 成立了联合图像专家组(Joint Photographic Expert Group),其主要任务是研究静止图像压缩算法的国际标准。1987 年,联合图像专家组用 $Y:U:V=4:2:2$,每像素 16 比特,对宽度为 4:3 的电视图像进行了测试,选择出 3 个方案进行评选,其中 8×8 的 DCT 方案得分最高,以此制定的以自适应离散余弦变换编码(ADCT)为基础的"连续色调静态图像数字压缩和编码"JPEG 标准于 1991 年 3 月正式提出。

5.5.2　MPEG 标准

1988 年,ISO 和 ITU 成立了活动图像专家组(Moving Picture Expert Group),其任务是制定用于数字存储媒介中活动图像及伴音的编码标准。活动图像专家组于 1991 年 11 月提出了 1.5Mb/s 的编码方案,1992 年通过了 ISO11172 号建议,即 MPEG 标准。MPEG 标准主要由视频、音频和系统 3 部分组成,是一个完整的多媒体压缩编码方案。MPEG 标准阐明了编解码过程,严格规定了编码后产生的数据流的句法结构,但是并没有规定编解码的算法。

MPEG-1 标准为 1.5Mb/s 数字存储媒介上的活动图像及其伴音的编码标准,主要包括系统、视频、音频、一致性、参考软件等 5 部分。目的是满足各种存储媒介对压缩视频的统一格式的需要,可用于 625 线和 525 线电视系统,对传输速率 1.5Mb/s 的存储媒介提供连续的、活动图像的编码表示,如 VCD、光盘及计算机磁盘等。

MPEG-2 标准是 MPEG 于 1995 年推出的第二个国际标准,标号是 ISO/IEC 13818,是通用的活动图像及其伴音的编码标准。它主要包括:系统、视频、音频、一致性、参考软件、数字存储媒介的命令与控制(DSM-CC)、高级音频编码、10 比特视频编码、实时接口 9 部分。

MPEG-4 标准是 1999 年 12 月通过的一个适应各种多媒体应用的视听对象的编码标准,标号是 ISO/IEC 14496。它主要包括:系统、视觉信息、音频、一致性、参考软件、多媒体传送集成框架、优化软件、IP 中的一致性、参考硬件描述 9 部分。

5.5.3　H. 261 标准

为适应可视电话和电视会议的需要,ITU 第 15 研究组承担了视频的编解码标准的研究工作,并于 1988 年提出了视频 CODEC 的 H. 261 建议。1990 年通过了 $P\times64$kb/s 的编码方案,P 为可变系数,$P=1\sim30$,可视电话建议 $P=2$,电视会议建议 $P=6$。

5.5.4　H. 264 标准

H. 261 及之后出现的 H. 262、H. 263 及 MPEG-1、MPEG-2、MPEG-4 等视频编码标准的目标是在尽可能低的码率下获得尽可能高的图像质量。但随着对图像传输需求的增加,如何适应不同信道传输特性的问题也日益显现出来。为了解决这些问题,ISO、IEC 和 ITU 联手制定了视频新标准 H. 264。

H. 264 的视频压缩算法与 MPEG-4 相比,压缩比可提高近 30%。H. 264 采用 DPCM 和变换编码的混合编码模式。在技术上,统一的 VLC 符号编码,高精度、多模式的位移估计,基于

4×4子块的整数变换、分层编码语法等措施使得 H.264 的视频压缩算法具有很高的编码效率。在相同的重建图像质量下,H.264 比 H.263 节约 50% 左右的码率,更适合窄带传输。H.264 加强了对各种信道的适应能力,采用了"网络友好的"的结构和语法,有利于对误码和丢包的处理。H.264 的应用目标范围较宽,可满足不同速率及不同传输和存储场合的需求;它的基本系统是开放的,使用无须版权。

*5.6　图像压缩编码应用:分块 DCT 编码水印嵌入

互联网的普及和数字技术的广泛应用,使数字产品越发丰富且传播便捷,同时版权保护问题日益突出。传统的信息安全技术在数字产品版权保护方面存在不足,促进了数字水印技术的发展,将数字水印隐藏于数字媒体中,可为版权所有者提供版权证明。

以图像作为载体的数字水印技术是当前水印技术研究的重点之一。如果水印的嵌入是在空域进行的,称其为空域水印技术;如果水印嵌入是在变换域进行的,则称其为变换域水印技术。分块 DCT 编码水印嵌入方法首先进行图像分块 DCT,然后在 DCT 系数块中选取两点,设计两点的大小关系分别表示水印信息中的 0 和 1,根据水印信息对各 DCT 系数块进行"编码",这样就将水印信息嵌入载体图像中。嵌入载体图像的效果如图 5.9 所示,MATLAB 参考程序代码为:

```
%DCT嵌入水印代码
M=256; %原图像长度
N=32; %水印图像长度
K=8;
I=zeros(M,M);J=zeros(N,N);BLOCK =zeros(K,K);
%显示原图像
subplot(2,2,1);I=imread('lena.bmp');imshow(I);title('原图像');
%显示水印图像
subplot(2,2,2);J=imread('shuiyin.bmp');imshow(J);title('水印图像');
%嵌入水印
for p=1:N
    for q=1:N
        x=(p-1)* K+1;
        y=(q-1)* K+1;
        BLOCK=I(x:x+K-1,y:y+K-1);
        BLOCK=dct2(BLOCK);
        if(J(p,q)==0)
            a=-1;
        else
            a=1;
        end
        BLOCK(1,1)=BLOCK(1,1)* (1+a* 0.03);
        BLOCK=idct2(BLOCK);
        I(x:x+K-1,y:y+K-1)=BLOCK;
    end
end
%显示嵌入水印后的图像
```

```
subplot(2,2,3);imshow(I);title('嵌入水印后的图像');
imwrite(I,'watermarked.bmp');
%从嵌入水印的图像中提取水印
I=imread('lena.bmp');
J=imread('watermarked.bmp');
for p=1:N
    for q=1:N
        x=(p- 1)* K+1;
        y=(q- 1)* K+1;
        BLOCK1=I(x:x+K-1,y:y+K-1);
        BLOCK2=J(x:x+K-1,y:y+K-1);
        BLOCK1=idct2(BLOCK1);
        BLOCK2=idct2(BLOCK2);
        a=BLOCK2(1,1)/BLOCK1(1,1)-1;
        if a<0
          W(p,q)=0;
        else
          W(p,q)=1;
        end
    end
end
%显示提取的水印
subplot(2,2,4);
imshow(W);
title('从含水印图像中提取的水印');
```

(a) 原图像　　　　　　　　　　(b) 水印图像

(c) 嵌入水印后的图像　　　　(d) 从含水印图像中提取的水印

图 5.9　嵌入载体图像的效果

本 章 小 结

本章主要介绍了无损压缩编码和有损压缩编码,包括哈夫曼编码、预测编码、图像变换编码和视频图像编码标准,并给出了一个图像压缩编码的应用实例——分块 DCT 编码水印嵌入。随着各类新媒体的出现,这一领域的研究和应用也在不断发展。

思考与练习题

5.1　简述数字图像压缩的必要性和可能性。

5.2　图像压缩的整体过程包括哪些?

5.3　图像编码的保真度准则是什么?

5.4　哈夫曼编码是有损编码还是无损编码? 假设数字图像有 4 种灰度 S_1,S_2,S_3,S_4,其中 $P(S_1)=1/8$, $P(S_2)=5/8,P(S_3)=1/8,P(S_4)=1/8$,试计算该图像的哈夫曼编码。

5.5　简述预测编码、算术编码的基本原理,并分析与哈夫曼编码的差异。

5.6　正交变换可以用于编码任务,源于哪些重要的性质?

5.7　图像编码有哪些国际标准? 其基本应用对象是什么?

5.8　JPEG 编码实现了图像压缩的哪些关键技术?

5.9　MPEG 编码实现了图像压缩的哪些关键技术?

拓 展 训 练

综述不同媒体所采用的图像压缩标准与方法有何异同。

第6章 图像复原与重建

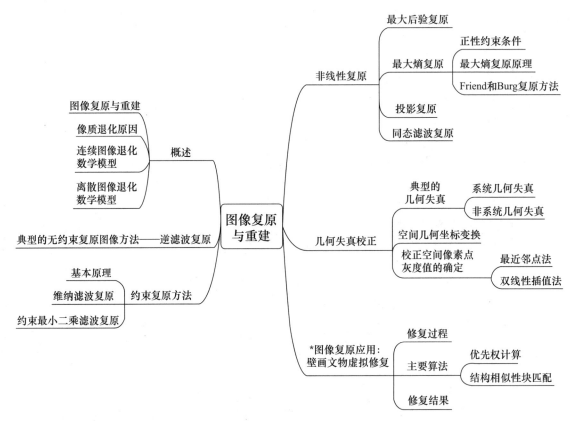

※学习目标

1. 了解图像复原相关概念、引起像质退化的常见原因、不同图像复原方法的适应性。
2. 能阐述图像复原的基本方法和过程。
3. 能编程实现图像复原基本方法。

6.1 概　　述

6.1.1 图像复原与图像重建

　　图像复原(Image Restoration)是在研究图像退化原因的基础上,以退化图像为依据,根据一定的先验知识建立图像质量的退化模型,然后用相反的运算来恢复原始图像的过程。顾名思义,复原就意味着一定存在一幅理想图像作为质量准则来衡量复原图像接近其的程度。近年来兴起的与之密切相关的另一个术语是图像重建(Image Reconstruction),多用于医学影像处理,如重建核磁共振图像(Magnetic Resonance Image,MRI)、超分辨率重建图像、基于计算机断层扫描图像重建三维实体等,其本质上也是存在"金标准"——理想图像的,因此,图像重建可看作图像复原在特定领域的运用,后文不再刻意区分。

图像复原与图像增强的目的都是为了改善图像质量,因此在解决问题的方法和思路上有许多相同之处,如通过滤波来降低噪声影响。理论上讲,所有图像增强方法均可以用于图像复原,但二者的目标不同,即图像增强不必考虑图像是如何退化的,只是试图采用各种技术来增强图像使之满足既定目标;而图像复原需要了解图像退化的机制和过程等先验知识,并据此找出相应的逆处理方法,才能恢复得到尽可能"本真"的图像。在工程应用中,如果图像被明显退化,应先做复原处理,再做增强处理。

总的来说,图像复原的过程可概括为:找出图像退化原因、建立退化模型、反向推演、恢复图像。

6.1.2 像质退化的原因

通常图像退化的原因极其复杂,既可能发生于图像形成、传输过程,也可能出现在图像记录和显示过程,因此,很难建立一个"大而全"的退化模型。因此,通常需要根据特定情况分门别类进行研究。常见的图像退化(Degradation)原因有:

① 射线辐射、大气湍流等造成的目标畸变;

② 模拟图像数字化过程中,部分细节损失导致图像质量下降;

③ 聚焦不准产生散焦模糊;

④ 成像系统噪声干扰;

⑤ 相机与景物之间相对运动产生的运动模糊;

⑥ 底片感光和图像显示时产生的记录或显示失真;

⑦ 成像系统的像差、非线性畸变、有限带宽等造成的图像失真;

⑧ 携带遥感仪器的飞机或卫星运动不稳定,以及地球自转等因素引起的几何失真。

图像复原在航天航空、国防公安、生物医学、文物修复等领域具有广泛应用,我们往往需要结合这些领域的知识进行图像复原。如果只存在噪声,即可用空间滤波复原;如果是周期噪声,可采用频域滤波进行复原。总体来看,传统的图像复原方法是建立在平稳图像、系统空间线性不变性、具有图像和噪声统计特性先验知识等条件下的,这些方法较为成熟并已取得广泛应用。而现代的图像复原方法是在非平稳图像(如卡尔曼滤波)、非线性方法(如神经网络)、信号与噪声的先验知识未知(如盲图像复原)等前提下开展工作的,更加接近实际情况。

为此,本章在界定图像复原概念、介绍像质退化常见原因和建立图像退化一般数学模型的基础上,在6.2、6.3节介绍几种常用的传统图像复原方法,然后在6.4、6.5节讨论几种较为有效的现代图像复原方法,在6.6节对另一类常见的降质原因——几何失真进行处理,最后在6.7节给出一个图像复原技术应用实例。

6.1.3 连续图像退化的数学模型

连续图像退化的一般模型如图6.1所示。输入图像 $f(x,y)$ 经过一个退化系统或退化算子 H 后,产生的退化图像 $g(x,y)$ 可以表示为

$$g(x,y)=H[f(x,y)] \tag{6.1}$$

如果仅考虑加性噪声的影响,则退化图像可表示为

$$g(x,y)=H[f(x,y)]+n(x,y) \tag{6.2}$$

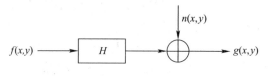

图 6.1　连续图像退化的一般模型

由式(6.2)可见,退化图像是由成像系统退化加上额外系统噪声而形成的。因此,若 H 和 $n(x,y)$ 已知,则图像复原就是在退化图像 $g(x,y)$ 基础上做逆运算,得到 $f(x,y)$ 的一个最佳估计 $\hat{f}(x,y)$。之所以说是"最佳估计"而非"真实估计",是由于图像复原运算有可能存在病态性:

① 逆运算问题不一定有解,如存在奇异问题;

② 逆运算问题可能存在多个解。

从信号处理的角度讲,一幅连续图像 $f(x,y)$ 可以用下式表示为

$$f(x,y) = \int_{-\infty}^{+\infty} \int_{-\infty}^{+\infty} f(\alpha,\beta)\delta(x-\alpha,y-\beta)\mathrm{d}\alpha\mathrm{d}\beta \tag{6.3}$$

式中,δ 函数表示空间上点脉冲的冲激函数。

将式(6.3)代入式(6.1)得

$$g(x,y) = H[f(x,y)] = H\Big[\int_{-\infty}^{+\infty} \int_{-\infty}^{+\infty} f(\alpha,\beta)\delta(x-\alpha,y-\beta)\mathrm{d}\alpha\mathrm{d}\beta\Big] \tag{6.4}$$

在退化算子 H 表示线性和空间不变系统的情况下,输入图像 $f(x,y)$ 经退化后的输出 $g(x,y)$ 为

$$\begin{aligned} g(x,y) &= H[f(x,y)] = H\Big[\int_{-\infty}^{+\infty} \int_{-\infty}^{+\infty} f(\alpha,\beta)\delta(x-\alpha,y-\beta)\mathrm{d}\alpha\mathrm{d}\beta\Big] \\ &= \int_{-\infty}^{+\infty} \int_{-\infty}^{+\infty} f(\alpha,\beta)H[\delta(x-\alpha,y-\beta)]\mathrm{d}\alpha\mathrm{d}\beta \\ &= \int_{-\infty}^{+\infty} \int_{-\infty}^{+\infty} f(\alpha,\beta)h(x-\alpha,y-\beta)\mathrm{d}\alpha\mathrm{d}\beta \end{aligned} \tag{6.5}$$

式中,$h(x,y)$ 称为退化系统的冲激响应函数。在图像形成的光学过程中,冲激为一光点,因而又将 $h(x,y)$ 称为退化系统的点扩展函数(Point-Spread Function,PSF)。

此时,退化系统的输出就是输入图像 $f(x,y)$ 与点扩展函数 $h(x,y)$ 的卷积,考虑到噪声的影响,即

$$\begin{aligned} g(x,y) &= \int_{-\infty}^{+\infty} \int_{-\infty}^{+\infty} f(\alpha,\beta)h(x-\alpha,y-\beta)\mathrm{d}\alpha\mathrm{d}\beta + n(x,y) \\ &= f(x,y) * h(x,y) + n(x,y) \end{aligned} \tag{6.6}$$

对上述方程进行傅里叶变换,则式(6.6)在频域上可以写成

$$G(u,v) = F(u,v)H(u,v) + N(u,v) \tag{6.7}$$

式中,$G(u,v)$、$F(u,v)$、$N(u,v)$ 分别是 $g(x,y)$、$f(x,y)$、$n(x,y)$ 的傅里叶变换;$H(u,v)$ 是 $h(x,y)$ 的傅里叶变换,为系统的传递函数。

6.1.4　离散图像退化的数学模型

对于数字图像而言,需要将式(6.6)变换为离散形式。

设输入的数字图像 $f(x,y)$ 大小为 $A\times B$,点扩展函数 $h(x,y)$ 被均匀采样为 $C\times D$。为避免交叠误差,采用添零延拓方法将它们扩展成 $M=A+C-1$ 和 $N=B+D-1$ 个元素的周期函数,即

$$f_e(x,y) = \begin{cases} f(x,y) & 0 \leqslant x \leqslant A-1 \text{ 且 } 0 \leqslant y \leqslant B-1 \\ 0 & \text{其他} \end{cases} \tag{6.8a}$$

$$h_\theta(x,y) = \begin{cases} h(x,y) & 0 \leqslant x \leqslant C-1 \text{ 且 } 0 \leqslant y \leqslant D-1 \\ 0 & \text{其他} \end{cases} \tag{6.8b}$$

则输出的降质数字图像为

$$g_\theta(x,y) = \sum_{m=0}^{M-1} \sum_{n=0}^{N-1} f_\theta(m,n) h_\theta(x-m,y-n) \tag{6.9}$$

式中,$x=1,2,\cdots,M-1$;$y=0,1,2,\cdots,N-1$。

式(6.9)的二维离散退化模型可以用矩阵形式表示,即

$$g = Hf \tag{6.10}$$

式中,H 是 $MN \times MN$ 维矩阵,由 $M \times M$ 个大小为 $N \times N$ 的子矩阵组成,可进一步表示成式(6.11)。将 $g(x,y)$ 和 $f(x,y)$ 中的元素排成列向量,g 和 f 成为 $MN \times 1$ 维列向量。

$$H = \begin{bmatrix} H_0 & H_{M-1} & H_{M-2} & \cdots & H_1 \\ H_1 & H_0 & H_{M-1} & \cdots & H_2 \\ H_2 & H_1 & H_0 & \cdots & H_3 \\ \vdots & \vdots & \vdots & & \vdots \\ H_{M-1} & H_{M-2} & H_{M-3} & \cdots & H_0 \end{bmatrix} \tag{6.11}$$

式中,子矩阵 $H_j(j=0,1,2,\cdots,M-1)$ 为分块循环矩阵,大小为 $N \times N$。分块矩阵是由延拓函数 $h_\theta(x,y)$ 的第 j 行构成的,构成方法为

$$H_j = \begin{bmatrix} h_\theta(j,0) & h_\theta(j,N-1) & h_\theta(j,N-2) & \cdots & h_\theta(j,1) \\ h_\theta(j,1) & h_\theta(j,0) & h_\theta(j,N-1) & \cdots & h_\theta(j,2) \\ \vdots & \vdots & \vdots & & \vdots \\ h_\theta(j,N-1) & h_\theta(j,N-2) & h_\theta(j,N-3) & \cdots & h_\theta(j,0) \end{bmatrix} \tag{6.12}$$

如果同时考虑噪声,则离散图像的退化模型为

$$g_\theta(x,y) = \sum_{m=0}^{M-1} \sum_{n=0}^{N-1} f_\theta(m,n) h_\theta(x-m,y-n) + n_\theta(x,y) \tag{6.13}$$

其矩阵形式为

$$g = Hf + n \tag{6.14}$$

上式表明,给定了退化图像 $g(x,y)$、退化系统的点扩展函数 $h(x,y)$ 和噪声分布 $n(x,y)$,就可以得到原始图像 f 的估计 $\hat{f}$。但实际上求解的计算工作量十分大,例如,假设图像行 M 和列 N 相等,则 H 的大小为 N^4,这意味着解出 $f(x,y)$ 需要解 N^2 个联立方程组。在具体应用中,一般通过以下两种方法来简化运算:

① 通过对角化简化分块循环矩阵,再利用 FFT 算法可大大降低计算量;

② 分析退化的具体原因,找出 H 的具体简化形式,如匀速运动造成模糊的点扩展函数就可以用简单的形式表示,这样使复原问题变得简单。

后面的内容将在式(6.14)的基础上讨论各种复原方法,这些方法既可能是通过无约束条件得到原始图像 f 的估计 $\hat{f}$,也可能是通过约束条件复原得到图像 $\hat{f}$。

6.2　典型的无约束复原图像方法——逆滤波复原

逆滤波复原是最早使用的一种无约束复原方法。无约束复原根据对退化系统 H 和噪声 n 的了解,在已知退化图像 g 的情况下,基于一定的最小误差准则得到原始图像 f 的估计 $\hat{f}$。

由式(6.14)可得

$$n = g - Hf \tag{6.15}$$

当 n 的统计特性不确定时,原始图像 f 的估计 $\hat{f}$ 应满足使 $H\hat{f}$ 在最小二乘意义上近似于 g。也就是说,我们希望找到一个 $\hat{f}$,使得噪声项的范数 $\|n\|^2$ 最小。

$$\|n\|^2 = n^T n \tag{6.16}$$

即目标函数 $J(\hat{f})$ 为最小

$$J(\hat{f}) = \|g - H\hat{f}\|^2 \tag{6.17}$$

由极值条件

$$\frac{\partial J(\hat{f})}{\partial \hat{f}} = 0 \tag{6.18}$$

得

$$-2H^T(g - H\hat{f}) = 0 \tag{6.19}$$

在 $M = N$ 的情况下,H 为方阵且 H 有逆矩阵 H^{-1},则

$$\hat{f} = (H^T H)^{-1} H^T g = H^{-1} g \tag{6.20}$$

若 H 已知,即可由 g 求出最佳估计值 $\hat{f}$。也就是说,当系统 H 逆作用于退化图像 g 时,可以得到最小平方意义上的非约束估计。

对式(6.20)进行傅里叶变换,则

$$\hat{F}(u,v) = \frac{G(u,v)}{H(u,v)} \tag{6.21}$$

逆滤波法形式简单,但具体求解的计算量很大,需要根据循环分块矩阵条件进行简化。该方法适用于极高信噪比且降质系统的传递函数 $H(u,v)$ 不存在病态性质条件下的图像复原问题。当 $H(u,v)$ 等于 0 或接近于 0 时,复原图像将变得无意义。这时需要人为地对传递函数进行修正,以降低由于传递函数病态而造成的恢复不稳定性。

逆滤波法对噪声极为敏感,要求信噪比较高。当退化图像的噪声较小,即轻度降质时,采用逆滤波恢复的方法可以获得较好的结果。

【例6.1】如图6.2显示了原始图像、退化图像及其逆滤波结果。

图中的退化图像是用 MATLAB 函数 PSF=fspecial('motion',LEN,THETA);LEN=11,THETA=11 加了运动模糊的结果。逆滤波实现方法是 If=fft2(blurred);Pf=fft2(PSF,hei,wid);deblurred=ifft2(If./Pf);其中,hei、wid 分别为图像的长和宽。

(a)原始图像　　　　　　　　(b)退化图像　　　　　　　　(c)逆滤波结果

图 6.2　逆滤波复原示意图

6.3 约束复原方法

约束复原不仅要求对降质系统的 PSF 有所了解,还要求对原始图像的外加噪声的特性有先验知识。根据不同领域的要求,有时需要对 f 和 n 做一些特殊的规定,使处理得到的图像满足某些条件。

6.3.1 约束复原的基本原理

在约束最小二乘法复原问题中,令 Q 为 f 的线性算子,要设法寻找一个最佳估计 $\hat{f}$,使形式为 $\|Q\hat{f}\|^2$ 的函数服从约束条件为 $\|g-H\hat{f}\|^2=\|n\|^2$ 的函数最小化。该最小化问题,可利用拉格朗日乘子法进行处理。也就是说,要寻找一个 $\hat{f}$,使下面的目标函数(准则函数)为最小

$$J(\hat{f})=\|Q\hat{f}\|^2+\alpha(\|g-H\hat{f}\|^2)-\|n\|^2 \tag{6.22}$$

其中,α 为一常数,称为拉格朗日乘子。

令 $\dfrac{\partial J(\hat{f})}{\partial \hat{f}}=0$,得到 f 的最佳估计值 $\hat{f}$ 为

$$\hat{f}=(H^\mathrm{T}H+\gamma Q^\mathrm{T}Q)^{-1}H^\mathrm{T}g \tag{6.23}$$

式中,$\gamma=1/\alpha$。这时,问题的核心变为如何选择一个合适的变换矩阵 Q。Q 的形式不同,可得到不同类型的最小二乘法复原方法。如选用图像 f 和噪声 n 的自相关矩阵 R_f 和 R_n 表示 Q,就可得到经典的维纳滤波复原方法。

6.3.2 维纳滤波复原

要精确掌握图像 f 和噪声 n 的先验知识是困难的,一种较为合理的假设是将它们近似地视为平稳随机过程。假设 R_f 和 R_n 分别为 f 和 n 的自相关矩阵,其定义为

$$R_f=E\{ff^\mathrm{T}\} \tag{6.24a}$$
$$R_n=E\{nn^\mathrm{T}\} \tag{6.24b}$$

式中,$E\{\cdot\}$ 代表数学期望。

定义 $Q^\mathrm{T}Q=R_f^{-1}R_n$,代入式(6.23)得

$$\hat{f}=(H^\mathrm{T}H+\gamma R_f^{-1}R_n)^{-1}H^\mathrm{T}g \tag{6.25}$$

假设 $M=N$,S_f 和 S_n 分别为图像信号和噪声的功率谱,则

$$\hat{F}(u,v)=\left[\frac{H^*(u,v)}{|H(u,v)|^2+\gamma[S_n(u,v)/S_f(u,v)]}\right]G(u,v)$$

$$=\left[\frac{1}{H(u,v)}\cdot\frac{|H(u,v)|^2}{|H(u,v)|^2+\gamma[S_n(u,v)/S_f(u,v)]}\right]G(u,v) \tag{6.26}$$

式中,$u,v=0,1,2,\cdots,N-1$;$H(u,v)$ 是退化函数,$H^*(u,v)$ 是 $H(u,v)$ 的复共轭函数,$|H(u,v)|^2=H^*(u,v)H(u,v)$;$S_n(u,v)$ 是噪声的功率谱,$S_f(u,v)=|F(u,v)|^2$ 是未退化图像的功率谱。

下面对式(6.26)进行讨论。

① 如果 $\gamma=1$,系统函数 $H_\mathrm{w}(u,v)$ 是维纳滤波器的传递函数,即

$$H_\mathrm{w}(u,v)=\frac{H^*(u,v)}{|H(u,v)|^2+S_n(u,v)/S_f(u,v)} \tag{6.27}$$

与逆滤波法相比，维纳滤波对噪声的放大有自动抑制作用。如果无法知道噪声的统计性质，但可大致确定 $S_n(u,v)$ 和 $S_f(u,v)$ 的比值范围，式(6.27)可以用下式近似

$$\hat{F}(u,v) \approx \left[\frac{H^*(u,v)}{|H(u,v)|^2 + K}\right] G(u,v) \tag{6.28}$$

式中，K 表示噪声对信号的频谱密度之比。

② 如果 $\gamma = 0$，系统变成单纯的去卷积滤波器，系统的传递函数即为 $\boldsymbol{H}^{-1}$。另外一种等效的情况是，尽管 $\gamma \neq 0$ 但无噪声影响，$S_n(u,v) = 0$，复原系统为理想逆滤波器，可以视为维纳滤波器的一种特殊情况。

③ 若 γ 为可调整的其他参数，则系统变成参数化维纳滤波器。一般地，可以通过选择 γ 的数值来获得所需要的平滑效果。$H(u,v)$ 由点扩展函数确定，而当噪声是白噪声时，$S_n(u,v)$ 为常数，可通过计算一幅噪声图像的功率谱 $S_g(u,v)$ 求解。由于 $S_g(u,v) = |H(u,v)|^2 S_f(u,v) + S_n(u,v)$，因此 $S_f(u,v)$ 可以求得。研究表明，在同样的条件下，单纯的去卷积滤波器的复原效果最差，维纳滤波器会产生超过人眼所希望的低通效应，$\gamma < 1$ 的参数化维纳滤波器的图像复原效果较好。

如果满足"平稳随机过程的模型"和"变质系统是线性的"两个条件，那么维纳滤波器当然会取得较为满意的复原效果。但是当信噪比很低时，其复原结果则常常不能令人满意，原因是：

① 维纳滤波器是基于线性系统的，但实际上，图像的记录和评价图像的人类视觉系统往往都是非线性的。

② 维纳滤波器是根据最小均方误差准则设计的，但这个准则不一定总与人类视觉判决准则相吻合。

③ 维纳滤波器是基于平稳随机过程的模型，但实际图像并不一定都符合这个模型。另外，维纳滤波器只利用了图像的协方差信息，可能还有大量的有用信息没有充分利用。

运动模糊是一种常见的图像退化现象。比如，在飞机、宇宙飞行器等运动物体上所拍摄的图像，由于镜头在曝光瞬间偏移，会产生匀速直线运动的模糊。例 6.2 说明了采用维纳滤波复原的具体方法。

【例 6.2】 原始无噪声模糊图像如图 6.3(a)所示，使用 MATLAB 的 deconvwnr 函数（适用于彩色图像）对其进行复原重建。

首先假设真实的 PSF 是由运动形成的，采用 PSF = fspecial('motion', LEN, THETA)产生一个反映匀速直线运动的二维滤波器。以水平线作为 0 角度基准，按照逆时针方向，摄像机按 THETA 角方向运动 LEN 个像素。设参数值为 LEN=31，THETA=11，复原结果如图 6.3(b)所示。图 6.3(c)、(d)分别显示了使用较"长"和较"陡峭"的 PSF 后所产生的复原效果，由此可见 PSF 的重要性。主要代码如下：

```
Blurred=imread('car.jpg');
%PSF
LEN=31;
THETA=11;
PSF=fspecial('motion',LEN,THETA);
%deblur the image
wnr1=deconvwnr(Blurred,PSF,0.02);
wnrl2=deconvwnr(Blurred,fspecial('motion',2*LEN,THETA),0.02);      %长 PSF
wnrl3=deconvwnr(Blurred,fspecial('motion',LEN,2*THETA),0.02);      %陡峭 PSF
figure;
```

```
subplot(221);imshow(Blurred);subplot(222);imshow(wnr1);
subplot(223);imshow(wnrl2);subplot(224);imshow(wnrl3);
```

实际应用过程中,真实的 PSF 通常是未知的,需要根据一定的先验知识对它进行估计,再将估计值作为参数进行图像复原。

(a) 原始无噪声模糊图像   (b) 使用真实的PSF复原

(c) 使用较"长"的PSF复原   (d) 使用较"陡峭"的PSF复原

图 6.3 不同 PSF 产生的复原效果比较

【例 6.3】原始无噪声模糊图像如图 6.4(a)所示,使用 MATLAB 对原始图像加噪并使用 wiener2 函数(适用于灰度图像)在已知噪声和未知噪声分布情况下对其进行复原重建。

(a) 原始无噪声模糊图像 (b) 退化图像 (c) 盲复原 (d) 非盲复原

图 6.4 已知噪声和未知噪声分布的复原效果比较

6.3.3 约束最小二乘滤波复原

使用逆滤波这类方法进行图像复原时,由于退化算子 $\boldsymbol{H}$ 的病态性质,导致在零点附近数值起伏过大,使复原后的图像产生了人为的噪声和边缘(振铃)。如果使用维纳滤波器,还存在另外一些困难,即未退化图像和噪声的功率谱必须是已知的。为此,可以通过选择合理的 $\boldsymbol{Q}$(高通滤波器),并对 $\|\boldsymbol{Qf}\|^2$ 进行优化,使某个函数的二阶导数最小(如 $\boldsymbol{Q}$ 使用拉普拉斯算子形式表示),就可以推导出约束最小二乘滤波复原方法,将这种不平滑性降低至最小。

根据已有知识可知，图像增强的拉普拉斯算子$\nabla^2 f=\left(\dfrac{\partial}{\partial x^2}+\dfrac{\partial}{\partial y^2}\right)f$具有突出边缘的作用，然而$\iint \nabla^2 f\mathrm{d}x\mathrm{d}y$可恢复图像的平滑性。因此，在做图像复原时，可将其作为约束。在离散情况下，拉普拉斯算子∇^2可用下面的3×3模板来近似

$$\boldsymbol{p}=\begin{bmatrix}0 & 1 & 0\\ 1 & -4 & 1\\ 0 & 1 & 0\end{bmatrix} \tag{6.29}$$

利用$f(x,y)$与上面的模板算子进行卷积可进行高通卷积运算。具体实现时，可利用添零的方法，延拓$f(x,y)$和$p(x,y)$成为$f_\theta(x,y)$和$p_\theta(x,y)$，来避免交叠误差。式(6.22)中，$\boldsymbol{Q}$对应于高通卷积滤波运算，在$\|\boldsymbol{g}-\boldsymbol{Hf}\|=\|\boldsymbol{n}\|^2$约束条件下，最小化$\|\boldsymbol{Qf}\|^2$。可以证明，这时复原$\hat{f}$的频域表达式为

$$\hat{F}(u,v)=\left[\frac{H^*(u,v)}{|H(u,v)|^2+\gamma P(u,v)}\right]G(u,v) \tag{6.30}$$

式中，$u,v=0,1,\cdots,N-1$；$H^*(u,v)$为$H(u,v)$的共轭且$|H(u,v)|^2=H^*(u,v)H(u,v)$。$\gamma$的取值能够控制对估计图像所加光滑性约束的程度。$P(u,v)$为用$\boldsymbol{Q}$实现的高通滤波器的传递函数，是$p(x,y)$的傅里叶变换，它决定了不同频率所受光滑性影响的程度。对于拉普拉斯算子，有

$$P(u,v)=-4\pi^2(u^2+v^2) \tag{6.31}$$

MATLAB提供了在调用维纳滤波的deconvwnr函数、平滑度约束最小二乘滤波的deconvreg函数前，降低振铃影响的edgetaper函数。该函数的输出图像降低了上述算法中由离散傅里叶变换引起的振铃影响。函数的一般形式是

$$J=\text{edgetaper}(I,\text{PSF})$$

edgetaper函数使用规定的点扩展函数PSF对图像I进行模糊操作。

deconvreg函数提供了使用平滑约束最小二乘滤波算法对图像去卷积的功能。调用格式如下

$$[J\ \text{LAGRA}]=\text{deconvreg}(I,\text{PSF},\text{NP},\text{LRANGE},\text{REGOP})$$

其中，I假设为真实场景图像在PSF的作用下并附加噪声的图像，NP为噪声强度，J为去模糊的复原图像。LRANGE（拉普拉斯算子的搜索范围）、REGOP（约束算子）为改善复原效果的可选参数。用LRANGE指定搜索最佳拉普拉斯算子的范围，默认值为$[10^{-9},10^9]$。返回值LAGRA为在搜索范围内的拉格朗日乘子。如果LRANGE为标量，则该算法假定LRANGE已经给定且等于LRANGE，因而NP值可以不予考虑。REGOP的默认值为平滑约束拉普拉斯算子。例6.4说明了采用平滑约束的最小二乘滤波复原的具体实现方法。

【例6.4】图6.5(a)给出的有噪声模糊图像使用最小二乘滤波方法进行复原重建，要求尽量提高重建图像的质量。主要代码如下：

```
original=imread('blurrednoisy.jpg');
PSF=fspecial('gaussian',9,3);
edgesTapered=edgetaper(original,PSF);
V=0.019;
NP=V*prod(size(original));          %计算噪声强度
[reg1 LAGRA]=deconvreg(edgesTapered,PSF,NP);
figure(1);
subplot(2,2,1);imshow(reg1);        %小 NP
```

```
reg2=deconvreg(edgesTapered,PSF,NP * 1.2);
subplot(2,2,2);imshow(reg2);            %大 NP
reg3=deconvreg(edgesTapered,PSF,[],LAGRA);
subplot(2,2,3);imshow(reg3);            %小范围搜索
reg4=deconvreg(edgesTapered,PSF,[],50 * LAGRA);
subplot(2,2,4);imshow(reg4);            %大范围搜索
REGOP=[1 - 2 1];
reg5=deconvreg(edgesTapered,PSF,[],LAGRA,REGOP);
figure(2);
subplot(2,2,1),imshow(reg5);            %平滑约束复原
```

不同的复原图像效果比较见图 6.5(b)、(c)和图 6.6。通过这些图像,可以分析各个参数对图像复原质量的影响。在实际应用中,读者可以根据这些经验来选择最佳的参数进行图像复原。

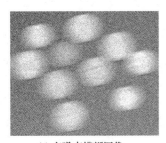 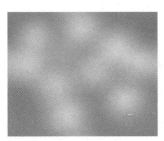 

(a) 有噪声模糊图像   (b) 小NP结果   (c) 大NP结果

图 6.5　原始图像及不同信噪比复原结果比较

  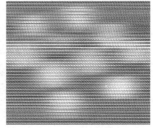

(a) 小范围搜索   (b) 大范围搜索   (c) 平滑约束复原效果

图 6.6　不同拉普拉斯算子搜索范围和平滑约束复原效果比较

【例 6.5】图 6.7 给出了添加加性噪声模拟运动模糊的图像,使用最小二乘滤波方法进行复原重建,其中 LEN＝21,THETA＝11。

(a) 原始图像   (b) 运动模糊和噪声图像   (c) 最小二乘滤波复原图像

图 6.7　最小二乘滤波复原示意图

6.4 非线性复原

前面介绍的复原方法属于经典的复原滤波方法,它们的显著特点是约束方程和准则函数中的表达式都可以改为矩阵乘法。这些矩阵都是分块循环矩阵,从而可以实现对角化。下面介绍的方法则都属于非线性复原方法,所采用的准则函数都不能进行对角化,因而线性代数的方法在这里是不适用的。

设 S 是非线性函数,当考虑图像的非线性退化时,图像的退化模型可以表示成

$$g(x,y)=S[b(x,y)]+n(x,y) \tag{6.32a}$$

$$b(x,y)=\int_{-\infty}^{\infty}\int_{-\infty}^{\infty}h(x,\alpha;y,\beta)f(\alpha,\beta)\mathrm{d}\alpha\mathrm{d}\beta \tag{6.32b}$$

6.4.1 最大后验复原

与维纳滤波类似,最大后验复原也是一种统计方法。该方法将原始图像 $f(x,y)$ 和退化图像 $g(x,y)$ 都看成是随机场,在已知 $g(x,y)$ 的情况下,求出后验概率 $P(f(x,y)|g(x,y))$。根据贝叶斯判决理论可知,$P(f|g)P(g)=P(g|f)P(f)$。最大后验复原法要求 $\hat{f}(x,y)$ 使下式最大

$$\max_f P(f|g)=\max_f \frac{P(g|f)P(f)}{P(g)}=\max_f P(g|f)P(f) \tag{6.33}$$

最大后验复原法将图像视为非平稳随机场,把图像模型表示成一个平稳随机过程对一个不平稳的均值做零均值高斯起伏。可以用迭代法求出式(6.33)的最佳值,将经过多次迭代、收敛到最后的解作为复原的图像。一种可迭代序列为

$$\hat{f}_{K+1}=\hat{f}_K-h*S_b\{\delta_n^{-2}[g-S(h*\hat{f}_K)]-\delta_f^{-2}(\hat{f}_K-\bar{f})\} \tag{6.34}$$

式中,K 为迭代次数,$*$ 代表卷积,S_b 是由 S 的导数构成的函数,δ_f^{-2} 和 δ_n^{-2} 分别为 f 和 n 的方差倒数,$\bar{f}$ 是随空间而变的均值,可视为常数。

式(6.34)表明,一个图像的复原可以通过一个序列的卷积来估算,即使 S 是线性的情况下也是适用的,通过人机交互的手段,在完全收敛前可以选择一个合适的解。

6.4.2 最大熵复原

1. 正性约束条件

光学图像的数值总为正值,而逆滤波等线性图像复原可能产生无意义的负输出,这些输出将导致在图像的零背景区域产生一些假的波纹。因此,将复原后的图像 $\hat{f}(x,y)$ 约束为正值是合理的假设。

2. 最大熵复原原理

由于逆滤波法的病态性,复原后的图像经常具有灰度变换较大的不均匀区域。最小二乘约束复原方法是最小化一种反映图像不均匀性的准则函数。最大熵(Maximum Entropy,ME)复原方法则通过最大化某种反映图像平滑性的准则函数作为约束条件,以解决图像复原中逆滤波法存在的病态问题。

由于概率 $P(k)(k=0,1,\cdots,M-1)$ 介于 0~1 之间,因此图像熵的最大范围为 0~$\ln M$,H 不可能出现负值,因此最大熵准则能自动地引向全正值的输出结果。

在图像复原中,一种基本的图像熵被定义为

$$H_f = -\sum_{m=0}^{M-1}\sum_{n=0}^{N-1} f(m,n)\ln f(m,n) \qquad (6.35)$$

最大熵复原的原理是将 $f(x,y)$ 写成随机变量的统计模型,然后在一定的约束条件下,找出用随机变量形式表示的熵表达式,运用求极大值的方法,求得最佳估计值 $\hat{f}(x,y)$。最大熵复原的含义是对 $\hat{f}(x,y)$ 的最大平滑估计。

最大熵复原方法隐含了正值约束条件,使复原后的图像比较平滑,这种复原方法的效果比较理想,但缺点是计算量太大。

3. Friend 和 Burg 复原方法

最大熵复原常用 Friend 和 Burg 两种方法,这两种方法的基本原理相同,但对模型的假设方法不同,得到的最佳估计值 $\hat{f}(x,y)$ 也不相同。两种最大熵复原都是正值约束条件下的图像复原方法,其复原图像 $\hat{f}(x,y)$ 是正值,这与光学图像信号要求为正信号相符合。最大化问题都是用拉格朗日系数来完成的,最大熵复原是对原始图像 $f(x,y)$ 起平滑作用,实际上得到的最佳估计值 $\hat{f}(x,y)$ 是最大平滑估计。

(1) Friend 最大熵复原

Friend 最大熵复原的图像统计模型是将原始图像 $f(x,y)$ 视为由分散在整个图像平面上的离散数字组成的。Friend 最大熵复原的基本原理就是要求式(6.35)为最大来估计原始图像 $f(x,y)$。数字图像最大熵的复原问题是求一个图像熵和噪声熵加权之和的极大值问题。

Friend 最大熵复原可用迭代法求解。应用 Newton-Raphson 迭代法求 N^2-1 个拉格朗日系数,一般只需 8~40 次迭代就可求得。

(2) Burg 最大熵复原

Burg 最大熵复原是 Burg 于 1967 年在对地震信号的功率谱估计中提出的。假设图像统计模型将 $\hat{f}(x,y)$ 视为一个变量 $a(x,y)$ 的平方,它保证了 $f(x,y)$ 是正值,即

$$\hat{f}(x,y) = [a(x,y)]^2 \qquad (6.36)$$

Burg 定义的熵与式(6.35)定义的熵有所不同,其定义为

$$H_f = \sum_{m=0}^{M-1}\sum_{n=0}^{N-1} \ln f(m,n) \qquad (6.37)$$

Burg 最大熵复原的基本原理是通过求式(6.37)为最大来估计 $f(x,y)$。Burg 最大熵复原可以得到闭合形式解,不需要迭代算法,因而计算时间较短。但此解对噪声比较敏感,如果原始图像中有噪声存在,复原图像可能会被许多小斑点所模糊。

【例 6.6】图 6.8 给出了原始图像和模拟运动模糊的图像,使用最大熵复原进行复原重建,其中 LEN=21,THETA=10。

(a) 原始图像   (b) 运动模糊图像   (c) 最大熵复原图像

图 6.8 最大熵复原示意图

6.4.3 投影复原

投影复原是用代数方程组来描述线性和非线性退化系统的。退化系统可用下式描述为

$$g(x,y)=D[f(x,y)]+n(x,y) \qquad (6.38)$$

式中，D 是退化算子，表示对图像进行某种运算。

投影复原的目的是由不完全图像数据求解式(6.38)，找出 $f(x,y)$ 的最佳估计。该法采用迭代法求解与式(6.38)对应的方程组。假设退化算子是线性的，并忽略噪声，则式(6.38)可写成如下的方程组

$$\begin{cases} a_{11}f_1+a_{12}f_2+\cdots+a_{1N}f_N=g_1 \\ a_{21}f_1+a_{22}f_2+\cdots+a_{2N}f_N=g_2 \\ \vdots \\ a_{M1}f_1+a_{M2}f_2+\cdots+a_{MN}f_N=g_M \end{cases} \qquad (6.39)$$

式中，f_i 和 g_j ($i=1,2,\cdots,N$；$j=1,2,\cdots,M$) 分别是原始图像 $f(x,y)$ 和退化图像 $g(x,y)$ 的采样，a_{ij} 为常数。投影复原法可以从几何学角度进行解释。$\boldsymbol{f}=[f_1,f_2,\cdots,f_N]$ 可视为在 N 维空间中的一个向量，而式(6.39)中的每一个方程代表一个超平面。下面采用投影迭代法找到 f_i 的最佳估计值。

首先假设一个初始估计值 $f^{(0)}(x,y)$，然后进行迭代运算，第 k 次迭代值 $f^{(k)}(x,y)$ 由其前次迭代值 $f^{(k-1)}(x,y)$ 和超平面的参数决定。可以根据退化图像取初始估计值。下一个估计值 $\boldsymbol{f}^{(1)}$ 取 $\boldsymbol{f}^{(0)}$ 在第一个超平面 $a_{11}f_1+a_{12}f_2+\cdots+a_{1N}f_N=g_1$ 上的投影，即

$$\boldsymbol{f}^{(1)}=\boldsymbol{f}^{(0)}-\frac{(\boldsymbol{f}^{(0)} \cdot \boldsymbol{a}_1-g_1)}{\boldsymbol{a}_1 \cdot \boldsymbol{a}_1}\boldsymbol{a}_1 \qquad (6.40)$$

式中，$\boldsymbol{a}_1=[a_{11},a_{12},\cdots,a_{1N}]$，圆点代表向量的点积。

再取 $\boldsymbol{f}^{(1)}$ 在第二个超平面 $a_{21}f_1+a_{22}f_2+\cdots+a_{2N}f_N=g_2$ 上的投影，并称之为 $\boldsymbol{f}^{(2)}$，依次向下，直到得到 $\boldsymbol{f}^{(M)}$，满足式(6.39)中的最后一个方程式。这样就实现了迭代的第一次循环。

然后从式(6.39)的第一个方程式中开始第二次迭代，即取 $\boldsymbol{f}^{(M)}$ 在第一个超平面 $a_{11}f_1+a_{12}f_2+\cdots+a_{1N}f_N=g_1$ 上的投影，并称之为 $\boldsymbol{f}^{(M-1)}$，再取 $\boldsymbol{f}^{(M+1)}$ 在 $a_{21}f_1+a_{22}f_2+\cdots+a_{2N}f_N=g_2$ 上的投影，……，直到式(6.39)中的最后一个方程式。这样，就实现了迭代的第二次循环。按照上述方法不断地迭代，便可得到一系列向量 $\boldsymbol{f}^{(0)}$，$\boldsymbol{f}^{(M)}$，$\boldsymbol{f}^{(2M)}$，…。可以证明，对于任意给定的 N、M 和 a_{ij}，向量 $\boldsymbol{f}^{(KM)}$ 将收敛于 $\boldsymbol{f}$，即

$$\lim_{k \to \infty} \boldsymbol{f}^{(KM)}=\boldsymbol{f} \qquad (6.41)$$

投影迭代法要求有一个好的初始估计值 $\boldsymbol{f}^{(0)}$ 开始迭代。在应用此法进行图像复原时，还可以很方便地引进一些先验信息附加的约束条件，例如 $f_i \geqslant 0$ 或 f_i 限制在某一范围之内，可改善图像复原效果。

采用迭代法的图像非线性复原算法还有蒙特卡罗复原法等，感兴趣的读者可以参阅相关文献。

6.4.4 同态滤波复原

同态滤波是频域滤波的一种，频域滤波可以灵活地解决加性噪声问题，但无法消减乘性或卷积性噪声。正如4.2.3节所述，自然景物的图像 $f(x,y)$ 是由照射分量 $i(x,y)$ 和反射分量 $r(x,y)$

的乘积组成的,其中,$i(x,y)$描述景物的照明,变化缓慢,处于低频成分;$r(x,y)$描述景物的细节,变化较快,处于高频成分。因为该性质是乘性的,所以不能直接使用傅里叶变换对$i(x,y)$和$r(x,y)$进行控制,然而,可以利用同态滤波法(Homomorphic Filtering)进行乘性噪声污染图像的复原,同时压缩图像的整体动态范围,并增加图像中相邻区域间的对比度。

同态滤波器的传递函数与维纳滤波器的形式基本相似。如果噪声项为零,其滤波器的传递函数为$1/H(u,v)$,这就是逆滤波器。

【例6.7】图6.9所示为同态滤波复原效果图。

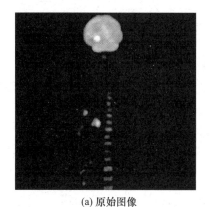 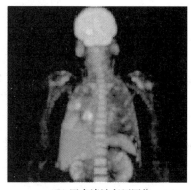

(a) 原始图像   (b) 同态滤波复原图像

图6.9　同态滤波复原效果图

6.5　几何失真校正

图像在获取过程中,由于成像系统的非线性、飞行器的姿态变化等原因,成像后的图像与原始图像相比,会产生缩放、平移、旋转甚至扭曲。这类图像退化现象称为几何失真(畸变)。几何失真不仅影响视觉效果,而且影响图像的特征提取,进而影响目标识别。

6.5.1　典型的几何失真

下面以遥感图像为例介绍典型的几何失真。由于遥感图像的获取存在许多不稳定因素,遥感图像最容易产生几何失真,其失真一般可分为两类。

1. 系统几何失真

光学系统、电子扫描系统失真而引起的斜视畸变、枕形畸变、桶形畸变等,都可能使图像产生几何失真。典型的系统几何失真如图6.10所示。

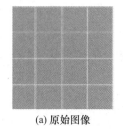 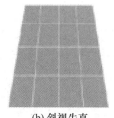  

(a) 原始图像   (b) 斜视失真   (c) 枕形失真   (d) 桶形失真

图6.10　典型的系统几何失真

2. 非系统几何失真

由飞行器姿态、高度和速度变化的不稳定性与不可预测性造成对地成像的几何失真，被称为非系统几何失真。这类失真通常采用在地面设置控制点的办法来进行校正，也可结合航天器的跟踪资料来处理。典型的非系统几何失真如图 6.11 所示。

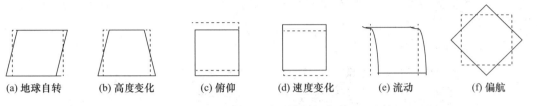

图 6.11　典型的非系统几何失真

一般来说，要对失真的图像进行精确的几何校正，需要先确定一幅基准图像，然后据此去校正另一幅图像的几何形状，道理类似设置标定物。因此，几何失真校正一般分两步来进行：第一步是图像空间坐标的变换，修改像素空间坐标，校正坐标位置，恢复原有的空间关系；第二步是灰度内插，对空间变换后的图像像素赋予灰度值，恢复原空间位置的灰度值。

6.5.2　空间几何坐标变换

如图 6.12 所示，空间几何坐标变换指按照一幅标准图像 $f(x,y)$ 或一组基准点去校正另一幅几何失真图像 $g(x',y')$。根据两幅图像的一些已知对应点对（控制点对）建立函数关系式，将失真图像的 x'-y' 坐标系变换到标准图像的 x-y 坐标系，从而实现失真图像按标准图像的几何位置校正，使 $f(x,y)$ 中的每一像点都可在 $g(x',y')$ 中找到对应像点。

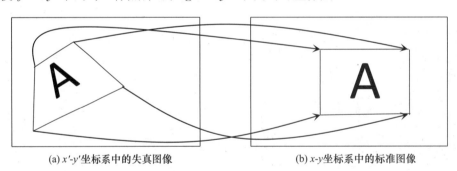

(a) x'-y'坐标系中的失真图像　　　　(b) x-y坐标系中的标准图像

图 6.12　几何位置校正

设原始图像用 x-y 坐标系，失真图像用 x'-y' 坐标系。两个坐标系之间的关系为

$$\begin{cases} x'=h_1(x,y) \\ y'=h_2(x,y) \end{cases} \tag{6.42}$$

几何校正方法可以分为两类：一类是在 h_1、h_2 已知情况下的校正方法，另一类是在 h_1、h_2 未知情况下的校正方法。前者一般通过人工设置标志来进行，如卫星照片通过人工设置小型平面反射镜作为标志。后者通过控制点之间的空间对应关系建立线性（如三角形线性法）或高次（如二元二次多项式法）方程组来求解式 (6.42) 中坐标之间的对应关系。下面以三角形线性法为例讨论空间几何坐标变换问题。

某些图像，如卫星所摄天体照片，对大面积来讲，图像的几何失真虽然是非线性的，但在一个小区域内可近似认为是线性的。这时就可将失真系统坐标和校正系统坐标用线性方程来联系。将标准图像和被校正图像之间的对应点对划分成一系列小三角形区域，三角形顶点为三个控制

点，在三角形区内满足以下线性关系

$$\begin{cases} x' = ax + by + c \\ y' = dx + ey + f \end{cases} \tag{6.43}$$

解方程组(6.43)，可求出 a、b、c、d、e、f 这 6 个系数。用式(6.42)可实现该三角形区域内其他像点的坐标变换。对于不同的三角形区域，这 6 个系数的值是不同的。

三角形线性法简单，能满足一定的精度要求，因为它以局部范围内的线性失真去处理大范围内的非线性失真，所以选择的控制点对越多，分布越均匀，三角形区域的面积越小，则变换的精度越高。但是控制点对过多，又会导致计算量的增加。

常见的几何坐标变换有平移、旋转、缩放、水平镜像、垂直镜像等。

【例 6.8】使用 MATLAB 实现图像的几何坐标变换，如图 6.13 所示。

| (a) 原始图像 | (b) 图像平移 | (c) 图像旋转 | (d) 图像水平镜像 |

图 6.13　图像的几何坐标变换

6.5.3　校正空间像素点灰度值的确定

图像经几何位置校正后，在校正空间中各像素点的灰度值等于被校正图像对应点的灰度值。一般校正后图像的某些像素点可能分布不均匀，不会恰好落在坐标点上，因此常采用内插法来求得这些像素点的灰度值。经常使用的方法有最近邻点法、双线性插值法、三次卷积法，其中三次卷积法精度最高，但计算量也较大。下面介绍前两种方法。

1. 最近邻点法

该法取与像素点相邻的 4 个点中距离最近的邻点灰度值作为该点的灰度值，属于零阶插值法。显然，最近邻点法计算简单，但精度不高，同时校正后的图像灰度有明显的不连续性，会产生锯齿现象。如图 6.14 所示。

(a) 原始图像　　　　　　　　(b) 最近邻点法插值图像

图 6.14　最近邻点法示意图

2. 双线性插值法

如图 6.15 所示，设标准图像像素坐标 (x_0, y_0) 对应于失真图像像素坐标 (x_0', y_0')，而 $(x_0',$

y'_0)点周围 4 个点的坐标分别为(x'_1,y'_1)、(x'_1+1,y'_1)、(x'_1,y'_1+1)和(x'_1+1,y'_1+1)，用$(x'_0,$
$y'_0)$点周围 4 个邻点的灰度值加权内插作为灰度校正值 $f(x_0,y_0)$，则

$$f(x_0,y_0)=(1-\alpha)(1-\beta)g(x'_1,y'_1)+\alpha(1-\beta)g(x'_1+1,y'_1)+$$
$$(1-\alpha)\beta g(x'_1,y'_1+1)+\alpha\beta g(x'_1+1,y'_1+1) \tag{6.44}$$

式中，$\alpha=|x'_0-x'_1|$，$\beta=|y'_0-y'_1|$。

　　　(a) 原始图像　　　　　　　　　　　(b) 双线性插值图像

图 6.15　双线性插值法示意图

　　与最近邻点法相比，双线性插值法的几何校正灰度连续，结果一般满足要求，但计算量较大且具有低通特性，图像轮廓模糊。如果要进一步改善图像质量，可以选用三次卷积法。

　　从上面的讨论可见，图像的几何失真校正是图像复原技术的组成部分，但从其实际运算方法原理来看，与图像增强技术相似，因而有些教材将本节内容放在图像增强章节中介绍。

*6.6　图像复原应用:壁画文物虚拟修复

　　图像复原技术多用于消除成像中的运动模糊、雾霾影响等。目前，该技术在壁画文物修复中也取得了不俗的效果。当然，一个好的虚拟修复结果需要综合利用多项数字图像处理技术，鉴于篇幅关系，这里只简要介绍其修复思路和结果，感兴趣的同学可以参看相关文献。

6.6.1　修复过程

　　图 6.16 是壁画文物利用颜色特征和结构相似性的虚拟修复思路。具体步骤如下：
　　① 对原始壁画图像进行缺损标定，提取缺损区域边缘，确定缺损边界；

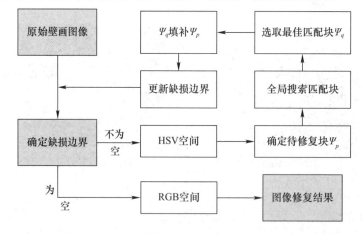

图 6.16　壁画文物虚拟修复思路

② 将壁画图像转换到 HSV 空间，根据优先权公式计算缺损边界上以点 p 为中心、$m\times m$ 大小的块的优先权，并选取优先权最大值样本块作为待修复块 Ψ_p；

③ 在图像已知区域，使用全局搜索方法，根据结构相似性度量得到与待修复块相似的匹配块集合 Ψ_q'，并选取最小值作为最佳匹配块 Ψ_q；

④ 将最佳匹配块 Ψ_q 处信息填充到待修复块 Ψ_p 处，并更新缺损边界和置信度；

⑤ 重复以上过程，直到所有标定缺损区域修复完成，将最终修复结果转换到 RGB 空间。

6.6.2 主要算法

1. 优先权计算

优先权由修复块置信度项和数据项共同确定。为了避免极端像素点对优先权计算的影响、防止结构信息丰富时因置信度逐渐趋近于零而导致优先权计算错误等，这里将优先权计算中数据项的计算从常用的单个像素扩展到块内相邻区域，并将指数函数形式的置信度项与改进的数据项进行线性加权来定义优先权函数。优先权的计算方法如下

$$P(\Psi_p) = \alpha \cdot \exp(C(\Psi_p)) + \beta \overline{D}(\Psi_p) \tag{6.45}$$

$$\overline{D}(\Psi_p) = \frac{\sum\limits_{p \in \partial\Omega \cap \Psi_p} D(p)}{\partial\Omega \cap \Psi_p} \tag{6.46}$$

式中，α 和 β 分别为置信度项和数据项的权重，且 $\alpha + \beta = 1$。为使结构信息丰富的块优先被选为待修复块，将权重设定为 $\alpha < \beta$。$\overline{D}(\Psi_p)$ 表示待修复块内位于边界所有像素点数据项的平均值，其值越大，表示待修复块内具有更强的线性结构。

2. 结构相似性块匹配

(1) 结构相似性

结构信息更能够反映图像之间的差异。结构均方误差（Structure Mean Squared Error，SMSE）常用来衡量图像预测值和真实值之间的差异。传统 SMSE 定义为

$$\text{SMSE}(\boldsymbol{u}, \boldsymbol{v}) = \frac{1}{M}(\| \boldsymbol{u} - \boldsymbol{v} \|^2 + \alpha_g \| s_g(\boldsymbol{u} - \boldsymbol{v}) \|^2 + \alpha_l \| s_l(\boldsymbol{u} - \boldsymbol{v}) \|^2) \tag{6.47}$$

式中，$\boldsymbol{u}$、$\boldsymbol{v} \in R^M$，代表两幅图像；α_g、α_l 为相关权重系数；$s_g(\cdot)$ 和 $s_l(\cdot)$ 分别为梯度运算和拉普拉斯运算（用来表征图像间的结构差异程度），分别定义为

$$s_g(\boldsymbol{u} - \boldsymbol{v}) = \sqrt{ \left[[1 \quad -1] \otimes (f_u(i,j) - f_v(i,j)) \right]^2 + \left[\begin{bmatrix} 1 \\ -1 \end{bmatrix} \otimes (f_u(i,j) - f_v(i,j)) \right]^2 } \tag{6.48}$$

$$s_l(\boldsymbol{u} - \boldsymbol{v}) = \begin{bmatrix} 0 & +1 & 0 \\ +1 & -4 & +1 \\ 0 & +1 & 0 \end{bmatrix} \otimes (f_u(i,j) - f_v(i,j)) \tag{6.49}$$

式中，$f_u(i,j)$、$f_v(i,j)$ 分别为图像 u、v 位于 (i,j) 处的灰度值，为了减少计算量，通过设置权重相关系数，使得 $\alpha_g = -2\sigma^2$，$\alpha_l = \sigma^4$，可将 SMSE 简化为高斯平滑的结构均方误差，其定义可表示为

$$\text{SMSE}(\boldsymbol{u}, \boldsymbol{v}) = \frac{1}{M}(\| \boldsymbol{u} - \boldsymbol{v} \|^2 - 2\sigma^2 \| s_g(\boldsymbol{u} - \boldsymbol{v}) \|^2 + \sigma^4 \| s_l(\boldsymbol{u} - \boldsymbol{v}) \|^2) \approx \frac{1}{M} \| \boldsymbol{h} \otimes (\boldsymbol{u} - \boldsymbol{v}) \|_2^2 \tag{6.50}$$

$$\text{PAMSE}(\boldsymbol{u}, \boldsymbol{v}) = \frac{1}{M} \| \boldsymbol{h} \otimes (\boldsymbol{u} - \boldsymbol{v}) \|_2^2 \tag{6.51}$$

式中,h 表示标准偏差为 σ 的高斯滤波器;$\otimes$ 表示卷积操作。

（2）结构连续块匹配

将最佳样本块选取问题转化为结构相似性度量问题,源匹配块与待匹配块相似性度量的块匹配准则为

$$\text{PAMSE}(\boldsymbol{\Psi}_{\hat{p}}, \boldsymbol{\Psi}_q) = \sum_{t \in \langle H,S,V \rangle} \frac{1}{|\boldsymbol{\Psi}_{\hat{p}} \bigcap \Omega^c|} \parallel \boldsymbol{G}_\sigma \otimes (\boldsymbol{\Psi}_{\hat{p},t} - \boldsymbol{\Psi}_{q,t}) \parallel_2^2 \qquad (6.52)$$

式中,σ 是高斯滤波器 $\boldsymbol{G}_\sigma$ 的标准偏差,其取值据实验可得;$|\boldsymbol{\Psi}_{\hat{p}} \bigcap \Omega^c|$ 表示目标块 $\boldsymbol{\Psi}_{\hat{p}}$ 位于图像源区域 Ω^c 内的像素个数。在计算时,目标块 $\boldsymbol{\Psi}_{\hat{p}}$ 位于图像未知区域 Ω 内的像素点与 $\boldsymbol{\Psi}_q$ 内其对应位置点的值均被设置为 0。最后可得到的最佳匹配块为

$$\boldsymbol{\Psi}'_q = \text{argmin}\big[\text{PAMSE}(\boldsymbol{\Psi}_p, \boldsymbol{\Psi}_q)\big] \qquad (6.53)$$

6.6.3 修复结果

图 6.17 是一幅壁画及其修复结果。可以看出修复结果基本上保持了文物的原来风格和特点,实现了结构和纹理的连续。

(a) 缺损壁画   (b) 掩模图像   (c) 修复结果

图 6.17　壁画虚拟修复实例

本 章 小 结

本章主要介绍了图像复原的基本任务、图像退化的模型及图像复原的常用方法。学习本章要求掌握图像退化模型、图像退化原因、图像复原的各种方法及它们之间的相互关系。本章重点要求明确图像退化模型、图像复原方法的应用。需要特别指明的是,本章介绍的所有方法都是在噪声的有害性认知前提下进行的,实际上最新的研究表明噪声也具有有益的一面,通过添加合适的噪声可以使严重污染的图像（如强噪声弱信号图像）得到复原。

思考与练习题

6.1　试述图像退化的一般模型,并画出框图。

6.2　什么是点扩散函数?

6.3　试写出离散图像退化的数学模型。

6.4　简述逆滤波复原过程,逆滤波复原的难点是什么? 如何克服?

6.5　约束复原的基本原理是什么?

6.6　试述维纳滤波复原方法及其适用条件。

6.7　试述最小二乘滤波复原方法。

6.8　编程题:对某一运动模糊图像用 MATLAB 编程实现维纳滤波复原。

6.9 请列举几种常见的非线性复原方法。

6.10 通常图像中存在的典型几何失真有哪几类?

6.11 编程实现图像的平移、旋转、缩放、镜像。

6.12 常用哪些方法校正空间像素点的灰度值?

拓 展 训 练

1. 检索并介绍最新的数字图像复原方法。

2. 写下自己对某幅图像的复原需求并尝试设计复原算法。

第7章 图像分割

※本章思维导图

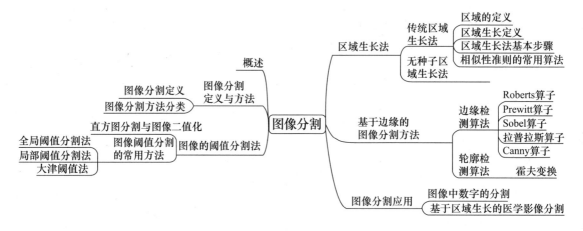

※**学习目标**

1. 了解图像分割的基本概念与技术。
2. 会编程实现边和线特征提取。
3. 能基于阈值、区域和边缘分割图像。

7.1 概　　述

经过前面几章的学习,我们已经可以根据需要改善像质。不过,在另一些场合,我们更关心的是图像的内容,这就需要用到图像分割。所谓图像分割,就是要把图像分解成一系列目标或区域,直至最终形成基元。基元是指构成景物或目标的具有某些特征的最小成分。通常,研究者对图像分割有两种不同的理解:一是从图像分类的角度出发,认为图像分割是将图像分为不同的子区域或对象的过程,每一子区域或对象将具有相同的特性或者类似的特征;另一种是以图像识别为目的,将感兴趣的物体从图像中提取出来。

无论哪一种理解,都基于一个事实:一幅图像总是由不同景物组成的,这些景物在图像中往往以像素集合即区域形式存在。其中,感兴趣的或有实际应用的区域称为图像的目标或前景,其他区域统称为背景。因此,兴趣或应用目的不同,分割得到的目标和背景也不同。如图7.1所示,感兴趣的目标既可以是马,也可以是骑马的人,还可以是马和人,对应的背景分别是"黑色和浅灰色"区域、"黑色和深灰色"区域及黑色区域。可见,目标和背景是相对的。实践中要区分图像中的目标和背景,就必须用到图像分割。我们的期望当然是分割"准"了。不过,尽管图像分割研究已取得了丰硕成果,并广泛应用于计算机视觉、模式识别和人工智能等领域,但由于成像条件和现实场景的复杂性,迄今为止,大多数图像分割方法只能针对具体图像和有限应用,并且方法所依赖的一些假设条件在实际使用过程中也并非一定能成立。因此,图像分割仍然是一个具有挑战性的研究方向。

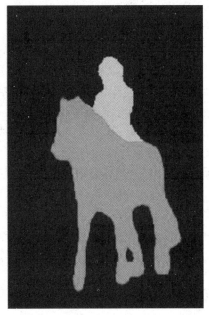

图 7.1　图像目标与背景

7.2　图像分割的定义与方法

7.2.1　图像分割定义

图像分割本质上就是把数字图像划分成互不相交的区域,其中每个区域总是由一定数量的像素构成的,因此常用集合来定义图像分割。令集合 R 代表整幅图像,对 R 的分割就是将其分成 N 个满足下列条件的非空子集 $R_1,R_2,\cdots,R_N$:

① $\bigcup\limits_{i=1}^{N} R_i = R$,这一要求表明分割的子区域的并集就是原始图像;

② 对于所有 i 和 j,$i\neq j$ 且 $R_i\bigcap R_j=\varnothing$,要求分割的子区域互不重叠;

③ 对于 $i=1,2,\cdots,N$,有 $P(R_i)=\text{TRUE}$,表示每个子区域都有独特性;

④ 对于 $i\neq j$,有 $P(R_i\bigcup R_j)=\text{FALSE}$,说明不同子区域没有公共属性;

⑤ 对于 $i=1,2,\cdots,N$,R_i 是连通的区域,意味着同一个子区域内像素是连通的。

其中,P 是逻辑谓词,$\varnothing$ 是空集。

在上面的定义中,涉及两个重要的概念:一是像素的邻域,另一个是像素的连通性。邻域包括 4 邻域和 8 邻域。在图像中位置为 (x,y) 的像素 p 的上、下、左、右 4 个像素被称为它的 4 邻域像素,这 4 个像素的位置分别是 $(x,y-1)$、$(x,y+1)$、$(x-1,y)$ 和 $(x+1,y)$。互为 4 邻域的像素称为 4 连通像素。像素 p 四周的 8 个像素称为 p 的 8 邻域像素,即包括它的 4 邻域像素和对角上的 4 个像素。同样地,互为 8 邻域的像素称为 8 连通像素。

7.2.2　图像分割方法分类

图像千差万别,图像分割方法也丰富多彩,遗憾的是目前尚无统一的图像分割分类方法。习惯上,按照图像分割依据不同,图像分割方法可大体分为两大类:一类是基于相似性分割方法,即将具有同一灰度级或相同组织结构的像素聚集在一起,形成图像的不同区域;二是基于非连续性分割方法,该类方法先检测局部不连续性,再将它们连接在一起形成边界,然后利用这些边界将图像分成不同区域。

根据图像分割原理不同,图像分割方法可以分为基于区域的分割方法、基于边界的分割方法和基于边缘的分割方法三类。在基于区域的分割方法中,把个别像素划分到各个物体或区域中;在基于边界的分割方法中,只需确定存在于区域的边界;在基于边缘的分割方法中,先确定边缘像素,并把它们连接在一起以构成所需的边界。具体地,基于区域的分割方法包括阈值分割法、区域生长法、聚类分割法等;基于边界的分割方法包括微分算子法、串行边界技术等;基于边缘的方法可以看作是边缘提取与边界分割的组合。

根据分割过程中处理策略的不同,图像分割算法可分为并行算法和串行算法。在并行算法中,所有判断与决定都可独立和同时进行;而在串行算法中,后续处理过程要用到早期处理的结果。

根据分割对象属性的不同,图像分割可以分为灰度图像分割和彩色图像分割;根据应用领域不同,图像分割还可以分为医学图像分割、遥感图像分割等。

总的来看,①不同分割方法的分类依据、采用的技术不同,在实际应用中,往往需要将多种分割方法相结合,才能取得更好的分割效果;②多数情况下,是借鉴人的视觉特性,依据亮度、纹理等的不同分割不同区域的。下面主要介绍常用的图像的阈值分割法和区域生长法。

7.3 图像的阈值分割法

图像分割中最简单的方法就是高亮物体检测。这种思想主要基于两种假设:一是在成像传感器的选择与设计过程中,人们总是希望目标的图像灰度值输出为最大,因此在图像中呈现出高亮的灰度分布;二是即便感兴趣的物体灰度处于低端,人们也可以很容易通过图像灰度反转的方式进行处理,从而将位于图像灰度低端的感兴趣物体变成反转图像中的高亮物体。因此,高亮物体的检测具有一定的普遍性和实用性。高亮物体检测主要可以通过基于门限(或阈值)的方法来实现,即当图像的灰度值大于某一给定的门限值时,则认为该点属于感兴趣的物体或目标,反之则认为属于背景。

7.3.1 直方图分割与图像二值化

基于图像的直方图分割是一种简单常用的方法。原因在于:如果一幅图像是由明亮目标在一个暗的背景上组成的,那么其灰度直方图将显示两个最大值,一个是由目标点产生的峰值,另一个是由背景点产生的峰值。如果目标和背景之间反差足够大,则直方图中的两个最大值相距甚远,这样就可以选择一个灰度阈值 T 将两个最大值隔开,图像中所有大于 T 的灰度值可用数值 1 取代,而所有小于或等于 T 的灰度值用数值 0 取代,这样就生成一个二值图像 $g(x,y)$,其中目标点用 1 表示,背景点用 0 表示。二值图像 $g(x,y)$ 可表示为

$$g(x,y)=\begin{cases} 1 & f(x,y)>T \\ 0 & f(x,y)\leqslant T \end{cases} \tag{7.1}$$

二值图像上所有像素点的灰度值只有黑、白两个值,即不是"0"就是"255"。采用归一化方法后,用"0"和"1"分别表示"0"和"255"。

如果图像由两个以上背景成分所组成,则直方图将显示多重峰值,分割可以取多重阈值来完成。基于直方图的图像分割方法对物体与背景有较强对比的图像的分割特别有效,计算简单而且总能用封闭、连通的边界定义不交叠的区域。所有灰度大于或等于阈值的像素被判决为属于物体/目标,灰度值用"255 或 1"表示,否则这些像素被排除在物体区域以外作为背景,灰度值为

"0"。如果物体与背景的差别不在灰度值上，而是纹理不同，可以将这个性质转换为灰度的差别，然后利用阈值化技术来分割该图像。

7.3.2 图像阈值分割的常用方法

阈值分割法的基本思想是基于图像的灰度特征来计算一个或多个灰度阈值，并将图像中每个像素的灰度值与阈值进行比较，最后将像素根据比较结果分到合适的类别中。因此，该方法最为关键的一步就是按照某个准则函数来求解最佳灰度阈值。阈值分割属于区域分割技术，常用的方法有全局阈值分割法、局部阈值分割法和大津阈值法。

1. 全局阈值分割法

全局阈值分割法在图像处理中应用得比较多。该方法在整幅图像内采用固定阈值分割图像。对于比较简单的图像，可以假定目标和背景分别处于不同的灰度级，图像被零均值高斯噪声污染，因此图像的灰度分布曲线可以近似认为是由两个正态分布函数 (μ_1, σ_1^2) 和 (μ_2, σ_2^2) 叠加而成的，图像的直方图将会出现两个分离的峰值，如图 7.2 所示。

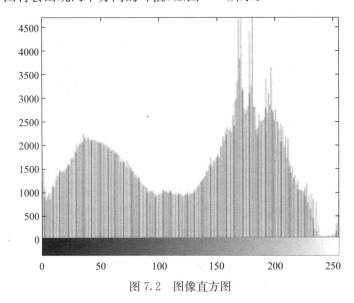

图 7.2　图像直方图

对于这样的图像，分割阈值可以选择直方图的两个波峰间的波谷所对应的灰度值作为阈值。这种分割方法不可避免地会出现误分割，使一部分本属于背景的像素被判决为目标，属于目标的一部分像素同样会被误认为是背景。可以证明，当目标的尺寸和背景相等时，这样选择阈值可以使错误分割的概率达到最小。在大多数情况下，由于图像的直方图在波谷附近的像素稀疏，因此这种方法对图像的分割影响不大。不过，阈值不同，分割效果也不同，如图 7.3 所示。

2. 局部阈值分割法

大多数场景并一定不满足直方图"双峰"的特性。这时，可以把全局阈值分割法改进为局部阈值分割法——将原始图像划分成较小的子图像，并对每个子图像选取相应的阈值进行分割。不过，在阈值分割后拼接为一幅图像时，相邻子图像之间的边界处可能存在灰度级不连续，因此往往还需要用平滑技术进行排除。总的来看，局部阈值分割法实际上是多次使用全局阈值分割法，虽然能改善分割效果，但存在以下几个缺点：

① 每幅子图像的尺寸不能太小，否则统计出的结果无意义；

② 每幅图像的分割是任意的，如果有一幅子图像正好落在目标区域或背景区域，而根据统计结果对其进行分割，也许会产生更差的结果；

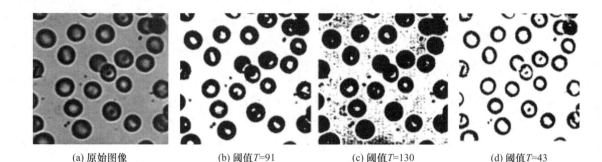

(a) 原始图像　　　　　(b) 阈值T=91　　　　　(c) 阈值T=130　　　　　(d) 阈值T=43

图 7.3　不同阈值对分割结果的影响

③ 由于局部阈值分割法对每一幅子图像都要进行统计,因此速度很慢,难以适应实时性要求。

从实践中的使用情况看,除非图像中的目标有陡峭的边沿,否则灰度阈值的抽取对目标的边界定位和整体的尺寸有很大的影响。这就意味着后续的尺寸,特别是面积的测量对于灰度阈值的选择很敏感。由于这个原因,大津阈值法(OTSU,也称最大类间方差法)被广为采用。

3. 大津阈值法

大津阈值法可以自动寻找阈值,对图像进行划分,将物体和背景区分开来。把直方图在某一阈值处分割成两组,当被分成的两组间方差为最大时的灰度值就是阈值。

其算法原理是:对于图像 $I(x,y)$,前景(目标)和背景的分割阈值记作 T,属于前景的像素点数占整幅图像的比例记为 ω_0,其平均灰度为 μ_0;背景像素点数占整幅图像的比例为 ω_1,其平均灰度为 μ_1。图像的总平均灰度记为 μ,类间方差记为 g。假设图像的背景较暗,并且图像的大小为 $M \times N$,图像中像素灰度小于或等于阈值 T 的像素个数记作 N_0,像素灰度大于阈值 T 的像素个数记作 N_1,则有

$$
\begin{aligned}
&\omega_0 = N_0 / M \times N \\
&\omega_1 = N_1 / M \times N \\
&N_0 + N_1 = M \times N \\
&\omega_0 + \omega_1 = 1 \\
&\mu = \omega_0 \mu_0 + \omega_1 \mu_1
\end{aligned}
\tag{7.2}
$$

$$
g = \omega_0 (\mu_0 - \mu)^2 + \omega_1 (\mu_1 - \mu)^2
\tag{7.3}
$$

进而,可得到类间方差公式为

$$
g = \omega_0 \omega_1 (\mu_0 - \mu_1)^2
\tag{7.4}
$$

然后,采用遍历方法得到使类间方差 g 最大的阈值 T,即为所求。算法设计流程如图 7.4 所示。

图 7.4　大津阈值法算法流程图

7.4　图像的区域生长法

7.4.1　传统区域生长法

1. 区域的定义

由具有相同或相近性质点组成的点的集合称为区域(Region)。这些性质包括:①物理、化

学、生物特性；②图像灰度、颜色、纹理等。构成区域的可以是单个物体、物体的一部分（如物体的一个表面）或者是物体的集合。在图 7.5 中，人们既可以将整个木箱定义为一个区域，也可以将箱子盖定义为一个区域。

图 7.5　不同区域的定义

2. 区域生长的定义

按照预先确定的相似性准则，将点或者是小的区域聚合成为大的区域的过程就称为区域生长。这些预先确定的准则可以是相同的灰度、颜色、同一或同类物体等。相似性准则的确定不仅取决于问题本身，而且主要取决于所提供的数据类型。例如，对于彩色卫星图像而言，主要取决于图像的颜色，而对于单色的图像而言，则主要取决于图像的灰度。

3. 区域生长法基本步骤

区域生长法的基本思想是将有相似性质的像素点合并到一起。对每一个区域要先指定一个种子点作为生长的起点，然后将种子点周围邻域的像素点和种子点进行对比，将具有相似性质的像素点合并起来，继续向外生长，直到没有满足条件的像素为止。传统区域生长法主要由以下步骤组成：

① 选择种子点；

② 按照所选择的距离的定义，从种子点扩展到它们的邻域；

③ 计算邻域点与已产生区域之间的相似性；

④ 对于邻域点与已产生区域之间的相似性进行判断，如果相似性大于给定的门限，则将该点并入区域，如果发现两个区域特性相同，则将该两个区域合并；

⑤ 重复步骤②～④，直到不再有邻域点可以添加进区域中。

这个过程涉及种子、相似性准则及迭代终止准则三个要素。其中，种子（Seed）点是区域生长的起始点，可以由人工选定或者自动产生。点与点之间的相似性准则可以分为两大类：一类是基于距离的相似性度量（Distance Based Metric）；另一类是相关性度量（Correlation Based Metric）。终止准则就是停止迭代的条件，如迭代到不再有新的点被加入区域中为止。

4. 相似性准则的常用算法

（1）基于距离的度量方法

距离可以是欧氏距离、街区距离（City Distance）、棋盘距离（Chessboard Distance）等，其中前两者最常用，计算方法如下。

假设 $P=(x_1,y_1)$，$Q=(x_2,y_2)$为图像上的两点，则 P、Q 两点之间的欧氏距离定义为

$$D(P,Q)=\sqrt{(x_1-x_2)^2+(y_1-y_2)^2} \tag{7.5}$$

P、Q 两点之间的街区距离定义为

$$D_s(P,Q) = |x_1 - x_2| + |y_1 - y_2| \tag{7.6}$$

或

$$D_s(P,Q) = \max\{ |x_1 - x_2|, |y_1 - y_2| \} \tag{7.7}$$

（2）相关性度量方法

对于两个大小为 $M \times N$ 的不同区域 A、B 而言，它们之间的相似性不是取决于单个像素点而是所有像素点的平均。因此，可以采用下列的相关性度量方法。

① 平均绝对差（Mean Absolute Difference，MAD）

$$d_{\mathrm{MAD}} = \frac{1}{MN} \sum_{i=0}^{M-1} \sum_{j=0}^{N-1} |A(i,j) - B(i,j)| \tag{7.8}$$

② 平均方差（Mean Square Difference，MSD）

$$d_{\mathrm{MSD}} = \frac{1}{MN} \sum_{i=0}^{M-1} \sum_{j=0}^{N-1} [A(i,j) - B(i,j)]^2 \tag{7.9}$$

③ 归一化相关系数（Normalized Cross Correlation，NCC）

$$C_{\mathrm{NCC}} = \frac{\sum\limits_{i=0}^{M-1} \sum\limits_{j=0}^{N-1} A(i,j)B(i,j)}{\sqrt{\sum\limits_{i=0}^{M-1} A(i,j)^2 \sum\limits_{j=0}^{N-1} B(i,j)^2}} \tag{7.10}$$

确定在生长过程中能将相邻像素包括进来的准则非常重要，目前仍有一些探索性的研究，如基于灰度值的差值、彩色图像的颜色、梯度特征（包括梯度的方向和幅值特征）和点周围的区域特征等。

7.4.2 无种子区域生长法

种子点如何选取是传统区域生长法的关键之一。鉴于人工交互法不利于工程化，目前已有一些改进方法。无种子区域生长法是比较典型的一种。该方法将区域生长与自适应异值扩散滤波（Adaptive Anisotropic Diffusion Filter）相结合，是一种通用的全自动分割方法。其具体步骤如下：

① 选择任意一个像素点初始化区域 A_1。

② 若 $A_1, A_2, \cdots, A_n$ 代表在分割过程中产生的一系列区域，令 X 代表未分配点集，即

$$X = \{x \notin \bigcup_{i=1}^{n} A_i \wedge \exists k : N(x) \bigcap A_k \neq \varnothing\} \tag{7.11}$$

其中，$N(x)$ 代表点 x 的邻域。

③ 定义点 x 与区域 A_i 之间的距离为

$$\delta(x, A_i) = |f(x) - \mathrm{mean}_{y \in A_i}[f(y)]| \tag{7.12}$$

④ 选择一个点 z，如果能够找到一个区域 A_j，使得

$$\delta(z, A_j) = \min\{\delta(x, A_k), x \in X, k \in [1, n]\} \tag{7.13}$$

则跳到步骤⑤，否则执行步骤⑦。

⑤ 如果 $\delta(z, A_i) < t$（t 为预定义的阈值），将点 x 加入区域 A_j 中，否则，计算与点 x 最相近的区域 A

$$A = \mathrm{argmin} A_k\{\delta(z, A_k)\}, \quad k = 1, 2, \cdots, n \tag{7.14}$$

⑥ 如果 $\delta(z, A) < t$，将点 x 加入区域 A 中。

⑦ 将 z 建立一个新的区域 A_{n+1}。

⑧ 重复步骤④～⑦，直到所有点被分配为止。

7.5 基于边缘的图像分割方法

基于边缘的图像分割方法需要先提取目标的边缘才能进行分割。当目标和背景的边缘清晰时,称为阶跃状边缘;当目标和背景的边缘渐变时,称为屋顶状边缘,如图7.6所示。根据不同的边缘选择不同的边缘检测算子,才能对图像进行边缘检测和有效的分割。

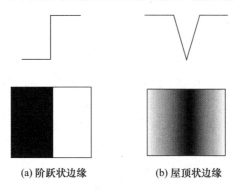

(a) 阶跃状边缘   (b) 屋顶状边缘

图 7.6   图像边缘示意图

7.5.1   边缘检测算法

数学上,边缘检测可以通过对函数求导实现,图像处理中主要进行一阶导数和二阶导数的运算。需要说明的是:①数字图像是离散值,要用差分代替微分进行计算——实践中用模板/算子对原始图像进行卷积运算;②如果图像的灰度变化均匀,则利用一阶导数可能找不到边缘,此时二阶导数就能提供很有用的信息。二阶导数对噪声比较敏感,解决的方法是先对图像进行平滑滤波,消除部分噪声,再进行边缘检测。

图像的边缘检测算子有很多,一阶的有 Roberts 算子、Prewitt 算子、Sobel 算子等;二阶的有拉普拉斯(Laplacian)算子、Marr-Hildreth 算子(又称为 LOG 算子)等。新兴的 Canny 算子属于非微分边缘检测算子。下面介绍几个常用的边缘检测算子。

1. Roberts 算子

Roberts 算子又称为交叉微分算子,它是基于交叉差分的梯度算法,通过局部差分计算检测边缘线条的。常用来处理具有陡峭的低噪声图像,当图像边缘接近于 $+45°$ 或 $-45°$ 时,该算法的处理效果更理想。其缺点是对边缘的定位不太准确,提取的边缘线条较粗。

设原始图像 $f(x,y)$ 的 Roberts 边缘检测输出图像为 $g(x,y)$,则图像的 Roberts 边缘检测可用下式来表示

$$g(x,y)=\{[f(x,y)-f(x+1,y+1)]^2+[f(x+1,y)-f(x,y+1)]^2\}^{\frac{1}{2}} \quad (7.15)$$

根据上面的公式,可得 Roberts 算子模板为

$$\boldsymbol{G}_1=\begin{bmatrix}1 & 0\\0 & -1\end{bmatrix}, \quad \boldsymbol{G}_2=\begin{bmatrix}0 & 1\\-1 & 0\end{bmatrix} \quad (7.16)$$

2. Prewitt 算子

Prewitt 算子的原理是利用特定区域内像素灰度值产生的差分实现边缘检测的。由于 Prewitt算子采用 3×3 模板对区域内的像素值进行计算,而 Roberts 算子的模板为 2×2,故 Prewitt算子的边缘检测结果在水平方向和垂直方向均比 Roberts 算子更加明显。Prewitt 算子利

用像素点上下、左右邻点的灰度差，在边缘处达到极值检测边缘，能去掉部分伪边缘，对噪声具有平滑作用。其具体实现也是在图像空间利用两个方向模板与图像进行邻域卷积来完成的，这两个方向模板一个检测水平边缘，一个检测垂直边缘。Prewitt算子适合用于噪声较多、灰度渐变的图像，其计算公式为

$$G_y = \begin{bmatrix} -1 & 0 & 1 \\ -1 & 0 & 1 \\ -1 & 0 & 1 \end{bmatrix}, \quad G_x = \begin{bmatrix} -1 & -1 & -1 \\ 0 & 0 & 0 \\ 1 & 1 & 1 \end{bmatrix} \tag{7.17}$$

3. Sobel 算子

Sobel算子是一种用于边缘检测的离散微分算子，它结合了高斯平滑和微分求导。该算子用于计算图像明暗程度近似值，根据图像边缘旁边明暗程度把该区域内超过某个数的特定点记为边缘。Sobel算子在Prewitt算子的基础上增加了权重的概念，认为相邻点的距离远近对当前像素点的影响是不同的，距离越近的像素点对当前像素的影响越大，从而实现了图像锐化。Sobel算子的边缘定位更准确，常用于噪声较多、灰度渐变的图像。其算子模板为

$$G_y = \begin{bmatrix} -1 & 0 & 1 \\ -2 & 0 & 2 \\ -1 & 0 & 1 \end{bmatrix}, \quad G_x = \begin{bmatrix} -1 & -2 & -1 \\ 0 & 0 & 0 \\ 1 & 2 & 1 \end{bmatrix} \tag{7.18}$$

4. 拉普拉斯(Laplacian)算子

Laplacian算子是一个二阶微分算子，常用于图像增强和边缘提取。它通过灰度差分计算邻域内的像素，基本流程是：判断图像中心像素的灰度与它周围其他像素的灰度，如果中心像素的灰度更高，则提升中心像素的灰度；反之降低中心像素的灰度，从而实现图像锐化操作。在算法实现过程中，Laplacian算子通过对邻域中心像素的4个方向或8个方向求梯度，再将梯度相加来判断中心像素灰度与邻域内其他像素灰度的关系，最后通过梯度运算的结果对像素灰度进行调整。

对于阶跃状边缘，二阶导数在边缘点出现零交叉，即边缘点两旁二阶导数取异号，据此对数字图像$\{f(i,j)\}$的每个像素，取它关于x轴方向和y轴方向的二阶差分之和，表示为

$$\nabla^2 f(i,j) = \Delta_x^2 f(i,j) + \Delta_y^2 f(i,j)$$
$$= f(i+1,j) + f(i-1,j) + f(i,j+1) + f(i,j-1) - 4f(i,j) \tag{7.19}$$

可以看出Laplacian算子是一个与边缘方向无关的边缘检测算子。

对于屋顶状边缘，在边缘点的二阶导数取极小值。对数字图像$\{f(i,j)\}$的每个像素取它关于x轴方向和y轴方向的二阶差分之和的相反数，即Laplacian算子的相反数，表示为

$$L(i,j) = \nabla^2 f(i,j)$$
$$= -f(i+1,j) - f(i-1,j) - f(i,j+1) - f(i,j-1) + 4f(i,j) \tag{7.20}$$

对角线上的像素加入后得到Laplacian算子的另外一种表达方式，表示为

$$\nabla^2 f(i,j) = [f(i+1,j-1) + f(i,j+1) + f(i-1,j+1) + f(i-1,j-1) +$$
$$f(i+1,j) + f(i-1,j) + f(i,j+1) + f(i,j-1)] - 8f(i,j) \tag{7.21}$$

Laplacian算子分为4邻域和8邻域，4邻域是对邻域中心像素的4个方向求梯度，8邻域是对邻域中心像素的8个方向求梯度，其算子分别为

$$\begin{bmatrix} 0 & -1 & 0 \\ -1 & 4 & -1 \\ 0 & -1 & 0 \end{bmatrix}, \quad \begin{bmatrix} 1 & 1 & 1 \\ 1 & -8 & 1 \\ 1 & 1 & 1 \end{bmatrix} \tag{7.22}$$

5. 非微分边缘检测算子——Canny 算子

Canny 算子是一种被广泛应用于边缘检测的标准算子,其目标是找到一个最优的边缘检测解或找寻一幅图像中灰度强度变换最强的位置。最优边缘检测主要通过低错误率、高定位性和最小响应三个标准进行评价。Canny 算子的实现步骤如下:

① 用高斯滤波器平滑图像;

② 计算图像中每个像素点的梯度强度和方向(用一阶偏导的有限差分来计算梯度幅值和方向);

③ 对梯度幅值进行非极大值抑制(Non-Maximum Suppression),以消除边缘检测带来的杂散响应;

④ 用双阈值(Double-Threshold)算法检测来确定真实和潜在的边缘,通过抑制孤立的弱边缘最终完成边缘检测。

以上主要算子应用于图像的不同表现如图 7.7 所示。

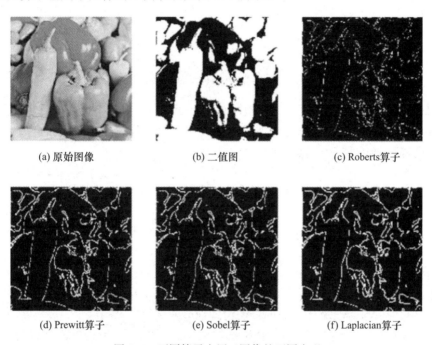

(a) 原始图像　　　　　　(b) 二值图　　　　　　(c) Roberts算子

(d) Prewitt算子　　　　　(e) Sobel算子　　　　(f) Laplacian算子

图 7.7　不同算子应用于图像的不同表现

7.5.2　轮廓检测算法——霍夫变换

在实际应用中,图像由于噪声、不均匀照明引起的边缘断裂和杂散的亮度不连续而难以得到完全的边缘特征。霍夫(Hough)变换利用图像全局特性直接检测目标轮廓,是一种将边缘像素连接起来组成封闭边界的常用方法。它由 Paul Hough 于 1962 年提出,最初只用于二值图像直线检测,后来扩展到任意形状的检测。现在常用的变换技术称作广义霍夫变换,1981 年被 Dana H. Ballard 扩展后应用到计算机视觉领域。

霍夫变换的原理:根据初等代数知识,若图像空间(二维平面)中像素点坐标由 (x, y) 表示,如图 7.8(a)所示,则所有通过点 (x, y) 的直线方程为

$$y = px + q \tag{7.23}$$

其中,p 代表斜率,q 是截距。可将该式改写为

$$q = -px + y \tag{7.24}$$

显然,式(7.24)表示参数空间中经过点(p,q)的直线。由此可知,图像空间中的一个点对应参数空间中的一条直线,反之亦然。这种对应关系称作点—直线对偶(Duality)。根据这种对偶性,图像空间中的点(x_i,y_i)对应参数空间中的直线为式(7.25)。如果在图像空间中有多个点共线,则它们在参数空间中所对应的那些直线必定有一个共同的交点,如图 7.8(b)所示。

$$q=-px_i+y_i \tag{7.25}$$

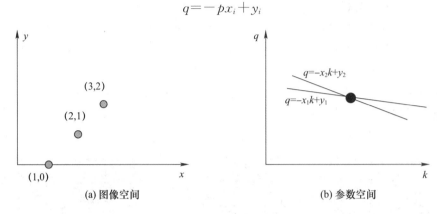

图 7.8　点—直线对偶性

这样,利用点—直线对偶性就可以把检测直线转变为了检测点。实际进行霍夫变换时,要在上述基本方法的基础上根据图像的具体情况采取一些措施。通常使用极坐标直线方程来提高计算精度和速度,感兴趣的读者可以查阅相关文献。

7.6　图像分割应用

7.6.1　图像中数字的分割

1. 问题描述

分割算法最基本的应用场景就是从图像背景中分割提取出前景物体,在拍摄的文本页面图像中提取文字轮廓并舍弃与文字无关的纸面纹理细节就属于此类问题。一般书写材料和文字会用两种相差较大的颜色分别表示,当文本图像场景相对简单、文字相对清晰时,可以采用阈值分割方式进行分割。下面以数字的分割为例进行介绍。

2. 算法介绍

在灰度图像中,不同的灰度值代表不同的灰度,灰度值越高,则像素显示效果越接近白色;灰度值越低,则像素显示效果越接近黑色。能在灰度图像上辨识的前景物体的像素往往与背景像素有比较明显的灰度值差距。可以基于这一点选择一个介于前景灰度值和背景灰度值之间的阈值,根据阈值筛选前景物体的像素完成分割。

在许多情况下,图像中前景和背景的灰度值并不是常数,前景物体与背景的对比度在图像中也有变化。这时,一个在图像中某一区域效果良好的阈值,在其他区域可能效果很差。在这种情况下,把灰度阈值取成一个随图像中位置变化的函数值是适宜的,这种算法就称为自适应阈值选择算法。这种算法可以在某种程度上做到阈值自适应。该算法需首先选择一个近似阈值 T,将图像初步分割成两个区域 R_1 和 R_2,计算区域 R_1 和 R_2 的均值 μ_1 与 μ_2,选择新的分割阈值 $T=(\mu_1+\mu_2)/2$ 和 R_1、R_2,重复上述步骤直到 μ_1 和 μ_2 不再变化为止。如图 7.9 所示,用低阈值分割亮的区域、用高阈值分割暗的区域。

| (a) 原始图像 | (b) 低阈值分割结果 | (c) 高阈值分割结果 |

图 7.9　不同阈值分割结果

7.6.2　基于区域生长法的医学影像分割

1. 问题描述

CT 和 MR 影像是常见的医学影像,可以用于疾病的诊断及病灶的定位和测量。通常,病灶生长于正常组织之间,因而在测量病灶之前需要在医学影像上先将病灶从正常组织中分割出来,以便准确测量病灶的数据。基于测量所得的数据,影像技师可以通过三维重建技术计算病灶体积,因此,影像分割算法在医学影像处理方面具有非常重要的意义。由于医学影像中灰度变化比较复杂,简单阈值分割难以处理。考虑到医学影像中的病灶往往具有连通性,可以采用区域生长法处理此类问题。下面介绍基于区域生长法的医学影像分割。

2. 算法介绍

区域生长法的基本思想是将同类像素合并形成分割区域。在一开始需要指定若干种子点作为分割的起点,这些种子点就是最初的前沿像素点。在算法开始后,以前沿像素点为基础,搜索前沿像素点周围的像素点,如果周围像素点与前沿像素点之间存在较高的相似性,那么将它合并到前沿像素点所在的区域。新合并到区域中的像素点会替代上一次搜索的前沿像素点而成为新的前沿像素点,然后进入新一轮的搜索,直到图像上不再有前沿像素点为止。

本实例通过使用区域生长法分割图 7.10(a)中的脑部组织,首先选择一组种子点,种子点的选取一般选取影像中较为明亮的部分,通过调整二值化的参数来调整种子点的数目。然后对种子点的 4 邻域的像素点进行判断,符合要求的像素点加入种子点。重复上述过程,直到种子点数目不再变化为止。本实例选取两组种子点和两个不同的生长准则,如表 7.1 所示,结果如图 7.10 所示。

表 7.1　种子点和生长准则

种子点生长准则	4 邻域的像素点和种子点绝对值小于 10	4 邻域的像素点和种子点绝对值小于 15
设置像素值大于 200 的为种子点	见图 7.10(b)	见图 7.10(c)
设置像素值大于 220 的为种子点	见图 7.10(d)	见图 7.10(e)

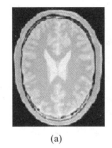 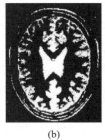 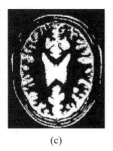  

| (a) | (b) | (c) | (d) | (e) |

图 7.10　不同种子点和不同生长准则下影像分割效果

从结果来看,对区域生长法的分割结果影响较大的因素是种子点的选取和生长准则的制约,需要经过多次实验才能得到满意的结果。这种方法存在非常明显的缺点,由于算法使用迭代方式来查找符合条件的种子点,因此空间和时间的开销很大。

本 章 小 结

本章主要介绍了图像分割的定义、典型的图像分割方法,包括基于灰度阈值的图像分割方法、基于区域的图像分割方法及基于边缘的图像分割方法。不同图像分割方法各有优势和不足,在具体应用中应根据实际需求选用一种或多种方法。

思考与练习题

7.1　简述图像分割的意义并说明为什么图像分割是图像处理中的重要环节。

7.2　边缘检测的理论依据是什么?有哪些常用算法?

7.3　设计算法求目标图像在指定阈值下的二值化图,并编程实现分割算法。

7.4　设计一种利用 Sobel 算子进行边缘检测的程序流程图,并采用 Python 或 MATLAB 编程实现。

7.5　编程实现一种区域生长法并尝试用它对图像进行分割。

7.6　区域生长法非常依赖于种子点的选取,对于一幅待分割图像,怎样的种子点是有利于区域生长分割的?对于一幅任意给定的自然图像,如何选择合适的种子点?

7.7　在医学影像血管分割过程中,由于噪声等因素影响,所得到的血管分支会产生不连续性,采用哪种预处理方法能够减少细小断裂点产生的影响?

拓 展 训 练

1. 检索并介绍近年来出现的图像分割新方法。

2. 通过查阅相关文献和实验分析,探讨本章所介绍的几种边缘检测算子在实际应用中有什么局限性,并对近三十年来边缘检测领域为了克服这些局限性所做的研究做简单的综述。

3. 本章所介绍的算法主要为确定性分割,即一个像素只能属于某个区域或不属于某个区域。但在医学影像中,分割区域的界限往往不够明确,无法做这样简单的二值划分。例如,侵袭性生长的肿瘤组织会和周围的正常组织混杂在一起,形成一个过渡区域。这个区域不能被简单地判定为肿瘤,也不能被归为正常组织。请思考如何处理此类问题?(关键词提示:模糊分割)

第8章 数学形态学在图像处理中的应用

※本章思维导图

※学习目标

1. 能阐述形态学的概念与方法。
2. 会用腐蚀、膨胀、开运算、闭运算等处理图像。

8.1 概　　述

诞生于 1964 年的数学形态学(Mathematical Morphology)在图像处理和模式识别领域受到了人们的广泛关注。当时,法国巴黎矿业学院博士生 J. Serra 和其导师 G. Matheron,在积分几何基础上提出"击中/击不中变换",并第一次引入形态学表达式,进而研制了基于数学形态学的图像处理系统。此后,1968 年巴黎矿业学院还创立了枫丹白露数学形态学研究中心。1975 年, G. Matheron 在 *Random Sets and Integral Geometry* 一书中论述了随机集、积分几何和拓扑逻辑,提出击中/击不中变换、开闭运算、布尔模型和纹理分析器原型等。自此,数学形态学的图像处理应用得到快速发展,以至于自 1990 年起国际光学工程学会(International Society for Optical Engineering,SPIE)每年举办一次 Image Algebra and Morphological Image Processing 会议。

数学形态学的基本方法是利用一个称为结构元素的"探针"在图像中不断移动,以获得图像的结构特征,该结构元素可携带形态、大小、区域、灰度和色度信息。数学形态学是由一组形态学的代数运算组成的,其基本运算有 4 种:膨胀(Dilation)、腐蚀(Erosion)、开启(Open)和闭合(Close)。这 4 种基本运算在二值图像和灰度图像中的应用各有特点。基于这些基本运算,还可以进一步组合成各种数学形态学算法,用于进行图像中目标形状和结构的分析及处理,如基于击中/击不中变换进行目标识别、图像分割;基于腐蚀和开运算进行骨架抽取及图像压缩编码;基于灰度级形态学进行图像重构;基于形态学滤波器进行颗粒分析等。可以毫不夸张地说,迄今为止还没有一种方法能像数学形态学那样既有坚实的理论基础,又有简洁、朴素、统一的基本思想,还有广泛的实用价值。尽管数学形态学的图像处理应用可以覆盖图像分割、特征提取、边界检测、图像滤波、图像增强和图像复原等诸多方向,但其处理过程并不复杂,一般仅需以下一些基本步骤:

① 提出所要描述的物体的几何结构模式,即提取物体的几何结构特征。

② 根据提出的模式选择相应的结构元素,结构元素应该简单而且对该模式具有最强的表

现力。

③ 用选定的结构元素对图像进行形态变换,便可得到与原始图像相比更显著突出研究对象特征信息的图像。若赋予相应变量,则可对得到的结构模式进行描述。

④ 用经过形态变换的图像提取所需要的图像信息。

需要强调指出的是,在数学形态学的各种运算中,结构元素的选择对提取图像信息至关重要。通常选择结构元素时要遵循两个原则:一是结构元素有凸性;二是结构元素在几何结构上比原始图像简单且有界。

最初,数学形态学主要以研究二值图像为主,后来被推广到了灰度图像处理。目前,这门学科在文字识别、医学图像处理、工业检测、图像压缩编码、机器人视觉和汽车运动情况监测等许多领域都已获得成功。下面在学习基本概念和运算的基础上介绍其典型应用。

8.2 基本概念和运算

8.2.1 集合和元素

1. 集合

集合指具有某种特定性质的事物的总体,通常用大写字母表示。如果某种事物不存在,则称为空集,用 $\varnothing$ 表示。在数字图像处理的数学形态学运算中,集合代表图像中物体的形状。对于二值图像而言,习惯上认为取值为 1 的点对应于景物中心;而取值为 0 的点构成背景。这类图像的集合是直接表示的。

2. 元素

构成集合的每一个事物称为元素,常用小写字母表示。考虑所有值为 1 的点的集合为 A,则 A 与图像中的目标是一一对应的。对于一幅图像 A,如果点 a 在 A 的区域以内,那么就说 a 是 A 的元素,记作 $a \in A$,否则,记作 $a \notin A$。

8.2.2 交集、并集和补集

交集、并集和补集运算是数学形态学中集合的最基本运算。

1. 交集

两个图像集合 A 和 B 的公共元素组成的集合称为两个集合的交集,记为 $A \cap B$,即 $A \cap B = \{a \mid a \in A \text{ 且 } a \in B\}$。

2. 并集

两个图像集合 A 和 B 的所有元素组成的集合称为两个集合的并集,记为 $A \cup B$,即 $A \cup B = \{a \mid a \in A \text{ 或 } a \in B\}$。

3. 补集

对一个图像集合 A,在 A 区域以外的所有点构成的集合称为 A 的补集,记为 A^c,即 $A^c = \{a \mid a \notin A\}$。

8.2.3 腐蚀与膨胀

1. 腐蚀定义

集合 A(输入图像)被集合 B(结构元素)腐蚀,记为 $A \ominus B$,其定义为

$$A \ominus B = \{x \mid (B + x) \subset A\}$$

(8.1)

式中，$A\Theta B$ 由将 B 平移 x 仍包含在 A 内的所有点 x 组成。换句话说，腐蚀的结果由沿 A 内圈移动 B 过程中 B 的原点组成。相当于拿着 B 在 A 的内圈"滚"后只保留能完全"覆盖"B 的 A 中的连续像素。

其直观示意如图 8.1 所示。其中，图(a)中的灰色部分为集合 A，图(b)中的灰色部分为结构元素 B，而图(c)中的黑色部分给出了 $A\Theta B$ 的结果。

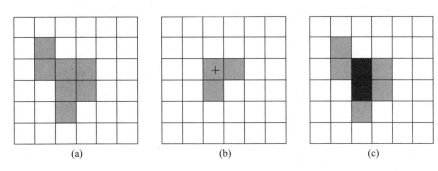

图 8.1　腐蚀运算图解

2. 膨胀定义

膨胀 $A\oplus B$ 是腐蚀的对偶运算，可以利用对补集的腐蚀来定义

$$A\oplus B=[A^c\hat{\Theta}\hat{B}]^c \tag{8.2}$$

式中，$\hat{B}$ 表示 B 对原点旋转 $180°$（对原点映射）。

腐蚀与膨胀的 MATLAB 实现分别为

$$J=\text{imerode}(I,SE)\quad\text{和}\quad J=\text{imdilate}(I,SE)$$

其中，I 为原始图像，J 为 I 被 SE 处理的结果，SE＝strel(shape，parameters)为结构元素。图 8.2(b)、(c)分别为 SE＝strel('square'，5)时图 8.2(a)经过腐蚀与膨胀处理后的结果。从中可以看出，腐蚀具有使目标缩小、目标的内孔增大及目标外部孤立噪声点消除的效果；膨胀是将图像中与目标物体接触的所有背景点合并到物体中的过程，结果使目标增大、孔洞缩小，可填补目标中的空洞，使其形成连通域。

(a) 原始图像　　　　　(b) 方形腐蚀结果　　　　　(c) 方形膨胀结果

图 8.2　腐蚀与膨胀处理效果图

3. 灰度图像腐蚀与膨胀

用结构元素 b 对输入图像 $f(x,y)$ 进行灰度腐蚀，记为

$$(f\Theta b)(s,t)=\min\{f(s+x,t+y)-b(x,y)\,|\,(s+x,t+y)\in D_f,(x+y)\in D_b\} \tag{8.3}$$

用结构元素 b 对输入图像 $f(x,y)$ 进行灰度膨胀，记为

$$(f \oplus b)(s,t) = \max\{f(s-x,t-y)+b(x,y) \mid (s-x,t-y) \in D_f, (x+y) \in D_b\} \quad (8.4)$$

式中，D_f 和 D_b 分别是 f 和 b 的定义域。这里限制 $(s+x)$ 和 $(t+y)$、$(s-x)$ 和 $(t-y)$ 在式(8.3)和式(8.4)的定义域之内，类似于在二值膨胀定义中要求两个运算集合至少有一个(非零)元素相交。

二者的 MATLAB 实现与二值形态学相同。

8.2.4 开运算和闭运算

1. 开运算(Opening)定义

设集合 A 是原始图像，B 是结构元素，则集合 A 被结构元素 B 作开运算就是 A 被 B 腐蚀后的结果再被 B 膨胀，记为 $A \circ B$，其定义为

$$A \circ B = (A \ominus B) \oplus B \quad (8.5)$$

2. 闭运算(Closing)定义

设集合 A 是原始图像，B 是结构元素，则集合 A 被结构元素 B 作闭运算就是 A 被 B 膨胀后的结果再被 B 腐蚀，记为 $A \cdot B$，其定义为

$$A \cdot B = (A \oplus B) \ominus B \quad (8.6)$$

值得指出的是，膨胀和腐蚀并不互为逆运算，它们可以级联结合使用。

3. 灰度图像的开运算和闭运算

灰度图像的开、闭运算和二值图像的开、闭运算有相同的表达形式。结构元素函数 $b(x,y)$ 对输入图像 $f(x,y)$ 的开运算记为 $f(x,y) \circ b(x,y)$，定义为

$$f(x,y) \circ b(x,y) = (f \ominus b) \oplus b \quad (8.7)$$

由定义式(8.7)可以看出，灰度开运算和二值开运算一样，先用结构元素函数对输入图像腐蚀，腐蚀结果再被结构元素函数膨胀。

同理，先用结构元素函数对输入图像膨胀，再用结构元素函数对膨胀结果进行腐蚀，这种运算定义为灰度形态学闭运算，记为 $f(x,y) \cdot b(x,y)$，定义为

$$f(x,y) \cdot b(x,y) = (f \oplus b) \ominus b \quad (8.8)$$

开运算和闭运算的 MATLAB 实现方法如下：

```
I1= imopen(I,SE)。
I2= imclose(I,SE)
```

其中，I 为原始图像，SE＝strel('square',7)时的图像处理效果如图 8.3 所示。

 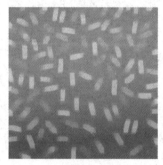 

(a) 原始图像　　　　　　　(b) 方形开运算结果　　　　　　(c) 方形闭运算结果

图 8.3　开运算和闭运算的效果图

从图 8.3 可以看出，开运算一般能平滑图像的轮廓，削弱狭窄的部分；闭运算虽然也能平滑

图像的轮廓,但与开运算相反,它一般融合窄的缺口和细长的弯口,去掉小洞,填补轮廓上的缝隙。

总的来看,和灰度膨胀和腐蚀具有对偶性一样,灰度开、闭也具有对偶性。在实际图像处理运用中,开运算通常用来去除图像中小于结构元素尺寸的亮点(如小的孔洞),同时保留所有的灰度和较大的亮区域特征不变;闭运算通常用来去除图像中小于结构元素尺寸的暗点,同时保留原来较大的亮度特征。

8.2.5 击中/击不中变换(HMT)

数学形态学中的击中(Hit)/击不中(Miss)变换是形状检测的基本工具。设有两幅图像 A 和 B,如果 $A \cap B \neq \varnothing$,则称为 B 击中 A,记为 $B \uparrow A$;否则,如果 $A \cap B = \varnothing$,那么称 B 击不中 A,如图 8.4 所示。

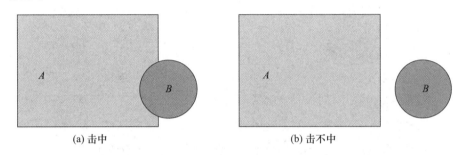

(a) 击中   (b) 击不中

图 8.4　击中与击不中图示

图像中目标的结构可以由图像内部各种成分之间的关系来确定,例如,用各种结构元素可以判定哪些成分包括在图像内、哪些在图像外,从而最终确定图像的结构。击中/击不中变换就是在该意义上提出的。

形态学的其他运算还有高帽变换和低帽变换、开—闭运算和闭—开运算,感兴趣的读者可以参看相关文献。

8.3　形态学基本运算在图像处理中的应用

8.3.1　计算像素连接数

1. 像素连接

对于二值图像中具有相同值的两个像素 A 和 B 而言,如果互为 4 邻域,即 B 位于 A 的上、下、左、右之一位置,则称 A 和 B 为4-连接;同样地,如果 A 和 B 互为 8 邻域,即 B 位于 A 的上、下、左、右、左右上角和左右下角之一的位置上,则称 A 和 B 为8-连接。图 8.5 中,p 和 p_0、p_2、p_4、p_6 都是 4-连接像素,p_0 和 p_1 等也是 4-连接像素;p 和 p_1、p 和 p_5、p_0 和 p_2 等则为 8-连接像素。而 p_1 和 p_7、p_1 和 p_5、p_3 和 p_7 不连接。把互相连接的像素集合汇集为一组就称为连接成分。

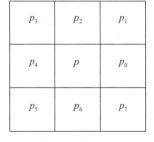

图 8.5　像素的连接

2. 像素的可删除性和连接数

在二值图像中,如果改变一个像素的值后,整个图像的连通成分不变,则这个像素是可删除的。像素的可删除性可以用像素的连接数来检测。用 p 和 $B(p)$ 分别表示某个像素及其值,对二值图像而言,$B(p) \in \{0,1\}$。

当 $B(p)=1$ 时,像素 p 的连接数 $N_c(p)$ 就是与 p 连接的连接成分数。计算像素 p 的 4-连接和 8-连接的连接数,分别表示为

$$N_c^{(4)}(p) = \sum_{k \in S} \left[B(p_k) - B(p_k)B(p_{k+1})B(p_{k+2}) \right] \tag{8.9}$$

$$N_c^{(8)}(p) = \sum_{k \in S} \left[\bar{B}(p_k) - \bar{B}(p_k)\bar{B}(p_{k+1})\bar{B}(p_{k+2}) \right] \tag{8.10}$$

式中,$S=\{0,2,4,6\}$,$\bar{B}(p)=1-B(p)$,当 $k=6$ 时,$p_8=p_0$。

【例 8.1】 图 8.6 为几种情况的像素连接性,图中白色表示像素值为 1,灰色表示像素值为 0,计算像素 p 的连接数。

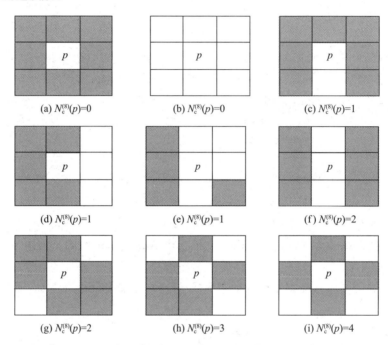

(a) $N_c^{(8)}(p)=0$ (b) $N_c^{(8)}(p)=0$ (c) $N_c^{(8)}(p)=1$

(d) $N_c^{(8)}(p)=1$ (e) $N_c^{(8)}(p)=1$ (f) $N_c^{(8)}(p)=2$

(g) $N_c^{(8)}(p)=2$ (h) $N_c^{(8)}(p)=3$ (i) $N_c^{(8)}(p)=4$

图 8.6 像素的连接数

解:以图 8.6(e) 为例

$$\begin{aligned}
N_c^{(4)}(p) &= \sum_{k \in S} \left[B(p_k) - B(p_k)B(p_{k+1})B(p_{k+2}) \right] \\
&= \left[B(p_0) - B(p_0)B(p_1)B(p_2) \right] + \left[B(p_2) - B(p_2)B(p_3)B(p_4) \right] + \\
&\quad \left[B(p_4) - B(p_4)B(p_5)B(p_6) \right] + \left[B(p_6) - B(p_6)B(p_7)B(p_8) \right] \\
&= (1-1\times1\times1) + (1-1\times0\times0) + (0-0\times0\times1) + (1-1\times0\times1) = 2
\end{aligned}$$

$$\begin{aligned}
N_c^{(8)}(p) &= \sum_{k \in S} \left[\bar{B}(p_k) - \bar{B}(p_k)\bar{B}(p_{k+1})\bar{B}(p_{k+2}) \right] \\
&= \left[\bar{B}(p_0) - \bar{B}(p_0)\bar{B}(p_1)\bar{B}(p_2) \right] + \left[\bar{B}(p_2) - \bar{B}(p_2)\bar{B}(p_3)\bar{B}(p_4) \right] + \\
&\quad \left[\bar{B}(p_4) - \bar{B}(p_4)\bar{B}(p_5)\bar{B}(p_6) \right] + \left[\bar{B}(p_6) - \bar{B}(p_6)\bar{B}(p_7)\bar{B}(p_8) \right] \\
&= (0-0\times0\times0) + (0-0\times1\times1) + (1-1\times1\times0) + (0-0\times1\times1) = 1
\end{aligned}$$

对于同一个像素 p 来说,如图 8.6(e) 中,采用 4-连接,像素 p 的连接成分为 $\{p_0,p_1,p_2\}$ 和 $\{p_6\}$ 两个,因为 p_0 和 p_6 不是 4-连接的,所以连接数 $N_c^{(4)}(p)=2$。而采用 8-连接,像素 p 只有一个连接成分 $\{p_0,p_1,p_2,p_6\}$,因此连接数 $N_c^{(8)}(p)=1$。

由此可见,对于同一幅图像中的同一个像素,采用不同的连接方式,像素的连接数是不同的。

8.3.2　骨架抽取

把目标简化或细化成其基本结构在图像识别或数据压缩中有广泛应用。例如,在识别字符之前,往往要先对字符进行细化处理,求出字符的细化结构。这种细化结构通常称为骨架。图像细化通过击中/击不中变换实现。对于结构对 $B=(B_1,B_2)(B_1\bigcap B_2=\varnothing)$,利用 B 细化 X 定义为

$$X\otimes B=X-(X\ominus B) \tag{8.11}$$

这里的每一个 $B_i(i=1,2,\cdots,N)$ 都可以是相同的结构对,即在不断重复的迭代细化过程使用同一个结构对。在实际图像处理应用中,通常选择一组结构对,迭代过程不断在这些结构对中循环,当一个完整的循环结束时,如果所得结果不再变化,则终止迭代过程。

二值图像进行细化时应满足如下两个条件:

① 在细化的过程中,X 应有规律地缩小;

② 在 X 逐步缩小的过程中,应使 X 的连通性质保持不变。

*8.4　形态学处理图像应用实例:侯马盟书碑文图像骨架提取

基于形态学的目标骨架提取是图像识别的关键技术之一,这里提供一个文物虚拟修复实例,以飨读者。侯马盟书碑文图像中,文字包含较多斜线和弧线,本节在 Zhang 和 Suen 提出的 ZS 细化算法的基础上,结合 EPTA 并行细化算法构造模板,提出基于模板的碑文图像骨架提取方法。

1. 判断像素点去留

判断像素点去留的规则是内部点、孤立点及直线端点不能删除;若像素点是边界点,去掉后,不影响连通性,则可以删除。所以,图 8.7(a)不能删除、图 8.7(b)不能删除、图 8.7(c)可以删除、图 8.7(d)不能删除、图 8.7(e)可以删除、图 8.7(f)不能删除。

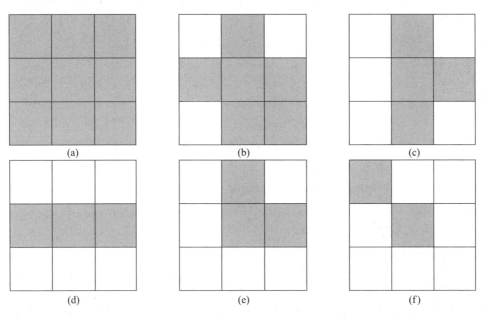

图 8.7　像素点去留说明图

2. 算法实现

根据以上分析,该细化算法具体过程如下。

条件1:经过两个子循环迭代得到初始的骨架信息。第1个子循环:①$2 \leqslant N(p_1) \leqslant 6$;②$S(p_1)=1$;③$p_4 \cdot p_6 \cdot p_8 = 0$;④$p_2 \cdot p_6 \cdot p_8 = 0$。第2个子循环:①$3 \leqslant N(p_1) \leqslant 6$;②$S(p_1)=1$;③$p_2 \cdot p_4 \cdot p_8 = 0$;④$p_2 \cdot p_4 \cdot p_6 = 0$。

条件2:斜线细化的消除模板。EPTA算法中给出了两个消除模板来消除斜线中的像素冗余,针对消除不完全的问题,下文增加两个对称模板,总共4个方向的消除模板,如图8.8所示,以保证斜线骨架为单像素宽。

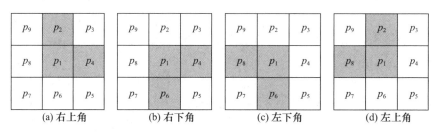

(a) 右上角　　　(b) 右下角　　　(c) 左下角　　　(d) 左上角

图8.8　消除模板

图8.8中,p_1满足的4个条件为:①$p_2 \cdot p_4 + p_7 = 1$;②$p_4 \cdot p_6 + p_9 = 1$;③$p_6 \cdot p_8 + p_3 = 1$;④$p_8 \cdot p_2 + p_5 = 1$。

该算法中,删除所有满足条件1的像素点后,保证了文字骨架的基本结构,条件2能删除2像素宽的骨架中多余的点,在细化时依次由左上角、右下角、左下角、右上角进行细化,以保证斜线骨架为单像素宽,并且使细化操作均匀化。由于迭代次数较少,相比于经典的EPTA算法,该算法的速度较快。

3. 碑文骨架毛刺处理和笔画恢复

由于样本中盟书碑文字符的笔画边界有不光滑的边缘,还存在磨损腐蚀现象,利用细化算法提取的字符骨架不可避免地产生一些不属于文字主干部分的细线,这些冗余的结构凸起通常称为骨架的毛刺。这些在细化过程中产生的毛刺,会造成原始字符形状的结构特征发生改变,因此应采取相应措施去除骨架中的毛刺来保证原始字符形状的结构特征不发生变化。利用MAT-LAB中形态学操作的bwmorph函数,使用参数"spur"去除字符骨架的小的分支。

毛刺去除后,形成较平滑的骨架。利用数学形态学对上述形成的骨架进行均匀膨胀,可填补骨架中的孔洞,恢复字符宽度,得到较平滑的标准字符,这在图像修复中有很大的应用。

$$A \oplus B = \{z \mid (B_z) \cap A \neq \varnothing\} \tag{8.12}$$

式(8.12)表示所有位移z的集合,即A被B膨胀。映射并平移结构元素B,使其和A至少有一个元素是重叠的。执行过程如下:

① 用结构元素B扫描图像A的每一个像素;

② 将结构元素B与其覆盖的二值图像执行"与"操作;

③ 如果都为0,结果图像的该像素为0,否则为1。

细化实验结果比较图如图8.9所示。

图8.10所示为字符骨架去除毛刺的结果,该算法有效去除了细化过程中造成的骨架凸起的毛刺,且保持了碑文文字基本的主体结构特征和骨架的连通性。

图8.11所示为利用数学形态学对骨架进行三次膨胀处理,生成圆滑均匀无孔洞的碑文字体。骨架提取到之后,再用颜色迁移等方法上色即可。

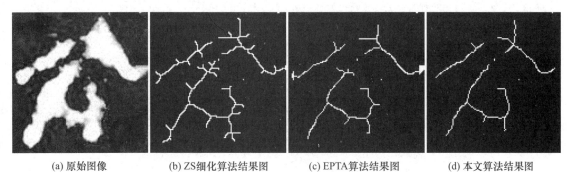

(a) 原始图像　　　　(b) ZS细化算法结果图　　　　(c) EPTA算法结果图　　　　(d) 本文算法结果图

图 8.9　细化实验结果比较图

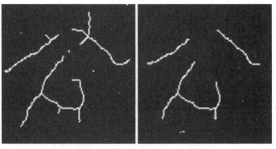

图 8.10　去除毛刺实验图

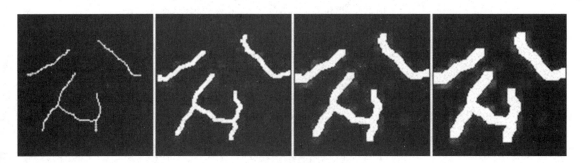

图 8.11　三次膨胀实验图

本 章 小 结

　　本章对数学形态学的基本概念和运算及其在图像处理中的运用进行了介绍。腐蚀、膨胀、开运算、闭运算等在壁画文物修复中有广泛应用,感兴趣的读者可参看相关文献。

思考与练习题

8.1　简述数学形态学在图像处理中的应用。

8.2　简述利用数学形态学处理图像的一般步骤。

8.3　何谓膨胀和腐蚀? 膨胀和腐蚀组合使用有哪些用途?

8.4　利用 MATLAB 编程对图 8.2(a)实现腐蚀和膨胀运算并且比较结果。

8.5　区域内部形状特征提取包含哪两类方法?

8.6 根据连接数如何判断像素的连接性?

8.7 什么是开运算和闭运算?分别用边长为 4 和 6 的正方形对给定图像做开、闭运算,并比较其效果。

8.8 什么是击中和击不中?画出其示意图。

拓 展 训 练

1. 综述数学形态学的数字图像处理应用。
2. 设计一段 Top-hat 变换程序。

第9章　图像分析

※本章思维导图

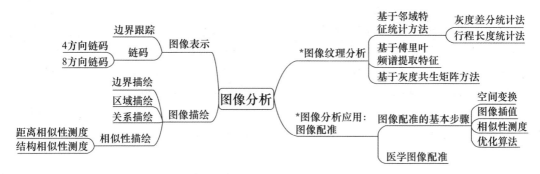

※学习目标

1. 能够正确描述图像分析的相关概念。
2. 正确使用图像表示、图像描绘的相关方法对图像进行分析。
3. 了解纹理分析的概念及纹理分析的相关方法。
4. 了解图像配准的方法与基本过程。

　　图像分析是图像处理的高级阶段,目的是输出图像或景物的描述,如染色体分类、排列,地貌分类等。所谓图像分析,是指在分割图像后,先对分割结果中的区域、边界属性和相互关系用更为简单明确的文字、数值、符号来描述或说明,称之为图像表示(Image Description)。然后用一系列符号或规则来具体描述图像的特征,以达到分类识别目标的目的。通常把表征图像特征的一系列符号称为描绘子。描绘子需具有对图像的尺度、旋转、平移变化不敏感性。

　　本章在介绍图像表示和图像描绘基本方法的基础上,介绍图像纹理分析的基本方法和过程,并且以图像配准为例介绍图像分析的应用。

9.1　图 像 表 示

　　图像表示可以分为视觉表示和统计表示。图像的视觉表示是指人的视觉直接感受到的自然特征,如区域的颜色、亮度、纹理和轮廓等;图像的统计表示是指需要通过变换或测量才能得到的人为特征,如各种变换的频谱、直方图和各阶矩等。

　　对图像的表示可以从几何性质、形状、大小、相互关系等多个方面进行,一个好的表示应具有以下特点。

① 唯一性:每个目标必须有唯一的表示。
② 完整性:表示是明确无歧义的。
③ 几何变换不变性:表示应具有平移、旋转、尺度等几何变换不变性。
④ 敏感性:表示结果应具有对相似目标加以区别的能力。
⑤ 抽象性:从分割区域、边界中抽取反映目标特性的本质表示,不容易因噪声等原因而发生变化。

在对具体图像表示时,应根据具体问题选择合适的方法。

9.1.1　边界追踪

为了对图像中的目标进行整体表示,首先应对其几何性质进行描述。几何描述是图像表示的基础。其中,边界描述是指用相关方法和数据来表达区域边界。边界描述中既含有几何信息,也含有丰富的形状信息,是一种很常见的图像目标表示方法。其中基于目标的边界轮廓表示方法,可以大大降低图像表示的复杂度。

边界追踪算法是边界轮廓表示方法中最常用的,该算法的输出是排过序的点的序列。假设要处理的是二值图像,其背景和目标分别用 0 和 1 表示,并且图像已用 0 进行了边界填充。给定一个二值区域 R 或其边界,如图 9.1 所示,追踪 R 或给定边界的边界追踪算法的步骤如下:

① 令起始点 a_0 为图像中左上角标记为 1 的点,使用 b_0 表示 a_0 左侧的邻点,b_0 总是背景点,如图 9.2 所示。从 b_0 开始按顺时针方向搜索 a_0 的 8 个邻点。令 a_1 表示所遇到的值为 1 的第一个邻点,令 b_1 表示序列中 a_1 之前的点。存储 a_0 和 a_1 的位置。

② 令 $a=a_1, b=b_1$,如图 9.3 所示。

③ 从 b 开始按顺时针方向搜索 a 的 8 个邻点,令 a 的 8 个邻点为 $m_1, m_2, \cdots, m_8$。找到值为 1 的第一个 m_i,如图 9.4 所示。

④ 令 $a=m_i, b=m_{i-1}$。

⑤ 重复步骤③~④,直到 $a=a_0$ 且找到的下一个边界点为 a_1,结果如图 9.5 所示,边界追踪算法找到的 a 点的序列构成了 R 的边界点的集合。

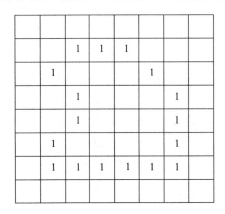

图 9.1　R 区域

图 9.2　算法第一步

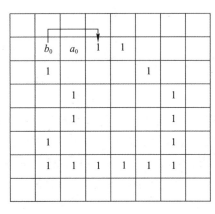

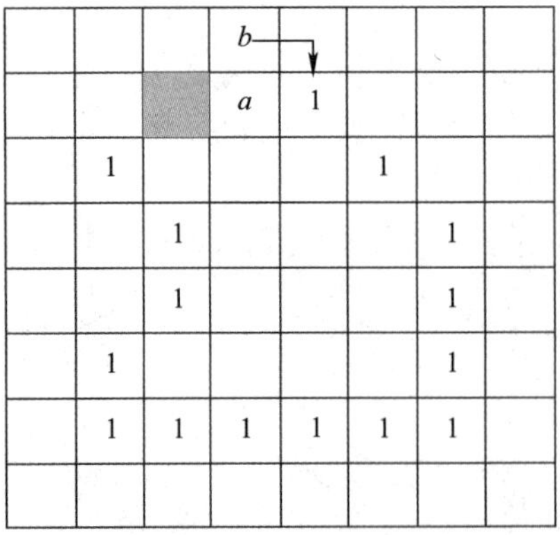

图 9.3　算法第二步

图 9.4　算法第三步

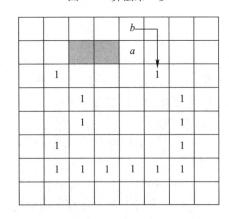

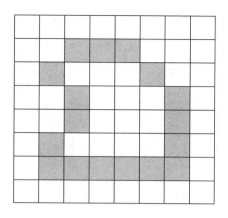

图 9.5 算法结果

9.1.2 链码

链码(Chain Code)是图像处理和模式识别中常被使用的一种表示方法,它最初由 Freeman 于 1961 年提出,用来表示线条模式,至今仍被广泛使用。链码是对区域边界点的一种编码表示方法,利用一系列具有特定长度和方向的相连直线段来表示目标区域的边界。数字图像一般是按固定间距的网格进行采样的,因此,最简单的链码是跟踪边界并赋给每两个相邻像素的连线一个方向值。常用的有 4 方向链码和 8 方向链码,如图 9.6(a)、(b)所示。

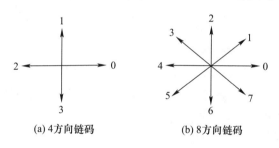

(a) 4方向链码   (b) 8方向链码

图 9.6 链码方向与码值

4 方向链码含 4 个方向,分别用 0、1、2、3 表示,相应的直线段长度为 1。8 方向链码含 8 个方向,分别用 0、1、2、3、4、5、6、7 表示,偶数编码方向为 0、2、4、6,相应的直线段长度为 1;奇数编码方向为 1、3、5、7,相应的直线段长度为 $\sqrt{2}$。它们的共同特点是直线段的长度固定,方向数有限,因此可以利用一系列具有这些特点的相连的直线段来表示目标的边界,这样只有边界的起点需要用绝对坐标表示,其余点都可只用接续方向来代表偏移量。由于表示一个方向数比表示一个坐标值所需比特数少,而且对每一个点又只需一个方向数就可以代替两个坐标值,因此链码表示可以大大减少边界表示所需的数据量。

从图像区域边界上任意选取某个点作为起始点,跟踪边界赋给每两个相邻像素的连线一个方向值,按照逆时针方向沿着边界将这些方向值连接起来,得到的编码序列就是链码。链码的起始位置和链码完整地包含了目标的形状及位置信息。

例如,图 9.7 所示的边界,若以 U 为起始点,分别用 4 方向链码和 8 方向链码表示区域边界,得到的链码分别为:

4 方向链码   0 0 0 0 0 0 0 1 1 1 1 1 2 1 2 1 2 2 2 2 3 2 3 3 0 3 2 3 3 3

8 方向链码   0 0 0 0 0 0 0 1 1 1 1 3 3 3 4 4 5 5 7 6 6 6

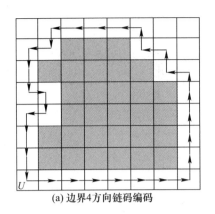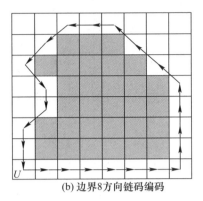

(a) 边界4方向链码编码　　　　　(b) 边界8方向链码编码

图 9.7　边界链码编码

在实际应用中,直接对目标区域边界进行编码经常会出现两个问题:一是码串比较长,二是噪声及其他干扰可能导致边界小的变化,从而使链码发生与目标区域形状无关的较大变动。为了解决上述问题,常用的改进方法是对原边界以较大的网格重新采样,并将与原边界点最接近的大网格点确定为新的边界点。这种方法还可以消除目标尺度变化对链码的影响。

链码使用时,起始点的选择很关键。对同一个边界,如果用不同的边界点作为链码的起始点,得到的链码是不同的。为解决这个问题,可把链码归一化,具体步骤如下:

① 给定一个从任意点开始产生的链码,先将它视为一个由各方向值组成的自然数;

② 将这些方向值以一个方向循环,以使它们所构成的自然数的值最小;

③ 将这样转换后所对应的链码起始点作为目标区域边界的归一化链码的起始点。

链码表示目标区域边界时的优点是:当目标平移时,链码不会发生变化;缺点是:当目标旋转时,链码就会发生变化。为解决这个问题,可以利用链码旋转归一化方法,即使用原链码的一阶差分来重新构造一个表示原链码各段之间方向变化的新序列。差分用相邻两个方向值按反方向相减,即后一个方向值减去前一个方向值求取差分。如图 9.8(a)为目标区域,图 9.8(b)为目标区域的 4 方向链码及其差分,其中上面一行为原链码,括号中的方向值为最后一个方向值循环到左边,下面一行为上面一行的差分链码。

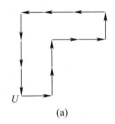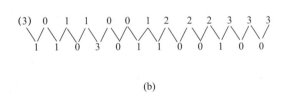

(a)　　　　　　　　　　　　　(b)

图 9.8　目标区域边界链码及差分

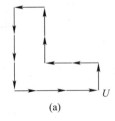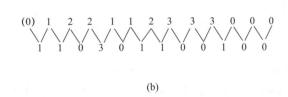

(a)　　　　　　　　　　　　　(b)

图 9.9　旋转目标区域链码及差分

将图 9.8(a)逆时针旋转 90°得到图 9.9(a),图 9.9(b)中上一行为图 9.8(a)旋转 90°后目标区域的原链码,括号中的方向值是最后一个方向值循环到左边,下面一行为上面一行的差分链码。由此可见,虽然原链码发生了变化,但差分链码并没有变化。

9.2 图 像 描 绘

9.2.1 边界描绘

边界描绘是指用相关方法和数据来表达区域边界。边界描绘中既含有几何信息,也含有丰富的形状信息,是一种很常见的图像目标描绘方法。

物体边界的离散傅里叶变换序列可以作为定量描述边界形状的有效方法。傅里叶描述子(Fourier Descriptor,FD)是目前边界表示方法中应用最多的描述子之一。采用傅里叶描绘子的优点是可以将二维问题转化为一维问题,即将 x-y 平面中的曲线段转化为一维函数 $g(r)$(在 r-$g(r)$ 平面上),或将 x-y 平面中的曲线段转化为复平面上的一个序列。具体就是将 x-y 平面与复平面 u-v 重合,其中,x 轴与实部 u 轴重合,y 轴与虚部 v 轴重合,这样可以用复数 $u+\mathrm{i}v$ 的形式来表示给定边界上的每个点(x,y)。这两种表示在本质上是一致的,是点到点的一一对应关系,如图 9.10 所示。

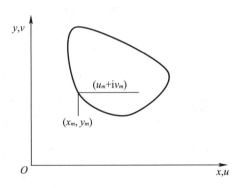

图 9.10 边界点的两种表示

对于 x-y 平面上一个由 M 个点组成的边界,任意选取一个起始点(x_0,y_0)沿顺时针方向绕边界一周,得到一个点序列:$(x_0,y_0),(x_1,y_1),\cdots,(x_m,y_m)$。记 $x(m)=x_m,y(m)=y_m$,并将它们用复数形式表示,则得到一个复坐标序列 $x_m+\mathrm{i}y_m$,即

$$t(m)=x_m+\mathrm{i}y_m \qquad (m=0,1,2,\cdots,M-1) \tag{9.1}$$

$t(m)$ 的傅里叶变换为

$$T(u)=\sum_{m=0}^{M-1}t(m)\mathrm{e}^{-\mathrm{i}2\pi um/M} \qquad (u=0,1,\cdots,M-1) \tag{9.2}$$

其中,傅里叶系数 $T(u)$ 称为边界的傅里叶描述子。傅里叶描述子不必考虑边界原始形状的大小、位置与方向。若要改变边界大小,只要傅里叶描述子乘以一个常数即可。由于傅里叶变换是线性的,它的逆变换也要乘以同样的常数。若将区域边界旋转一个角度,只要将每一个坐标乘以 $\mathrm{e}^{\mathrm{i}\theta}$,就可使其旋转 θ 角。由傅里叶变换的性质可知,在空域旋转 θ 角,在频域也会旋转 θ 角。由傅里叶变换的周期性可得,空域中有限数字序列实际上代表周期函数的一个周期。

$T(u)$ 的傅里叶逆变换为

$$t(m)=\frac{1}{M}T(u)\mathrm{e}^{\mathrm{i}2\pi um/M} \qquad (m=0,1,\cdots,M-1) \tag{9.3}$$

若 $T(u)$ 只利用频域的前 K 个系数来重构原来的图像,则可得到对 $t(m)$ 的一个近似而不改变其基本形状的 $\hat{t}(m)$,即

$$\hat{t}(m)=\frac{1}{K}\sum_{m=0}^{K-1}T(u)\mathrm{e}^{\mathrm{i}2\pi un/M} \qquad (m=0,1,\cdots,M-1) \tag{9.4}$$

式中,只利用了频域的前 K 个值,时域边界 $t(m)$ 的 M 个值却可以全部求出,缩小了 m 的范围,减少了重建边界点所利用的频率项。由于傅里叶变换的高频分量对应图像的细节,低频分量对应图像的基本轮廓,因此,使用适量的低频分量傅里叶系数就可以近似描绘出目标区域的近似边界。

9.2.2 区域描绘

图像的区域描绘在实践中是很普遍的。拓扑特性对于图像平面区域的整体描述很有用。拓扑学(Topology)是研究图形性质的理论。图形的拓扑性质具有稳定性,只要图形没有发生破坏性变形(如撕裂或粘连),它的拓扑性质不会因为物理变形而改变。因此,区域的拓扑性质可用于对区域的全局描述,这些性质既不依赖距离,也不依赖于距离测量的其他特性。

区域内的连通分量是区域描绘的另一个拓扑特性。一个区域的连通分量就是它的最大子集,在这个子集中的任意点都可以用一条完全在该子集中的曲线相连接,如图 9.11 所示的图形中有 4 个连通分量 A、B、C 和 D。另外区域中的孔洞数不受拉伸、旋转的影响,但如果撕裂或折叠,空洞数会发生变化,图 9.12 是具有 3 个孔洞 A、B 和 C 的区域。

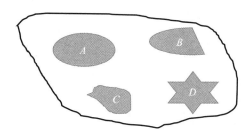

图 9.11　具有 4 个连通分量的区域

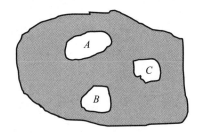

图 9.12　具有 3 个孔洞的区域

欧拉数也是区域的一种拓扑特性,欧拉数的定义为

$$E=C-H \tag{9.5}$$

式中,E 是欧拉数;H 是图像或图形的孔洞数;C 是连通分量数。

图 9.13(a)所示图像有 1 个连通分量,1 个孔洞,因此该图像的欧拉数 $E=0$;图 9.13(b)所示图像有 1 个连通分量,0 个孔洞,欧拉数 $E=1$。因此,可以通过欧拉数来识别图像。

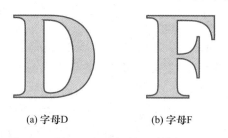

(a) 字母D　　　　　　(b) 字母F

图 9.13　欧拉数的计算

9.2.3 关系描绘

关系描绘是以重写规则的形式来获取边界或区域中的基本重复模式。图 9.14 是一个简单的图形结构。为了以某种形式化的方法描述它，定义两个基元 b 和 c，使用这两个基元对图 9.14 进行编码，如图 9.15 所示。编码结构的特点是基元 b 和 c 的重复。为了简化这种编码方法，可以使用重写规则表示基元之间的递归关系：

(1) $U \rightarrow bV$

(2) $V \rightarrow cU$

(3) $V \rightarrow c$

其中，U 和 V 是变量，b 和 c 是基元常量，规则(1)表明起始符 U 可用 bV 代替，规则(2)、(3)表明 V 可用 cU 和 c 来代替，如果 V 用 cU 代替则回到规则(1)，如果 V 用 c 来代替，则过程结束。

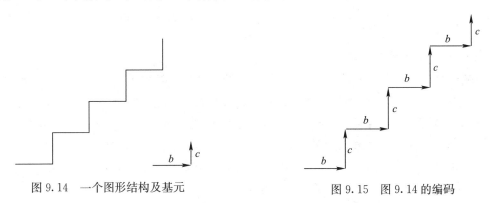

图 9.14　一个图形结构及基元　　　　　　图 9.15　图 9.14 的编码

由此重写规则导出的例子如图 9.16 所示，图中的数字表示所使用的规则顺序。由图 9.16 可知，由这三条规则可以生成或描绘无限多的"相似"结构。

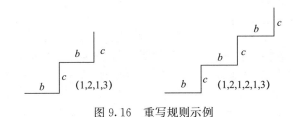

图 9.16　重写规则示例

重写规则生成的字符串描绘适合于基元连接性从头到尾的方式或其他连续方式。但有时目标区域可能是不连续的，这就需要具有描绘这种非连续情形的方法，其中最常用的方法是树描绘子。

树是无回路的连通图，是一个或多个节点的有限集合，具有如下特点：

① 仅有一个表示根的节点 O；

② 其余的节点被分成互不相交的集合 $T_1, \cdots, T_m$，每个集合依次都是一棵树，称为 T 的子树；

③ 树叶节点的集合采用从左向右的顺序排列。

一般而言，树中有两种类型的重要信息：①节点的信息；②节点与其相邻节点相联系的信息，以指向相邻节点的一组指针来表示。描绘图像时，节点的信息用于识别一幅图像的区域或边界线段，节点与其相邻节点相联系的信息用于描绘这个区域或边界线段与其他区域或边界线段的物理联系。图 9.17 是一个图像的复合区域，该区域之间的包含关系可用如图 9.18 所示的树来表示。

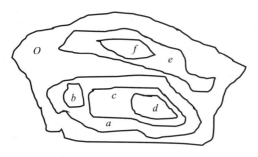

图 9.17 一个图像的复合区域

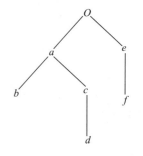

图 9.18 图 9.17 的树表示

9.2.4 相似性描绘

图像相似性通常是指图像之间的颜色、纹理、形状、空间关系等特征向量之间的相似性。评价图像的相似性常用的有距离相似性测度和结构相似性测度。

1. 距离相似性测度

距离相似性测度将图像的特征向量视为某个特征空间的点,两点的接近程度用它们的距离表示,距离越小表示它们所代表的图像越相似。距离相似性测度有明考夫斯基距离(Minkowski-Form)、二次型距离(Quadratic Form,QF)、马氏距离(Mahalanobis)、相对熵距离(Kullback-Leibler Divergence,KL)和杰夫瑞距离(Jeffrey-Divergence,JD)。假设 $D(I,J)$ 为目标图像 I 与参考图像 J 之间的距离,$f_i(I)$ 表示目标图像 I 的特征向量的第 i 个分量处的特征值,$f_j(J)$ 表示参考图像 J 的特征向量的第 j 个分量处的特征值。

(1)明考夫斯基距离(Minkowski-Form)

如果图像特征向量的每一维彼此独立且权值相同,则使用 Minkowski-Form 距离较合适,其定义为

$$D(I,J) = \left(\sum_i |f_i(I) - f_j(J)|^p \right)^{1/p} \tag{9.6}$$

式中,p 可取 $1,2,\infty$。当 $p=1$ 时,$D(I,J)$ 表示街区距离;当 $p=2$ 时,表示欧氏距离(Euclidean)。Minkowski-Form 距离是使用最为广泛的距离相似性测度。

(2)二次型距离(QF)

Minkowski-Form 距离把特征向量的所有分量视为完全独立且彼此不相关,没有考虑特征向量的某几个分量在视觉上可能比其他分量更相似的情况,为此,引入 QF 距离,其定义为

$$D(I,J) = \sqrt{[f_i(I) - f_j(J)]^\mathrm{T} \boldsymbol{A} [f_i(I) - f_j(J)]} \tag{9.7}$$

式中,$\boldsymbol{A} = [a_{ij}]$ 是相似矩阵,其中 a_{ij} 表示特征向量的分量 i 和 j 之间的相似度。QF 距离考虑了颜色之间的相似度,计算出的结果比欧氏距离能更好地反映人的视觉特点。

(3)马氏距离(Mahalanobis)

马氏距离适用于图像特征向量的各维彼此不独立,且重要性各不相同的情况,其定义为

$$D(I,J) = \sqrt{[f_i(I) - f_j(J)]^\mathrm{T} \boldsymbol{C}^{-1} [f_i(I) - f_j(J)]} \tag{9.8}$$

式中,$\boldsymbol{C}$ 是特征向量的协方差矩阵。

(4)相对熵距离(KL)和杰夫瑞距离(JD)

KL 距离是用一个图像的特征向量作为码来反映另一个图像的特征分布情况,KL 距离的定义为

$$D(I,J) = \sum_i f_i(I) \lg \frac{f_i(I)}{f_j(J)} \tag{9.9}$$

JD 距离的定义为

$$D(I,J) = \sum_i \left(f_i(I) \lg \frac{f_i(I)}{\hat{f}_i} + f_i(J) \lg \frac{f_i(J)}{\hat{f}_i} \right) \tag{9.10}$$

式中，$\hat{f}_i = [f_i(I) + f_i(J)]/2$，KL 距离和 JD 距离多用于纹理特征的相似度测量。

2. 结构相似性测度

结构相似性测度（Structural Similarity，SSIM）根据两幅图像的亮度、对比度和结构等因素进行相似度测量，其定义为

$$SSIM(x,y) = [l(x,y)]^\alpha [c(x,y)]^\beta [s(x,y)]^\gamma \tag{9.11}$$

式中，$\alpha = \beta = \gamma$，$l(x,y)$、$c(x,y)$、$s(x,y)$ 分别表示亮度相似度、对比度相似度和结构相似度，通常取正数，用于调节不同因素的影响权重。$l(x,y)$、$c(x,y)$、$s(x,y)$ 的定义分别为

$$\begin{cases} l(x,y) = \dfrac{2\mu_x\mu_y + c_1}{\mu_x^2 + \mu_y^2 + c_1} \\[2mm] c(x,y) = \dfrac{2\sigma_x\mu_y + c_2}{\sigma_x^2 + \sigma_y^2 + c_2} \\[2mm] s(x,y) = \dfrac{\sigma_{xy} + c_3}{\sigma_x\sigma_y + c_3} \end{cases} \tag{9.12}$$

式中，$c_1 = (k_1 L)^2$，$c_2 = (k_2 L)^2$，$c_3 = c_2/2$，k_1、k_2 取远小于 1 的值，L 表示像素的最大值，通常取 $k_1 = 0.01$，$k_2 = 0.03$，$L = 255$，μ_x、μ_y 分别表示两幅图像的均值，σ_x、σ_y、σ_{xy} 分别表示两幅图像的标准差和协方差，其定义分别为

$$\begin{cases} \mu_x = \dfrac{1}{N} \sum_{i=1}^{N} x_i \\[3mm] \mu_y = \dfrac{1}{N} \sum_{i=1}^{N} y_i \end{cases} \tag{9.13}$$

$$\begin{cases} \sigma_x = \sqrt{\dfrac{1}{N-1} \sum_{i=1}^{N} (x_i - \mu_x)^2} \\[3mm] \sigma_y = \sqrt{\dfrac{1}{N-1} \sum_{i=1}^{N} (y_i - \mu_y)^2} \\[3mm] \sigma_{xy} = \dfrac{1}{N-1} \sum_{i=1}^{N} (x_i - \mu_x)(y_i - \mu_y) \end{cases} \tag{9.14}$$

结构相似性测度基于光照对物体结构是独立的，光照改变主要来源于图像的亮度和对比度，将图像的亮度和对比度从图像的结构信息中分离出来，并结合结构信息对图像质量进行测度，在一定程度上避开了自然图像内容的复杂性及多通道的去相关问题，能够直接评价图像的结构相似性。

SSIM 的取值范围为 $[0,1]$，并满足距离测度的三个性质。

① 对称性：$SSIM(x,y) = SSIM(y,x)$。

② 有界性：$0 \leqslant SSIM(x,y) \leqslant 1$。

③ 最大值唯一性：$SSIM(x,y) = 1 \Leftrightarrow x = y$。

由于图像的亮度和对比度与图像内容具有密不可分的关系，图像的亮度和对比度在图像的不同位置可能有不同的值，因此，一般在实际应用中将图像分成若干个子块，分别计算各个子块的结构相似度，然后计算各个子块的平均相似度，以平均相似度作为两幅图像的结构相似度。

*9.3　图像纹理分析

图像纹理是图像的重要特征。但纹理的概念,至今还没有一个公认的确切的定义。一般认为类似于树叶、木纹、砖砌墙面、动物皮毛等具有重复性结构的图像称为纹理图像。纹理图像在局部区域可能呈现不规则性,但整体上则表现出一定的规律性,其灰度分布表现出某种周期性。纹理图像的这种局部不规则,而整体有规律的特性称为纹理。纹理可分为自然纹理和人工纹理。自然纹理是具有重复排列现象的自然景象,如树叶的纹理、木纹、动物皮毛的纹理等,如图 9.19 所示;人工纹理是由某种符号的规律排列组成的,这些符号可以是点、字母、数字、线条等,如图 9.20 所示。

图 9.19　自然纹理

图 9.20　人工纹理

纹理有两个构成要素。

① 纹理基元。纹理基元是一种或多种图像基元的组合,有一定的形状和大小。

② 纹理基元的组合:纹理基元不同的排列组合方式,如排列的疏密、周期性和方向性等的不同,能使图像产生不同的外观。

进行纹理分析之前,需通过一定的图像处理技术提取出纹理特征,获得纹理的定量或定性描述。纹理特征提取包括两个方面的内容:检测出纹理基元和获得纹理基元的组合排列方式。

纹理分析方法大致有统计法、结构法和频谱法。统计法适用于纹理细而且不规则的图像;结构法适用于纹理基元排列较规则的图像;频谱法适用于纹理具有全局周期性的图像。

9.3.1　基于邻域特征统计的方法

基于邻域特征统计是利用图像内某一区域或物体的灰度直方图的矩对纹理结构进行描述

的,它又可分为灰度差分统计法和行程长度统计法。

1. 灰度差分统计法

设图像内任意一点为(x,y),与该点相邻的点$(x+\Delta x,y+\Delta y)$的灰度差值$g_\Delta(x,y)$称为灰度差分,即

$$g_\Delta(x,y)=g(x,y)-g(x+\Delta x,y+\Delta y) \tag{9.15}$$

若$g_\Delta(x,y)$所有可能的取值有j级,令点(x,y)在整个图像区域内移动,累计$g_\Delta(x,y)$各个取值次数,可得到其直方图,根据直方图可得出$g_\Delta(x,y)$取不同灰度值的概率$p_{g_\Delta}(i)$,i为灰度差值。

当i取值较小而概率$p_{g_\Delta}(i)$较大时,图像纹理较粗糙;差值直方图较平坦时,图像纹理较细。

灰度差分统计法一般使用对比度、熵(定义见第2章)、角度方向二阶矩等参数描述图像的纹理特征。

(1)对比度

$$\text{CON}=\sum_i i^2 p_{g_\Delta}(i) \tag{9.16}$$

(2)角度方向二阶矩

$$\text{ASM}=\sum_i \left[p_{g_\Delta}(i)\right]^2 \tag{9.17}$$

在上述公式中,$p_{g_\Delta}(i)$较平坦时,ASM较小,熵较大;当$p_{g_\Delta}(i)$分布在原点附近时,均值较小。

2. 行程长度统计法

行程长度是指在同一方向上具有相同灰度值或灰度差别在某个范围内的像素个数。细纹理区域中,短行程情况出现较多;粗纹理区域中,长行程情况出现较多。因此,可以通过统计行程长度对图像纹理进行分析。

设图像中任一点(x,y)的灰度值为g,统计出从任一点出发沿θ方向上连续m个点都具有灰度值g所发生的概率,记为$p(g,m)$。把(g,m)在图像中出现的次数表示成矩阵第g行第m列的元素,构成的矩阵称为行程矩阵。在同一方向上具有相同灰度值的像素点的数量n称为行程长度。由$p(g,m)$可以定义以下参数来描述图像的纹理特征。

(1)短行程补偿

$$\text{SRE}=\frac{\sum_g \sum_m \left(\dfrac{p(g,m)}{n^2}\right)}{\sum_g \sum_m p(g,m)} \tag{9.18}$$

式中,当短行程较多时,SRE较大,分母是归一化因子。

(2)长行程补偿

$$\text{LRE}=\frac{\sum_g \sum_m n^2 p(g,m)}{\sum_g \sum_m p(g,m)} \tag{9.19}$$

式中,当长行程较多时,LRE较大。

(3)行程长度分布

$$\text{RLD}=\frac{\sum_m \left[\sum_g p(g,m)\right]^2}{\sum_g \sum_m p(g,m)} \tag{9.20}$$

式中,当某些行程长度出现较多时,RLD较大;各行程出现的频次相近时,RLD较小。

（4）行程比

$$RPG = \frac{\sum\limits_{g} \sum\limits_{m} p(g,m)}{M^2} \tag{9.21}$$

式中,M为图像区域像素点总数,相当于行程长度为1的情况总数。当图像区域中具有较长的线纹理时,总的行程数较少,RPG较小。

（5）灰度值分布

$$GLD = \frac{\sum\limits_{g} \left[\sum\limits_{m} p(g,m) \right]^2}{\sum\limits_{g} \sum\limits_{m} p(g,m)} \tag{9.22}$$

GLD较大时,图像中某种灰度出现较多,图像纹理粗糙,变化平缓;GLD较小时,各灰度行程情况出现较均匀,图像纹理较细,变化剧烈。

9.3.2　基于傅里叶频谱提取特征

基于傅里叶频谱提取特征是使用傅里叶频谱的频率特性来描述周期或近似周期的二维图像的纹理特征的。傅里叶频谱中对图像纹理描述的三个特征为:

① 频谱中突出的尖峰对应纹理模式的主要方向;

② 频谱平面中尖峰的位置对应纹理模式的基本空间周期;

③ 采用滤波方法滤除任何周期性成分,剩下的非周期图像元素可以用统计方法描述。

在实际纹理特征提取中,可将频谱转换到极坐标系中,以简化对频谱特征的描述,此时频谱可用函数 $S(r,\theta)$ 表示,r 和 θ 是该坐标系中的变量。对每个方向 θ,$S(r,\theta)$ 是一个一维函数 $S_\theta(r)$,对每个频率 r,$S(r,\theta)$ 也是一个一维函数 $S_r(\theta)$。当 θ 值固定时,分析 $S_\theta(r)$ 可得到频谱沿原点射出方向的频谱特性;当 r 值固定时,分析 $S_r(\theta)$ 可得到以原点为圆心的圆上的频谱特性。对这些函数进行积分,可得到更为整体性的描述,即

$$S(r) = \int_0^{2\pi} S(r,\theta)\mathrm{d}\theta \tag{9.23}$$

$$S(\theta) = \int_0^{\infty} S(r,\theta)\mathrm{d}r \tag{9.24}$$

如果是离散图像,可用求和代替积分运算,得到频谱沿任一角度 θ 和半径 r 的纹理的全局性描述,即

$$S(r) = \sum_{\theta=0}^{\pi} S_\theta(r) \tag{9.25}$$

$$S(\theta) = \sum_{r=0}^{R} S_r(\theta) \tag{9.26}$$

式中,r 是以原点为圆心的圆的半径;$S(r)$ 和 $S(\theta)$ 构成整个图像或图像区域纹理频谱的能量描述。当 r 的变化对 $S(r)$ 影响较大时,说明图像的纹理结构较粗糙;相反,当 r 的变化对 $S(r)$ 影响较小时,图像的纹理结构较细密。在图像纹理较粗糙时,频谱能量集中在距离原点较近的范围内;在图像纹理较细密时,频谱能量集中在距离原点较远的区域。

9.3.3　基于灰度共生矩阵的方法

灰度共生矩阵的基本思想是通过研究灰度的空间相关性来描述纹理。由于纹理是由灰度分

布在空间位置上反复出现而形成的,因此图像空间中相隔某距离的两个像素间会存在一定的灰度关系,这种关系被称为图像中灰度的空间相关性。

灰度共生矩阵是一个联合概率矩阵,它描述了图像中满足一定方向和一定距离的两个像素的灰度出现的概率,具体定义为:从灰度值为 u 的像素出发,距离为 d 的另一像素的灰度值为 v,这两个灰度在整个图像中发生的概率分布称为灰度共生矩阵,用 $\boldsymbol{p}_d(u,v)$ 表示,其中 $u,v=0,1,2,\cdots,L-1$,u、v 是两个像素的灰度值,L 是图像的灰度级数,d 是两个像素之间的位置关系,用 $d=(\Delta x,\Delta y)$ 表示,两个像素在 x 轴方向和 y 轴方向的距离分别是 Δx 和 Δy,不同的 d 决定了两个像素不同的距离和方向,方向一般取 $0°$、$45°$、$90°$ 和 $135°$。

图 9.21 是一幅图像灰度级减为 4 级的图像纹理,求其在 $0°$、$45°$、$90°$ 和 $135°$ 的灰度共生矩阵。

```
3  2  1  0  3  2  1  0
2  1  0  3  2  1  0  3
1  0  3  2  1  0  3  2
0  3  2  1  0  3  2  1
3  2  1  0  3  2  1  0
2  1  0  3  2  1  0  3
1  0  3  2  1  0  3  2
```

图 9.21 图像纹理

当方向为 $0°$ 时,两个像素的位置关系是水平的,令 $|\Delta x|=1$,$|\Delta y|=0$,则 $d=(\pm 1,0)$,当统计 $p_d(0,0)$ 值时,就是统计两个像素的指定位置关系分别为 $d=(1,0)$ 和 $d=(-1,0)$,而灰度值都为 0 出现的总次数。$d=(1,0)$ 表示某像素与其右邻像素的位置关系,$d=(-1,0)$ 表示某像素与其左邻像素的位置关系,对于图 9.21 中的纹理,$p_d(0,0)=0$,同理可求出 $0°$ 方向灰度共生矩阵 $\boldsymbol{p}_d(0°)$ 中其他元素的值,如式(9.27)。其他角度可以以此类推。

$$\boldsymbol{p}_d(0°)=\begin{bmatrix} 0 & 12 & 0 & 12 \\ 12 & 0 & 12 & 0 \\ 0 & 12 & 0 & 12 \\ 12 & 0 & 12 & 0 \end{bmatrix} \tag{9.27}$$

灰度共生矩阵在使用中经常需要归一化,即矩阵中的元素需用概率值来表示。概率值是将灰度共生矩阵 $\boldsymbol{p}_d(u,v)$ 中各元素除以矩阵中各元素之和 S,从而得到各元素值都小于 1 的归一化灰度共生矩阵 $\hat{\boldsymbol{p}}_d(u,v)$,即

$$\hat{\boldsymbol{p}}_d(u,v)=\boldsymbol{p}_d(u,v)/S \tag{9.28}$$

通常从灰度共生矩阵中抽取的纹理特征参数有角度方向二阶矩、对比度、熵和相关性 4 个参数。其中,相关性(Correlation,COR)用于衡量灰度共生矩阵的元素在行或列方向上的相似程度,定义为

$$\mathrm{COR}=\frac{\sum_{u=0}^{L-1}\sum_{v=0}^{L-1}uv\,\hat{\boldsymbol{p}}_d(u,v)-\omega_1\omega_2}{\sigma_1^2\sigma_2^2} \tag{9.29}$$

式中,ω_1、ω_2、σ_1、σ_2 的定义分别为

$$\omega_1 = \sum_{u=0}^{L-1} u \sum_{v=0}^{L-1} \hat{\boldsymbol{p}}_d(u,v) \qquad \omega_2 = \sum_{v=0}^{L-1} v \sum_{u=0}^{L-1} \hat{\boldsymbol{p}}_d(u,v)$$

$$\sigma_1^2 = \sum_{u=0}^{L-1} (u-\omega_1)^2 \sum_{v=0}^{L-1} \hat{\boldsymbol{p}}_d(u,v) \qquad \sigma_2^2 = \sum_{v=0}^{L-1} (v-\omega_2)^2 \sum_{u=0}^{L-1} \hat{\boldsymbol{p}}_d(u,v)$$

(9.30)

相关性是纹理图像局部灰度线性相关的度量,表示图像中纹理区域在某种方向上的相似性。当矩阵中的元素值相差较大时,相关性的值就较小;当矩阵中的元素值均匀一致或相等时,相关性的值就较大。如果图像中存在水平方向纹理时,水平方向矩阵的相关性大于其他方向矩阵的相关性。

*9.4 图像分析应用:医学图像配准

图像配准是图像分析应用的基本任务之一,就是将不同成像设备、不同角度、不同成像条件及不同时间下获取的两幅或多幅图像使用图像表示和图像描绘的方法进行匹配,即给定两幅待配准的图像,一幅是参考图像 R,一幅是浮动图像 F,设 R 与 F 在某一点 (x,y) 处的灰度值分别为 $R(x,y)$、$F(x,y)$,其配准过程为:在 N 维参数空间中找到 R 与 F 的空间变换 T,使相似性测度函数 S 达到极值,这样 F 中的点在经过 T 变换后,和 R 中的关键点具有坐标上的一致性与对应性。

9.4.1 图像配准的基本步骤

由于图像数据的多样性及应用条件不同,设计一种适合所有图像的通用配准算法是比较困难的。对大多数情况而言,图像配准包括空间变换、图像插值、相似性测度及其优化算法 4 步,如图 9.22 所示。

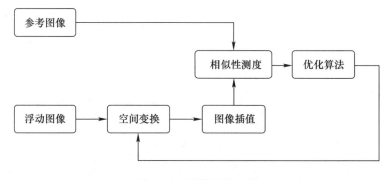

图 9.22 图像配准过程

1. 空间变换

所谓空间变换,是指通过某种类型的空间变换把一幅图像中的像素点特别是关键点映射到另一幅图像中的过程。主要类型包括刚性、非刚性及映射三类变换形式,图像类型可以是二维的(2D)或三维的(3D),所以这种映射可能是从二维空间到二维空间、从三维空间到三维空间,或者是在三维空间和二维空间之间的变换。

2. 图像插值

经过空间变换之后,由于网格点无论疏密都是离散分布的,因此,经过变换的点往往不一定能正好落在网格点上,此时就需要用双线性插值法、最近邻插值法等进行插值。

3. 相似性测度

相似性测度主要是对图像配准的结果进行评估,是配准非常关键的一个环节。通常浮动图像与参考图像由于时间、条件、成像方法等的差异,使得两者的图像内容有着巨大的差别,因而此时不可能存在完全的配准,具体配准到哪种程度也无从界定,所以此时就需要一种量化标准,在该标准下,定量描述两者的配准效果。通常所用的方法包括灰度均方根误差,归一化相关系数,基于信息理论的如互信息、归整化互信息等。

4. 优化算法

根据相似性测度选择的不同,对应的计算方法也存在差异,主要分为两类:一类通过联立方程求解计算;另一类通过对预先确定的能量函数进行最优化搜索。前者的应用范围为以图像特征为基础的配准过程,后者则归结为一个求极值的问题,此时的能量函数由变换参数充当,对能量函数极值的求法是利用优化算法进行计算的,其中主要包括 Powell 算法、梯度下降优化算法和牛顿法等。

9.4.2 医学图像配准

医学图像配准是计算机视觉和医学图像处理领域的重要组成部分,可帮助医生进行疾病的诊断,同时对医学图像重建和融合有着重要的意义。医学图像配准的算法流程如图 9.23 所示,具体步骤如下。

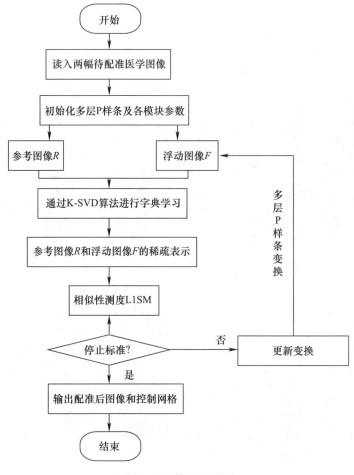

图 9.23 算法流程图

① 读入两幅分辨率相同的待配准医学图像,分别记为参考图像 R 和浮动图像 F。

② 初始化多层 P 样条变换模型参数和其他模块的相关参数,网格大小初始值设为 4×4,参考图像和浮动图像之间的配准误差为 10^{-4},梯度下降法的最大迭代次数为 30 次。

③ 使用 K-SVD 算法训练图像块,记录得到的分析字典,寻找每个图像块的稀疏表示。计算两幅图像相似性测度函数 L1SM 的初始值,L1SM$= \| \boldsymbol{\Omega}(R-F) \|_1$。

④ 将 L1SM 作为优化模块目标函数的第一部分 $C_{\mathrm{sim}}(R,F)$,另一部分加入相关的几何变换约束,使待配准的两幅图像之间保持平衡,并且变换光滑。其方法如下:

$$C(R,F) = C_{\mathrm{sim}}(R,F) + \lambda C_{\mathrm{smooth}} \tag{9.31}$$

其中

$$C_{\mathrm{smooth}} = \frac{1}{A} \int \left[\left(\frac{\partial^2 T}{\partial x^2} \right)^2 + \left(\frac{\partial^2 T}{\partial y^2} \right)^2 + 2 \left(\frac{\partial^2 T}{\partial x \partial y} \right)^2 \right] \mathrm{d}x \tag{9.32}$$

式中,A 是区域的面积;λ 是权重参数。

⑤ 利用梯度下降法优化目标函数,进而更新变形场,L1SM 的导数表达式为

$$\nabla \mathrm{LISM} = -\boldsymbol{\Omega}^+ \mathrm{sgn}(\boldsymbol{\Omega}(R-F)) \nabla F \frac{\partial T}{\partial \theta} \tag{9.33}$$

式中,∇F 为浮动图像的梯度;θ 表示变换参数;$\mathrm{sgn}(\cdot)$ 为符号函数。

⑥ 使用多层 P 样条变换更新浮动图像。变形过程是重复迭代的,直到得到最优的变形场。

⑦ 输出配准后的浮动图像和控制网格。

为了验证算法的有效性,图 9.24 给出了两组待配准图像。图 9.24(a)、(b)为第一组待配准的两幅脑部 MR 切片图像,其中图 9.24(a)作为参考图像,图 9.24(b)作为浮动图像。图 9.24(c)、(d)为第二组待配准的两幅脑部 MR 横断面图像,其中图 9.24(c)作为参考图像,图 9.24(d)作为浮动图像。选取单层 P 样条配准与多层 P 样条配准对图 9.24 中两组图像进行配准,配准结果和配准后图像差如图 9.25 所示。

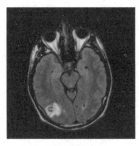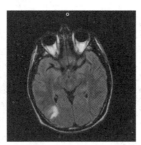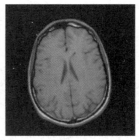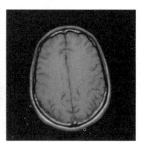

(a) 参考图像1　　　　　(b) 浮动图像1　　　　　(c) 参考图像2　　　　　(d) 浮动图像2

图 9.24　待配准的两组图像

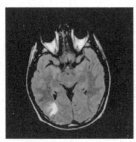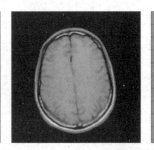

(a) 单层P样条配准结果及配准后图像差　　　　(b) 多层P样条配准结果及配准后图像差

图 9.25　不同变换方法下配准结果和配准后图像差

由图 9.25 所示的配准后图像差不难看出，对浮动图像进行几何变换后得到的配准图像与参考图像的差异性很小，取得了较好的配准效果。

本 章 小 结

本章主要介绍了图像表示、图像描绘、图像纹理分析及图像分析应用中的图像配准等相关内容，要求读者能够正确使用图像表示、图像描绘和图像纹理分析的相关方法对图像进行分析，并得出有效结论。

思考与练习题

9.1 什么是图像表示？一个好的图像表示应具有哪些特点？

9.2 什么是链码？链码为什么要进行归一化？链码归一化和链码差分的区别是什么？

9.3 4 方向链码 03000032321212111 的归一化链码是什么？8 方向链码 07000065653434222 的一阶差分码是什么？

9.4 简述常用的区域特征、常用的形状描述及常用的边界表达形式。

9.5 什么是图像相似性？距离相似性的含义是什么？距离相似性有哪些常用类型？

9.6 图像的纹理特征分析有哪些常用方法？各有什么特点？

9.7 计算字符 B、R、D 和 i 的欧拉数。

拓 展 训 练

1. 简述灰度共生矩阵的基本思想，编写程序实现灰度共生矩阵算法。

2. 查阅文献撰写关于图像表示发展的最新技术和应用的学习报告。

第10章 图像识别

※本章思维导图

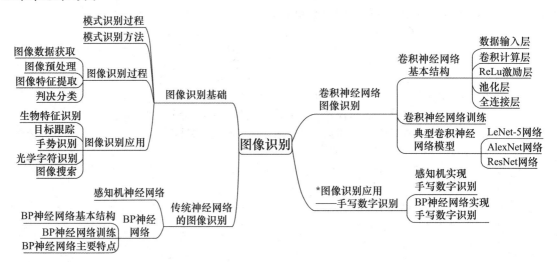

※学习目标

1. 理解模式识别与图像识别的过程。

2. 掌握传统神经网络图像识别方法的原理与实现。

3. 掌握深度学习的基本原理与基本的学习算法,尤其是深度卷积神经网络在图像识别中的应用。

    图像识别是数字图像处理的重要研究方向,也是人工智能技术的重要组成部分,也可以看作模式识别和数字图像处理的交叉领域。其中,人工智能是指让机器能像人一样感知外在事物并作出有目的、有意义的响应,其中的感知就是类似视觉一样"成像",并对"像"进行识别;而模式识别是对图像或各种物理对象提取有效特征,进而加以判决分类的技术,其对象有两类:一是有直接形象,如图像、文字等;二是无直接形象的数据、波形,如心电脉冲、地震波等。由此可见,图像识别实际上就是以图像为对象的模式识别,或者说是对图像中的感兴趣目标进行分类鉴别的过程。因此,本章结合模式识别技术和图像目标分类提取的研究成果介绍图像识别的相关理论与方法。

10.1　图像识别基础

10.1.1　模式识别过程

    模式识别的目的是使机器能够模仿人在观察认识事物或现象时把相似但又不完全相同的事物或现象分成不同类别,甚至从个别事物或现象推断出总体的事物或现象。从信息的形态转换上讲,模式识别过程往往是先从物理空间采集对象信号/信息,使之进入模式空间;再在模式空间对感兴趣的对象提取特征,从而转换到特征空间;然后综合利用多类特征对目标进行分类识别,即到达类别空间。具体如图 10.1 所示。

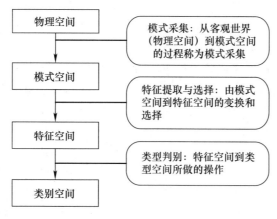

图 10.1　模式识别过程

10.1.2　模式识别方法

早期的模式识别主要基于统计学方法或语言学方法,借助于计算机对信息进行处理、判别、分类。其中,基于统计学方法的模式识别往往是先把大量原始信息抽取为少量代表性的特征信息,再用这些特征信息作为判据对原始信息进行分类;基于语言学方法的结构模式识别是把原始信息看作由若干基本元素组成,就像一个英文句子由单词和短语按一定语法规则组成一样,剖析这些基本元素,如果符合既定语法就识别出结果。常用的模式识别方法及其算法体系如图 10.2 所示。

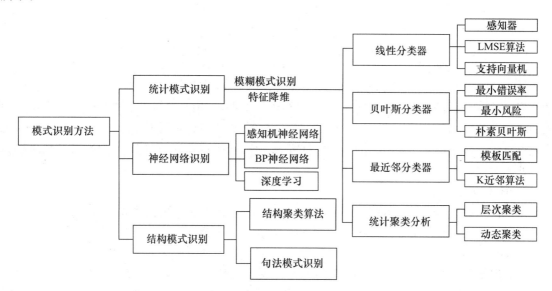

图 10.2　常用的模式识别方法及其算法体系

统计模式识别是最常用的模式识别方法。该类方法的分类器主要包括:①线性分类器,通过寻找线性分类决策边界来实现特征空间中的类别划分;②贝叶斯分类器,基于不同类样本在特征空间中的概率分布不同,以逆概率推理的贝叶斯公式来得到类别划分的决策结果;③最近邻分类器,把学习过程隐藏到了分类决策过程中,通过寻找训练集中与待分类样本最相似的子集来实现分类决策;④统计聚类分析,是无监督学习的典型代表,目前多采用统计学习方法。

神经网络识别源于对生物神经网络系统的模拟,其本质是高度非线性的统计分类器,并且随着计算机技术的发展,从浅层网络向深度学习不断演化。结构模式识别通过结构上的相似性来完成分类任务,该类方法用符号来描述图像特征,并对结构特征进行句法类型判定。在聚类分析中,采用结构特征上的相似性完成样本类别划分,即为结构聚类算法。

模式识别方法的选择取决于问题的性质。如果被识别的对象极其复杂,而且包含丰富的结构信息,一般采用句法模式识别;当识别对象不是很复杂或不含明显的结构信息时,一般采用统计模式识别。其中,统计模式识别发展较早,有较完善的理论基础,识别模式基元能力强,抗干扰能力强,应用范围广,但不能反映模式的结构特征,因此,很难从整体角度考虑识别问题。结构模式识别能反映模式的结构特性,识别方便,可从简单的基元开始描述模式的性质,但单纯的句法模式识别没有考虑环境、噪声干扰等不稳定因素,易判别错误。随着计算机技术的发展,目前神经网络已从传统的 BP 神经网络、Hopfield 网络衍生到卷积神经网络、生成对抗网络等,且已在图像识别中取得了令人瞩目的成就。神经网络识别的优点是模型高度非线性,更接近现实世界,缺点是对硬件要求高、依赖于大量有代表性的数据。

10.1.3　图像识别过程

考虑到在图像处理领域主要采用的是统计模式识别,这里给出基于统计模式识别的图像识别过程,包括图像数据获取、图像预处理、图像特征提取和判决分类 4 部分,如图 10.3 所示。

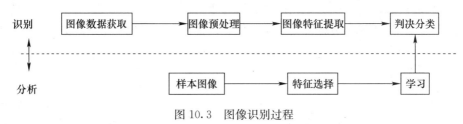

图 10.3　图像识别过程

1. 图像数据获取

通过光学设备等测量、采样和量化,得到可以用矩阵或向量表示反映现实世界本质特性的一维波形、二维图像或物理参数和逻辑值,这些像和值都属于获取到的数据。常见的由一维波形构成的图像有脑电图、心电图、机械振动波形图等;二维图像有照片、地图、指纹、文字、超声影像等;物理参数和逻辑值有医学诊断中的各种数据等。其中,所有能以矩阵或向量表示的、尚未进行其他后处理的数据即为原始图像。

2. 图像预处理

图像预处理的目的是降低噪声影响、增强有用信息、复原退化的像质,以提高后续特征提取的准确度。其技术涉及本书前面各章的所有内容,这里不再赘述。

3. 图像特征提取

众所周知,一个事物之所以区别于其他事物,在于其有自己独有的一个或多个属性。在数字图像处理中,这些属于某一对象特有的属性需要被度量才能用于机器分类识别,该度量结果称为这一对象的特征。这些特征可能是目标的形状、纹理、颜色等。由若干特征组成的特征向量就成了识别该类事物的唯一依据。鉴于现实世界的复杂性,虽然我们很难给出这些目标的统一描述,但用作图像目标识别的特征至少应该具有以下特点:①可区分性,即不同类别对象应该具有明显的差异;②可靠性,即同类对象的特征值应该较接近;③独立性,描述一个对象所用的各个特征应该彼此不相关;④数量少,特征值的个数就是描述该对象的特征向量的维数,而用来训练分类器的样本数往往随特征向量的维数呈指数级增长。

4. 判决分类

一个事物能否归入某一类往往需要以下过程才能作出判决：一是需要建立该事物的特征"标准"；二是需要提取待判别事物的相关特征；三是将新提取的特征与"标准"特征比对，如果"一致"，那么待判别事物就属于该类事物，否则，还需要与其他特征比对，直至作出判断"是"或"否"。当然，这里的一致是相对的，具体应用中需要用判别函数和判别规则（或叫分类规则）来判断。这一工作一般由分类器完成。

分类器可以视为计算判别函数的一个"机器"，其任务是对每个所遇到的对象，按照给定的判别函数计算出该对象与各类别样本对象的相似程度，然后把相似程度最高的两个判别为同一类事物。通常的做法是用一组已知的样本对象来训练分类器，即对这些已知样本进行特征提取，并将特征空间划分为不同的决策域（决策域之间要界限分明），使得训练样本本身的分类准确性最高。对未知样本做判定时，根据其所处界限的哪一侧来判断它属于哪一类。分类器的设计主要是基于机器学习的方法，新的研究热点是基于深度人工神经网络（深度学习）来构建。

10.1.4 图像识别应用

图像识别是模式识别中具有直觉形象的一类识别问题，也是模式识别中用得最多的一类，目前已经广泛应用在以下方面。

1. 生物特征识别

利用生物特征来识别人的身份，现在已经从科幻影片中的场景变成了现实。目前生物特征识别技术已从比较成熟的指纹图像识别、虹膜图像识别发展到了更加复杂的人脸识别、手印识别、步态识别等。

2. 目标检测与跟踪

目标检测与跟踪也是图像识别的典型应用，大的方面可以应用到导弹制导、自动驾驶等领域，小的方面可以应用到智能监控、照相机笑脸识别、眼动控制等领域。

3. 手势识别

手势识别是近年来在人机交互领域的重要进展，通过识别人手的姿势和运动来完成对计算机系统的非接触控制。手势的检测可以依据红外检测、运动和姿态传感器、可见光视频和其他传感器实现，Kinect、MYO 和 Leap Motion 等都是比较受关注的技术与产品。

4. 光学字符识别

光学字符识别（Optical Character Recognition，OCR）是最早发展的模式识别应用之一，它可分为联机识别和脱机识别，又可以分为手写识别和印刷体识别。目前联机手写识别（掌上设备的手写输入）、脱机印刷体识别（如扫描文件的 OCR 等）都发展到了一定的实用水平，比较困难的是脱机手写识别。

5. 图像搜索

通过图像的内容来进行检索，而不是根据关键字检索，也是模式识别在图像处理方面的典型应用。由于图像本身的质量差异较大，变化的情况也比较多，目前该领域还处于研究阶段。

10.2 传统神经网络的图像识别

10.2.1 感知机神经网络

感知机神经网络分为单层感知机和多层感知机。图 10.4 所示为单层感知机结构，其可实现求解线性二分类问题,在二维平面上有两类点,要对这两类点进行分类,需要找到样本点的分类线,测试数据只要与这条分类线进行对比即可得出相应的类别。该分类线也称为分类判别线(对于高维的情况,则称为分类判别面)。

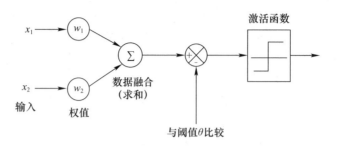

图 10.4　单层感知机结构

由于只有二维数据,因此设置两个输入项即可构建一个单层感知机。这样,输入的数据经加权后进行融合(求和),即 $w_1x_1+w_2x_2$,然后与阈值 θ 进行比较,就可以得到对外界输入数据的分类结果,即

$$X=w_1x_1+w_2x_2-\theta \tag{10.1}$$

感知机在学习过程中对权值进行调整实际上就是对这条分类线的斜率进行调整。在调整过程中,分类线不断变化,调整斜率以能够适应分类的需要,最终稳定下来,把斜率固定为某个数,从而完成对感知机神经网络的训练。权值的调整过程实际上就是学习的过程。但从分类的任务角度来讲,这种学习实际上是一个有监督的学习过程,因此并不需要利用 Hebb 学习规则来进行学习。其训练的过程如下:

① 首先对权值、阈值赋初值 $w_1(0),w_2(0),\theta(0)$,这些值可以任意赋值,但一般都先赋较小的正值;

② 输入样本对 $\{x_1,x_2;R\}$,R 为希望的分类结果;

③ 根据激活函数,计算实际的输出结果;

④ 对比实际输出结果和希望的结果,对权值和阈值进行调整;

⑤ 返回②,输入新样本进行训练,直至所有的样本都分类正确为止。

单层感知机对于线性不可分的问题无法进行正确分类,最著名的例子就是"异或"问题。对此类线性不可分问题的解决可采用多层感知机。三层感知机结构如图 10.5 所示。

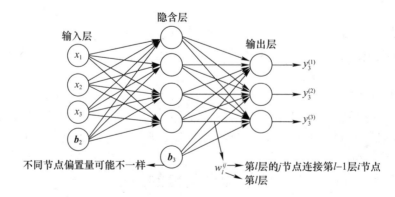

图 10.5　三层感知机结构

多层感知机中所有"层"被划分为三类:输入层、输出层及隐含层(隐层)。输入层和输出层一般只有一个,隐含层的数目可以根据需要设置若干个。图中的圆圈代表各个神经元。输入层的

神经元并不是严格意义上的神经元,只起信息的传递作用,并无权值、阈值的连接,也没有激活函数。隐含层、输出层的各神经元与前述的单层感知机神经元的基本结构类似,但是其激活函数有了更多的选择范围,只要是非线性函数都可以进行选择。

10.2.2 BP 神经网络

1. BP 神经网络的基本结构

BP(Back Propagation)神经网络是一种多层的神经网络,其误差的修正原则为后向传播原则。信息前向传播、误差后向传播构成了 BP 神经网络的独特特点。

BP 神经网络的基本架构与感知机不同,感知机可以构成多层结构来进行工作,也可以使用单独的神经元来进行工作。而 BP 神经网络是一个多层的结构,通常以三层结构为典型形式,在每个层级可以拥有多个神经元。各个层级的神经元结构基本相同,激活函数可以相同,也可以不同。三层 BP 神经网络的基本结构如图 10.6 所示。

BP 神经网络的算法流程如图 10.7 所示。

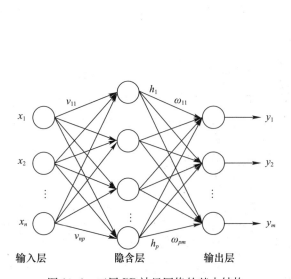

图 10.6　三层 BP 神经网络的基本结构

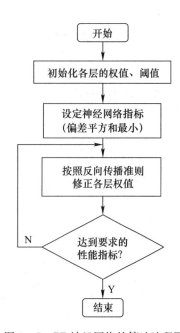

图 10.7　BP 神经网络的算法流程图

2. BP 神经网络训练

本节以三层 BP 神经网络为例介绍权值、阈值调整算法的推导过程。

设 $x_1, x_2, \cdots, x_n$ 为输入;$h_1, h_2, \cdots, h_p$ 为隐含层(第二层)的输出(同时也是输出层的输入);$y_1, y_2, \cdots, y_m$ 为输出层的输出,也是整个网络的输出。$\left[v_{11}, v_{12}, \cdots, v_{1n}, v_{21}, v_{22}, \cdots, v_{2n}, \cdots, v_{np}\right]$ 为输入层到隐含层的权向量;$\left[w_{11}, w_{12}, \cdots, w_{1m}, w_{21}, w_{22}, \cdots, w_{2m}, \cdots, w_{pm}\right]$ 为隐含层到输出层的权向量。

对于输出层,有

$$y_k = f_{\text{sigmoid}}(\text{net}_k), \quad k=1,2,\cdots,m \tag{10.2}$$

$$\text{net}_k = \sum_{a=1}^{p} w_{ak} h_a, \quad k=1,2,\cdots,m \tag{10.3}$$

对于隐含层,有

$$h_j = f_{\text{sigmoid}}(\text{net}_j), \quad j=1,2,\cdots,p \tag{10.4}$$

$$net_j = \sum_{\beta=1}^{n} v_{\beta j} x_{\beta}, \quad j=1,2,\cdots,p \tag{10.5}$$

在上面的式子中，net_* 为各层激活函数的输入。Sigmoid 函数可以根据实际情况灵活选择，可以是单极性的，也可以是双极性的。在构建好这种 BP 神经网络的架构，各神经元的输入、输出情况明确之后，即可训练 BP 神经网络。

出发点是：要使 BP 神经网络实际输出与期望输出的偏差平方和最小，这实际上也是最小二乘法思想在神经网络中的应用。首先确定训练网络的目标——偏差平方和最小，即

$$\min_{w,\theta}(E) = \min_{w,\theta}\left(\frac{1}{2}\sum e^2\right) = \min_{w,\theta}\left(\frac{1}{2}\sum_{k=1}^{m}(d_k - y_k)^2\right) \tag{10.6}$$

式中，d_k 为期望的输出，y_k 为实际的输出，w、θ 分别为神经元的权值、阈值。整个过程就是求网络中每层各个神经元的权值、阈值，使网络实际的偏差平方和最小。下面先进行权值的更新：

对于隐含层向输出层的权值调整，有

$$\Delta w_{jk} = \frac{\partial E}{\partial w_{jk}}, \quad j=1,2,\cdots,p; k=1,2,\cdots,m \tag{10.7}$$

对于输入层到隐含层的权值调整，有

$$\Delta v_{ij} = \frac{\partial E}{\partial v_{ij}}, \quad i=1,2,\cdots,n; j=1,2,\cdots,p \tag{10.8}$$

同理也可以得到阈值的调整

$$\Delta \theta_{2j} = \frac{\partial E}{\partial \theta_{2j}}, \quad \Delta \theta_{1i} = \frac{\partial E}{\partial \theta_{1i}} \tag{10.9}$$

在训练网络的过程中，应该按照负梯度方向进行，同时可以添加学习速率 η，即

$$\Delta w_{jk} = -\eta \frac{\partial E}{\partial w_{jk}} = -\eta \frac{\partial E}{\partial net_k} \frac{\partial net_k}{\partial w_{jk}} \tag{10.10}$$

$$\Delta v_{ij} = -\eta \frac{\partial E}{\partial v_{ij}} = -\eta \frac{\partial E}{\partial net_j} \frac{\partial net_j}{\partial v_{ij}} \tag{10.11}$$

其中

$$\frac{\partial E}{\partial net_k} = \frac{\partial E}{\partial y_k} \frac{\partial y_k}{\partial net_k} = \frac{\partial E}{\partial y_k} \frac{d\left[f_{\text{sigmoid}}(net_k)\right]}{d(net_k)} \tag{10.12}$$

而

$$\frac{\partial E}{\partial y_k} = \frac{\partial\left[\frac{1}{2}\sum_{k=1}^{m}(d_k - y_k)^2\right]}{y_k} = -(d_k - y_k) \tag{10.13}$$

最终有

$$\frac{\partial net_k}{\partial w_{jk}} = \frac{\partial\left(\sum_{k=1}^{m} w_{jk} h_j\right)}{\partial w_{jk}} = h_j \tag{10.14}$$

适当调整求导过程中的系数，并不影响最终结果，可使结果系数为 1。将式（10.12）至式（10.14）代入式（10.10），可得隐含层到输出层的权值调整公式为

$$\Delta w_{jk} = -\eta \frac{\partial E}{\partial w_{jk}} = -\eta \frac{\partial E}{\partial net_k} \frac{\partial net_k}{\partial w_{jk}} = -\eta(d_k - y_k)\frac{d\left[f_{\text{sigmoid}}(net_k)\right]}{d(net_k)}h_j = -\eta \delta_k h_j \tag{10.15}$$

式中

$$\delta_k = (d_k - y_k)\frac{d\left[f_{\text{sigmoid}}(net_k)\right]}{d(net_k)} = (d_k - y_k)f'(net_k)$$

可以看作是隐含层到输出层的总的偏差。同理,输入层到隐含层的权值调整公式为

$$\Delta v_{ij} = -\eta \frac{\partial E}{\partial v_{ij}} = -\eta \frac{\partial E}{\partial \mathrm{net}_i} \frac{\partial \mathrm{net}_i}{\partial v_{ij}} = -\eta \sum_{k=1}^{m} (d_k - y_k) f'(\mathrm{net}_k) w_{jk} f'(\mathrm{net}_j) x_i = -\eta \delta' x_i$$

(10.16)

同样地,式中,$\delta' = f'(\mathrm{net}_i) \sum_{k=1}^{m} \delta_k w_{jk}$ 为输入层到隐含层的总的偏差,只不过此处的学习速率 η 与隐含层到输出层的学习速率不一定相同。

从上述过程可以看出,对于权值的修正量包含三部分:学习速率、输出偏差及当前层的输入,这说明权值的修正充分考虑到信息在传播过程中的误差积累。另外,还可以看出权值的修正方向是负梯度方向,这保证了在整个调整过程中误差是逐步减少的。

3. BP 神经网络的主要特点

① 较强的非线性映射能力:BP 神经网络实现了从输入到输出的非线性映射功能。已有相关的理论证明,三层 BP 神经网络几乎可以逼近任何非线性函数,对于模型机制不明朗的问题有很好的解决方案。

② 自适应和自学习能力:BP 神经网络在训练时采用最快下降法,通过误差的反向传播来进行权值、阈值调整,能够对输入、输出数据间的规律进行优化提取,具备自适应和自学习能力。

③ 较好的泛化和容错能力:与感知机相比,BP 神经网络的泛化能力有了很大提高。BP 神经网络在局部的神经元受到破坏后对整个神经网络工作的影响不大,体现了一定的容错能力。

10.3　卷积神经网络的图像识别

深度学习的概念来源于人工神经网络,在本质上是指一类对具有深层结构的神经网络进行有效训练的方法。根据 Bengio 的定义,深层神经网络由多层自适应非线性单元组成,即非线性模块的级联,在所有层次上都包含可训练的参数。理论上,深层神经网络和浅层神经网络的数学描述是相似的,都能够通过函数逼近表达数据的内在关系和本质特征。典型结构示例如图 10.8 和图 10.9所示。

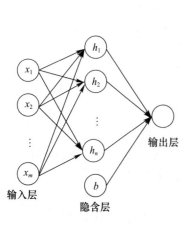

图 10.8　浅层神经网络结构示例

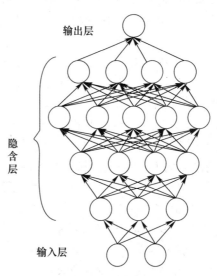

图 10.9　深层神经网络结构示例

常用的深度学习网络结构有堆栈自动编码器(Stacked Auto-Encoders,SAE)、深度信念网络(Deep Belief Networks,DBN)、卷积神经网络(Convolution Neural Networks,CNN)等,在图像识别领域,尤以 CNN 最为常用。CNN 最初是受视觉神经机制的启发为识别二维图形而设计的一个多层感知器,这种网络结构对平移、比例缩放、倾斜或者其他形式的变形具有高度不变性。相较于传统的图像处理算法,CNN 避免了对图像复杂的前期预处理过程,尤其是人工参与图像预处理过程,其结构的三个主要亮点如下所述。

(1)局部感受野

对于一般的深度神经网络,往往会把图像的每一个像素点连接到全连接层的每一个神经元中,而 CNN 则是把每一个隐藏节点只连接到图像的某个局部区域,从而减少训练参数的数量。例如,一幅 1024×720 像素的图像,使用 9×9 的感受野,则只需要 81 个权值参数。

(2)共享权值

在 CNN 的卷积层中,神经元对应的权值是相同的,由于权值相同,因此可以减少训练参数的数量。共享权值和偏置也被称作卷积核或滤波器。由于局部感受野的引入,虽然参数减少了很多,但其数量依然较多,通过权值共享可进一步减少参数数量。一个卷积层可以有多个不同的卷积核,而每一个卷积核都对应一个滤波后映射的新图像,即特征图,同一个特征图中的每一个像元都来自完全相同的卷积核,这就是卷积核的权值共享。

(3)池化

由于待处理的图像与卷积后的图像往往都比较大,而在实际过程中,没有必要对原图像进行分析,而最主要的是有效获得图像的特征,因此采用类似于图像压缩的思想,对图像进行卷积之后,通过下采样来调整图像的大小。

10.3.1　卷积神经网络基本结构

卷积神经网络主要的层级结构包括数据输入层、卷积计算层、ReLU 激励层、池化层与全连接层等。

1. 数据输入层

数据输入层主要是对原始图像数据进行预处理,其中包括:

① 去均值。把输入数据各个维度都中心化为 0,其目的就是把样本的中心拉回到坐标系原点上。

② 归一化。幅度归一化到同样的范围,即减少各维度数据取值范围的差异而带来的干扰,例如,现有两个维度的特征 A 和 B,A 的数据范围为 0~10,而 B 的数据范围为 0~10000,如果直接使用这两个特征是有问题的,必须进行归一化,即 A 和 B 的数据都变为 0~1。

③ PCA/白化。采用 PCA 降维;白化是对数据各个特征轴上的幅度归一化。

2. 卷积计算层

卷积计算层是卷积神经网络最重要的一个层次,也是"卷积神经网络"的名字来源。它对输入数据进行特征提取,其内部包含多个卷积核。卷积的过程就是让卷积核在输入图像上依次进行滑动,滑动方向为从左到右、从上到下;每滑动一次,卷积核与其滑窗位置对应的输入图像像元做一次点积计算,并得到一个数值。二维卷积计算如图 10.10 所示。

卷积计算中同时涉及步长的概念,步长指的是卷积核在输入图像上一次移动时需要移动的像元数,如步长为 1,卷积核每次移动 1 个像元,计算过程不会跳过任何一个像元。

3. ReLU 激励层

CNN 采用的激励函数一般为 ReLU(the Rectified Linear Unit,修正线性单元),如图 10.11 所示,它的特点是收敛快,求梯度简单,但较脆弱。如果失效,可使用 Leaky ReLU。

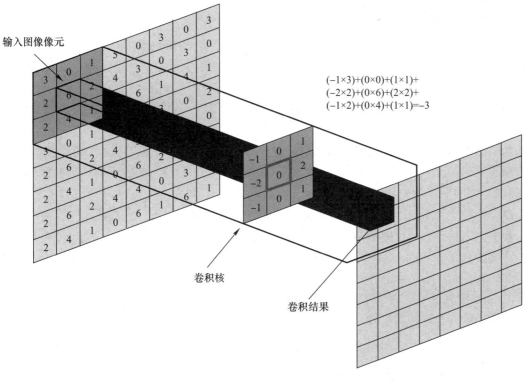

输入图像像元

$(-1 \times 3)+(0 \times 0)+(1 \times 1)+$
$(-2 \times 2)+(0 \times 6)+(2 \times 2)+$
$(-1 \times 2)+(0 \times 4)+(1 \times 1)=-3$

卷积核

卷积结果

图 10.10　二维卷积计算示意图

4. 池化层

通常在卷积神经网络的卷积层之后,会有一个池化层(Pooling),用于池化操作。池化层也被称作下采样层(Subsampling)。池化层可以大大降低特征的维度,减少计算量,同时可以避免过拟合问题。池化一般有两种方式:最大池化(Max Pooling)与平均池化(Mean Pooling)。池化层操作不改变模型的深度,以输入数据在深度上的切片作为输入,不断滑动窗口,取这些窗口的最大值为输出结果,减少空间尺寸。最大池化层的操作过程如图 10.12 所示。

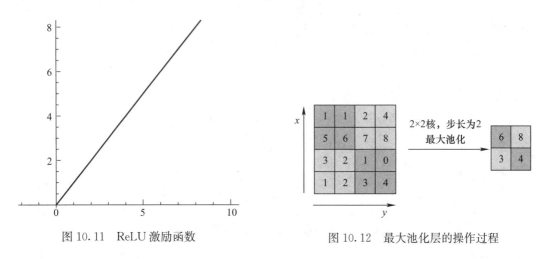

2×2核,步长为2
最大池化

图 10.11　ReLU 激励函数　　　　　　图 10.12　最大池化层的操作过程

5. 全连接层

两层之间所有神经元都有权值连接,通常全连接层在卷积神经网络的尾部,与传统的神经网络神经元的连接方式相同。

10.3.2 卷积神经网络训练

卷积神经网络本质上是一种输入到输出的映射，只要用已知的模式对卷积神经网络加以训练，网络就具有输入与输出之间的映射能力。卷积神经网络执行的是有监督训练，因此其样本集是由形如（输入向量，理想输出向量）的向量对构成的。开始训练前，所有的权值都应该用一些不同的小随机数进行初始化，用来保证网络不会因权值过大而进入饱和状态，从而导致训练失败。

ReLU激励层、池化层不需训练权值，一般地，将卷积计算层称为中间层。假设输入层、中间层和输出层的单元数分别为 N、L 和 M。$\boldsymbol{X}=(x_0,x_1,\cdots,x_N)$ 为加到网络的输入向量，$\boldsymbol{H}=(h_0,h_1,\cdots,h_L)$ 为中间层的输出向量，$\boldsymbol{Y}=(y_0,y_1,\cdots,y_M)$ 是网络的实际输出向量，$\boldsymbol{D}=(d_0,d_1,\cdots,d_M)$ 表示训练组中各模式的目标输出向量，输出单元 i 到中间层单元 j 的权值为 V_{ij}，而中间层单元 j 到输出层单元 k 的权值为 W_{jk}。另外，θ_k 和 φ_j 分别表示输出层单元和中间层单元的阈值。

中间层各单元的输出为

$$h_j = f\Big(\sum_{i=0}^{N-1} V_{ij}x_i + \varphi_j\Big) \tag{10.17}$$

而输出层各单元的输出为

$$y_k = f\Big(\sum_{j=0}^{L-1} W_{jk}h_j + \theta_k\Big) \tag{10.18}$$

其中 $f(\cdot)$ 是激励函数。在上述条件下，网络的训练过程如下：

① 选定训练组，从样本集中分别随机选取训练组。

② 将各权值 V_{ij}、W_{jk} 与阈值 θ_k、φ_j 置成接近于 0 的随机值，并初始化精度控制参数 ε 和学习速率 α。

③ 从训练组中取一个输入模式 $\boldsymbol{X}$ 输入网络，并给定它的目标输出向量 $\boldsymbol{D}$。

④ 利用式(10.17)计算中间层输出向量 $\boldsymbol{H}$，再根据式(10.18)计算网络的实际输出向量 $\boldsymbol{Y}$。

⑤ 将输出向量中的元素 y_k 与目标向量中的元素 d_k 进行比较，计算出 M 个输出误差项，即

$$\delta_k = (d_k - y_k)y_k(1-y_k) \tag{10.19}$$

对中间层的各单元也计算出 L 个误差项，即

$$\delta_j = h_j(1-h_j)\sum_{k=0}^{M-1}\delta_k W_{jk} \tag{10.20}$$

⑥ 依次计算出各权值的调整量：

$$\Delta W_{jk}(n) = (\alpha/(1+L)) \cdot (\Delta W_{jk}(n-1)+1) \cdot \delta_k \cdot h_j \tag{10.21}$$

$$\Delta V_{ij}(n) = (\alpha/(1+N)) \cdot (\Delta V_{ij}(n-1)+1) \cdot \delta_k \cdot h_j \tag{10.22}$$

和阈值的调整量：

$$\Delta \theta_k(n) = (\alpha/(1+L)) \cdot (\Delta \theta_k(n-1)+1) \cdot \delta_k \tag{10.23}$$

$$\Delta \varphi_j(n) = (\alpha/(1+L)) \cdot (\Delta \varphi_j(n-1)+1) \cdot \delta_j \tag{10.24}$$

⑦ 调整权值：

$$W_{jk}(n+1) = W_{jk}(n) + \Delta W_{jk}(n) \tag{10.25}$$

$$V_{ij}(n+1) = V_{ij}(n) + \Delta V_{ij}(n) \tag{10.26}$$

调整阈值：

$$\theta_k(n+1)=\theta_k(n)+\Delta\theta_k(n) \tag{10.27}$$

$$\varphi_j(n+1)=\varphi_j(n)+\Delta\varphi_j(n) \tag{10.28}$$

⑧ 当 k 每经历 $1\sim M$ 后，判断指标是否满足精度要求：$E<\varepsilon$，其中 E 是总误差函数，若不满足，则返回③，继续迭代。如果满足，进入下一步。

⑨ 训练结束，将权值和阈值保存在结构参数文件中。

10.3.3 典型卷积神经网络模型

1. LeNet-5 网络

LeNet-5 是一种典型的卷积神经网络，它主要用于手写字和印刷字识别，其结构如图 10.13 所示。

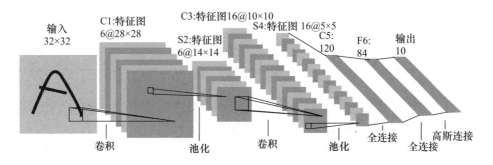

图 10.13　LeNet-5 网络结构

图 10.13 中，输入表示网络的输入层，S2 层为下采样层，C1、C3 层属于卷积计算层，S4 是一个下采样层，C5 是最后一个卷积计算层，F6 层为全连接层。

2. AlexNet 网络

AlexNet 网络共有 8 层，包含 5 个卷积计算层和 3 个全连接层。对于每一个卷积计算层，均包含ReLU激活函数和局部响应归一化处理。AlexNet 网络结构如图 10.14 所示。

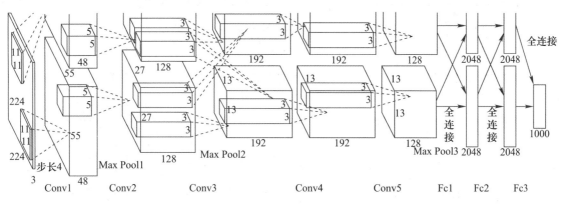

图 10.14　AlexNet 网络结构

AlexNet 网络有超过 6000 万个参数，各层参数量如表 10.1 所示。虽然 ILSVRC 比赛含有大量的训练数据，但仍很难完成如此庞大参数的完全训练，导致严重的过拟合。为了解决过拟合问题，AlexNet 网络巧妙地使用图像增强和随机舍弃(Dropout)两种方法。

表 10.1　AlexNet 各层参数量

序号	输入	操作层	卷积核	卷积核数量	步长	扩展
1	$[227 \times 227 \times 3]$	Conv1	$11 \times 11 \times 3$	96	4	0
2	$[55 \times 55 \times 96]$	Max Pool1	3×3		2	0
3	$[27 \times 27 \times 96]$	Norm1				
4	$[27 \times 27 \times 96]$	Conv2	$5 \times 5 \times 96$	256	1	2
5	$[13 \times 13 \times 256]$	Max Pool2				0
6	$[13 \times 13 \times 256]$	Norm2				
7	$[13 \times 13 \times 256]$	Conv3	$3 \times 3 \times 256$	384	1	1
8	$[13 \times 13 \times 384]$	Conv4	$3 \times 3 \times 384$	384	1	1
9	$[13 \times 13 \times 384]$	Conv5	$3 \times 3 \times 384$	256	1	1
10	$[13 \times 13 \times 256]$	Max Pool3	3×3		2	0
11	$[6 \times 6 \times 256]$	Fc1				
12	4096	Fc2				
13	4096	Fc3				

3. ResNet 网络

研究人员曾经习惯性地认为深度学习愈深(复杂,参数多),表达能力愈强,但后来发现深度 CNN 达到一定深度后,再一味地增加层数并不能带来分类性能的提高,反而会导致网络收敛变得更慢,测试集的分类准确率也变得更差。为此,ResNet 网络通过使用多个有参网络层来学习输入与输出之间的残差表示。残差块的基本结构如图 10.15 所示。

在普通的卷积过程中加入一个 x 的恒等映射(Identity Mapping),称为跳连接(Skip Connection 或 Shortcut Connection)。将输入设为 x,将某一有参网络层设为 H,那么以 x 为输入的该层的期望输出为 $H(x)$。残差学习单元通过 x 的引入,在输入、输出之间建立了一条直接的关联通道,从而使得强大的有参网络层集中精力学习输入、输出之间的残差。当输入、输出通道数相同时,可以直接使用 x 进行相加。而当它们之间的通道数目不同时,可通过使用 1×1 的卷积来表示 W_s 映射,从而使得最终输入与输出的通道达到一致。如图 10.16 所示。

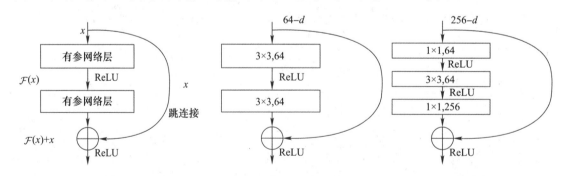

图 10.15　残差块的基本结构　　　　图 10.16　ResNet34 网络与 ResNet50/101/152 网络的残差块

*10.4　图像识别应用:手写数字识别

图像识别是人工智能领域的核心技术之一,近年来关键技术不断突破,在众多应用中取得了瞩目成就,正广泛应用于金融、城市治理、工业、农业、互联网等领域,典型场景包括人脸识别、视频监控分析、工业瑕疵检测、文字识别等。下面以手写数字识别为例介绍感知机和 BP 神经网络的具体实现。

10.4.1　感知机实现手写数字识别

本例采用的数据集为 MNIST 数据集,该数据集为手写体数字数据集,其主页和下载网址为:http://yann.lecun.com/exdb/mnist/。该数据集包括 70000 个手写数字 0~9 的图像,包含训练样本集和测试样本集两大部分,其中文件 Training set images:train-images-idx3-ubyte.gz (9.9MB)解压后 47MB,包含 60000 个样本;Training set labels:train-labels-idx1-ubyte.gz (29KB)解压后 60KB,包含 60000 个标签;Test set images:t10k-images-idx3-ubyte.gz(1.6MB) 解压后 7.8MB,包含 10000 个样本,Test set labels:t10k-labels-idx1-ubyte.gz(5KB)解压后 10KB,包含 10000 个标签。

参考代码如下:

```
%感知器算法手写数字识别 Perceptron.m
clear variables;clc;
%读取数据
load mnist_double.mat
test_labels=vec2ind(test_labels)-1;  %转换 one-hot 编码为字符数字
train_labels=vec2ind(train_labels)-1;
%设定样本数量
train_num=1000;
test_num=200;
%临时变量及各个感知器参数
j=1;
lr=0.01;%学习速率
epoch=10;%设定训练多少轮
number=[8,4];%要取的数字组合
```

%提取数据中标签为任意组合的样本,共计 200 个;由于数据本身打乱过,因此可以直接取 200 个而不考虑样本不均衡问题

```
for i=1:10000
if test_labels(i)==number(1)|| test_labels(i)==number(2)
data(:,:,j)=test_images(:,:,i);
label(j)=test_labels(i);  %取相应标签
j=j+1;
if j>train_num+ test_num
break;
end
end
end
```

%由于感知器输出结果仅为 0、1,因此要将标签进行转换;本程序中,由于 MATLAB 计算不等式相对容易,因此没有对样本进行规范化;由于没有进行规范化,后面更新权值 w 需要借助标签,因此标签需要置-1 和 1

```
for k=1:train_num+test_num
if label(k)==number(1)
label(k)=-1;
end
if label(k)==number(2)
```

```
label(k)=1;
end
end
data_=reshape(data,784,train_num+test_num);
data_=data_';
test_data=[data_(train_num+1:train_num+test_num,:),ones(test_num,1)];%这里对测试数据进
```
行增广变换
```
%训练权值
w=perceptionLearn(data_(1:train_num,:),label(1:train_num),lr,epoch);
%测试(预测)
for k=1:test_num
if test_data(k,:)*w'>0
result(k)=1;
else
result(k)=-1;
end
end
%输出预测的准确率
acc=0.;
for sample=1:test_num
if result(sample)==label(train_num+sample)
acc=acc+1;
end
end
fprintf('精度为:%5.2f%%\n',(acc/test_num)*100);
%perceptionLearn.m
```
%函数输入:数据(行向量),标签,学习速率,终止轮次;输出:训练得到的权值向量;训练方法:单样本修正,
学习速率(步长)采用了固定值
```
function[w]=perceptionLearn(x,y,learningRate,maxEpoch)
[rows,cols]=size(x);
x=[x,ones(rows,1)];%增广变换
w=zeros(1,cols+1);%同上
for epoch=1:maxEpoch%不可分情况下整体迭代轮次
flag=true;%标志位真,则训练完毕
for sample=1:rows
if sign(x(sample,:)*w')~=y(sample)%分类是否正确? 错误则更新权值
flag=false;
w=w+learningRate*y(sample)*x(sample,:);
end
end
if flag==true
break;
end
end
end
```
最后仿真结果精度为 98.00%。

10.4.2 BP 神经网络实现手写数字识别

本例采用的数据集包含 0~9 这 10 个数字的手写体，放在 10 个文件夹中，文件夹的名称对应存放手写数字图片的数字，每个数字 500 张，每张图片的像素统一为 28×28。手写数字示例如图 10.17 所示。

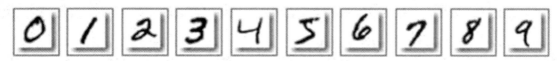

图 10.17　手写数字示例

程序实现的主函数可参考以下代码：

```matlab
%main.m
clc;
clear all;
close all;
%%读取图像
root='./data';
img=read_train(root);
%%提取特征,转成 5×7 的特征向量%
img_feature=feature_lattice(img);
%%构造标签
class=10;
numberpclass=500;
ann_label=zeros(class,numberpclass * class);
ann_data=img_feature;
for i=1:class
for j=numberpclass * (i- 1)+1:numberpclass * i
ann_label(i,j)=1;
end
end

%%选定训练集和测试集
k=rand(1,numberpclass * class);
[m,n]=sort(k);
ntraindata=4500;
ntestdata=500;
train_data=ann_data(:,n(1:ntraindata));
test_data=ann_data(:,n(ntraindata+1:numberpclass * class));
train_label=ann_label(:,n(1:ntraindata));
test_label=ann_label(:,n(ntraindata+1:numberpclass * class));
%%BP 神经网络创建,训练和测试
net=network_train(train_data,train_label);
predict_label=network_test(test_data,net);
%%正确率计算
```

```
[u,v]=find(test_label==1);
label=u′;
error=label-predict_label;
accuracy=size(find(error==0),2)/size(label,2)
%本次实验的预测精度为
accuracy=

    0.8340
```

网络训练过程如图 10.18 和图 10.19 所示。

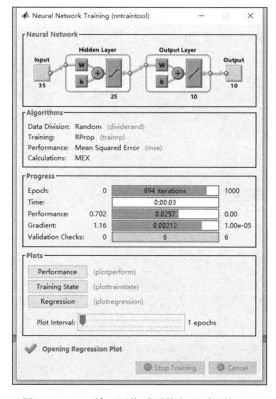

图 10.18　BP 神经网络手写数字识别训练过程

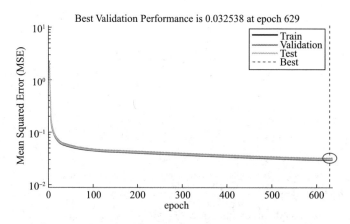

图 10.19　训练过程性能误差变化曲线

本 章 小 结

本章主要阐述了模式识别的概念、基本任务和主要方法等,详细描述了两种典型的统计模式识别实现方法和深度学习中的卷积神经网络原理,最后主要以字符图像识别为背景,通过示例展示了不同的实现过程。通过本章内容,读者应掌握模式识别,尤其是图像识别的基本原理与算法实现,并能够运用所学知识解决简单的识别任务。

思考与练习题

10.1　阐述模式识别和图像识别的含义。

10.2　概括分析感知机分类的实现过程。

10.3　分析感知器算法与感知机神经网络在结构和实现方面的差异。

10.4　画出 BP 神经网络算法流程图,并阐述在使用 BP 算法时必须注意的三个问题。

10.5　检索三种教材内容外的浅层神经网络模型,并分析其与 BP 神经网络的差异。

10.6　深度学习的动机在于模拟人的视觉信息分级处理,是一种基于无监督特征学习和特征层次结构的学习方法。阐述深度卷积神经网络的关键思想。

10.7　分析比较典型的 LeNet-5、AlexNet 与 ResNet 网络特性及在图像分类识别中的优缺点。

10.8　下载公开的猫狗数据集,至少选取一种卷积神经网络模型,编程实现猫狗分类。

拓 展 训 练

1. 查阅资料,检索图像识别中的常用公开数据集,了解各自的特点,并熟悉针对特定数据集开展网络训练与测试的基本过程。

2. 检索资料,了解深度学习中堆栈自编码和生成对抗网络的联系与区别。

*第11章 基于模型驱动法的图像处理综合应用

※**本章思维导图**

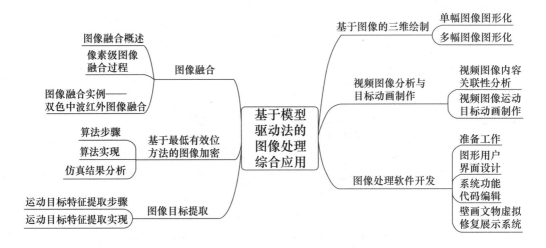

※**学习目标**

1. 能编程实现变换域图像融合。
2. 会给一幅图像增加水印。
3. 能对特定图像提取既定目标。
4. 初步学会进行图像图形化处理。
5. 能用 MATLAB 熟练进行动画制作和图像软件开发。

  正像 2020 年世界人工智能大会所反映的那样——"像"的增强、复原、分割、识别等已成为人工智能中发展最快、效果最显著的部分。尽管在前面的章节中,我们按照数字图像在实际应用中的大致流程分别学习了常用的数字图像处理方法,并且对每种方法都给出了相应的应用实例,但实际应用中往往需要综合使用多种方法才能解决问题,为此,本章再列举部分综合应用实例。这些实例主要来自作者的教学和科研实践,包括图像融合、图像加密、图像目标提取、图像图形化、动画和视频制作及软件系统开发,目的是通过本章的实例学习强化读者将图像处理的基本理论和基本技术应用于工程实践之中的能力。

11.1 图 像 融 合

11.1.1 图像融合概述

  图像融合(Image Fusion)是信息融合领域以图像为对象的融合,是对两个或两个以上的传感器在同一时间或不同时间获取的关于同一场景的图像或图像序列信息进行综合并生成一幅新图像的过程。目前,多源图像融合技术已成为计算机视觉、遥感探测、机器人、医学图像处理等研究领域的热点之一。

图像融合可分为像素级融合、特征级融合和决策级融合。像素级融合是按照某些融合规则，逐像素或逐区域地选择或合并原始图像的信息，形成一幅融合图像，是信息融合的最低层次。特征级融合是利用原始图像中提取出的某些特征如形状特征、运动特征等进行合并，是中间层次的信息融合。决策级融合是通过合并对原始图像的初步判决和决策形成最终的联合判决，是最高层次的信息融合。目前，图像融合研究主要集中于像素级融合。

11.1.2 像素级图像融合过程

像素级图像融合首先需要对原始图像进行严格的配准，然后依据既定的融合规则（如灰度值取大、加权平均）等进行逐像素或区域的合并。通常人们希望融合结果具有更丰富的信息，更容易提取角点、边缘等特征或者更适合人的视觉特性。总之，融合结果应该比原始图像更易于决策和解释。像素级图像融合的基本过程如图11.1所示。像素级图像融合的优点是可以尽可能多地保持原始信息，提供其他融合层次所不能提供的细微信息；缺点是处理的数据量大、时间长、实时性差，而且由于探测数据本身存在不确定性、不完全性和不稳定性，因此要求融合过程具有较高的降噪和纠错能力，对设备有较高的要求。

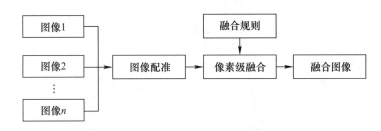

图 11.1 像素级图像融合的基本过程

进一步地，像素级图像融合一般分为空域和变换域两大类方法。在空域中，按照某些规则直接对像素或区域进行线性或非线性合并，主要采用亮度—色度—饱和度变换法、加权平均法、主成分分析法、独立成分分析法等。在变换域中，常用的是多尺度变换方法，如金字塔变换、离散小波变换（Discrete Wavelet Transform，DWT）、双树复小波变换（Dual Tree Complex Wavelet Transform，DTCWT）、非下采样轮廓波变换（Non-Subsampled Contourlet Transform，NSCT）、脊波变换（Ridgelet Transform，RT）、支持度变换（Support Value Transform，SVT）等。虽然不同多尺度变换方法各有其特点，但所有多尺度变换融合一般都按如下步骤进行：

① 把原始图像分别分解成一系列不同尺度的高频和低频成分；

② 依据特定的融合规则分别合并高频和低频成分（或叫系数），常用的融合规则是高频灰度值取大、低频灰度值加权平均；

③ 对合并后的高、低频系数进行相应的逆变换，形成融合图像。

常见的像素级图像融合方法、融合策略与差异特征之间的对应关系如表11.1所示。

表 11.1 像素级图像融合方法、融合策略与差异特征之间的对应关系

融合方法分类	融合单元	算法处理对象	融合策略	常用差异特征判断指标
基于空域的图像融合方法	像素点	单个像素点的灰度值	加权平均	灰度值
		用区域运算值替代单点像素值		标准差、能量、梯度
	分块	像素	取大、加权平均	

融合方法分类	融合单元	算法处理对象	融合策略	常用差异特征判断指标
基于变换域的图像融合方法	像素点	单个像素点的灰度值	加权平均	灰度值
	窗口	用窗口运算值替代单点像素值	取大、加权平均	标准差、能量、梯度
	区域	用区域运算值替代单点像素值		

11.1.3 图像融合实例——双色中波红外图像融合

1. 红外中波细分波段图像特征差异分析

按照大气窗口划分,红外中波段(Mid-Wave Infrared,MWIR)的波长一般为 $3\sim5~\mu m$。其中,在 $4.3~\mu m$ 左右存在一个 CO_2 吸收带,所以目标在中波段成像中 $4.3~\mu m$ 左右的辐射贡献很小。红外中波段的大气透过率曲线如图 11.2 所示。由于窄带成像效果更好,因此,在高性能探测系统中往往把红外中波段进一步划分成两个细分波段,如 $3.4\sim4.1~\mu m$、$4.5\sim5.3~\mu m$,为论述方便,前者称为"中波第一细分波段(MWIR1)",后者称为"中波第二细分波段(MWIR2)"。

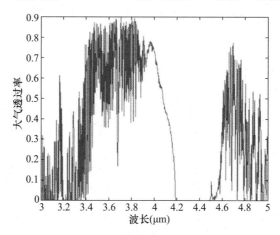

图 11.2 红外中波段的大气透过率曲线

两个中波细分波段成像在以下 3 个方面存在差异。

① 同一目标在两个细分波段的辐射出射度不同。根据普朗克定律,辐射出射度与波长有关,相同温度下,不同波长对应的辐射出射度不同。

② 两个细分波段的峰值波长对应的温度范围不同。根据维恩位移定律,以 $3.4\sim4.1~\mu m$（MWIR1)和 $4.5\sim5.3~\mu m$(MWIR2)为例,MWIR1 和 MWIR2 对应的黑体温度范围分别为966.3～724.8K 和 724.8～579.8K,最高、最低温度分别相差 241.5K 和 145.0K,前者范围宽,后者范围较窄。

③ 不同目标在两个细分波段的辐射出射度也不同。不同材料的光谱发射率不同,在相同温度和同一波长下,其辐射出射度是不同的。

从两个中波细分波段的特点可以得出,将中波段划分为更细的波段,不仅可以使成像波段更加精细,而且可以利用各个细分波段的特点来获得更好的成像效果。例如,在第一细分波段,利用太阳的照射,可以使一些自身中波辐射不太强的物体通过反射太阳辐射使其表面图像更清晰一些;在第二细分波段,大气透过率低,可以通过调整成像仪的工作动态范围,将这一波段的信号单独放大,更利于探测自身辐射物体的图像,如此之后,再通过图像融合技术获取比没有细分的中波段成像效果更好的图像。

2. 基于双树复小波的双色中波红外图像融合

小波变换是信号处理中广为采用的一种多尺度变换方法,但普遍认为由于"二抽取"带来的混叠缺陷导致小波变换存在两个问题:一是平移敏感性;二是方向缺乏性。为此,Kingsbury 等人利用两路离散小波变换的二叉树结构提出了双树复小波,如图 11.3 所示。其中 a 树为实部、b 树为虚部。采用这种方法只要保证两树的滤波器之间恰好有一个采样间隔的延迟,就能保证 b 树中第一层抽取的正好是 a 树中取丢的采样值。后面各层依次类推。

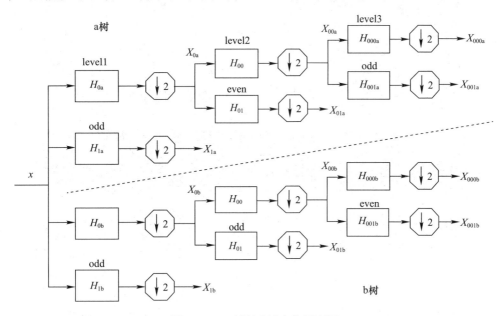

图 11.3　双树复小波变换原理图

(1) 融合原理和步骤

首先利用双树复小波对已经配准好的原始图像分别进行多尺度分解,其次,根据已经建立的两个细分波段图像特征差异和融合方法的映射关系,在子图像上选择融合单元。然后,对高频子图像选用"取大"策略,对低频子图像采用"加权平均"策略。融合框图如图 11.4 所示。

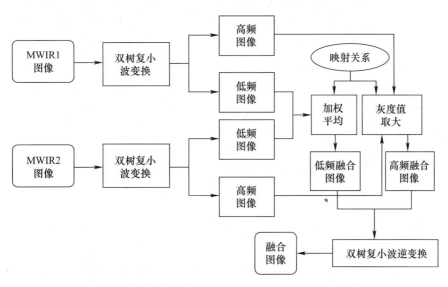

图 11.4　双色中波红外图像基于双树复小波变换的融合框图

(2) 实验结果与分析

图 11.5 所示是两组双色中波红外图像及其融合结果。取分解层数为 3。根据低频 MWIR2 更有优势的特点，加权平均中，MWIR1 的权值取 0.2，MWIR2 的权值取 0.8。下面主要以图 11.5(a)、(b)、(c) 为例进行分析。

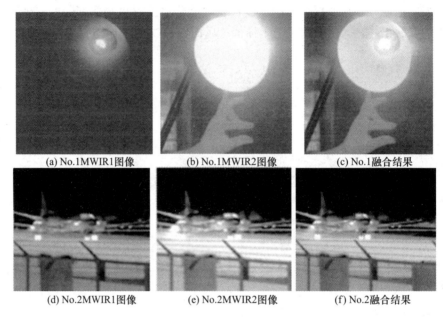

(a) No.1MWIR1图像　　　(b) No.1MWIR2图像　　　(c) No.1融合结果

(d) No.2MWIR1图像　　　(e) No.2MWIR2图像　　　(f) No.2融合结果

图 11.5　双色中波红外图像融合结果

① 主观评价。主观上看，图 11.5(a) 中灯泡和灯罩的边缘比图 11.5(b) 清楚，图 11.5(b) 则较为清楚地显示了人手、木杆和隐约可见的窗户，二者的其他背景信息和整体亮度相近。与图 11.5(a)、(b) 相比，图 11.5(c) 的整体亮度比较高，且灯芯发热导致的饱和区、光晕更为清楚，同时，窗户、斜杆、人手、灯罩的边缘都更清楚一些。

图 11.5(d) 的跑道不如图 11.5(e) 亮，但飞机的滑轮和灯更清楚一些。与图 11.5(d)、(e) 相比，图 11.5(f) 的机翼、螺旋桨、滑轮和跑道等更清楚。

② 客观评价。局部标准差、熵、局部粗糙度的值越大，说明图像的细节信息越丰富。图像平均梯度越大，说明图像的边缘信息越好。图像平均结构相似度越大，说明从原始图像中提取的信息越多。不同指标可以从不同侧面说明图像的质量，因此这里选用 6 项指标来对融合结果进行衡量，见表 11.2。图像融合中对融合结果的客观评价一般采用相对评价的方法，即与其他已有方法的融合结果进行比较。表 11.2 中将本节方法融合结果与融合效果较好的、基于小波包和支持度变换(SVT)的图像融合法进行了比较。

表 11.2　图 11.5 的客观评价指标值

原始图像	融合方法	平均梯度	熵	局部标准差	局部粗糙度	平均结构相似度
No.1	小波包融合结果	2.3131	6.3718	4.2670	4.0974	0.9027
	SVT 融合结果	2.2078	6.3507	4.1635	4.2298	0.9036
	本节方法的融合结果	2.4480	6.8533	4.8818	4.4736	0.9773
No.2	小波包融合结果	3.5445	8.5913	10.0765	14.0434	0.9623
	SVT 融合结果	3.4745	8.5726	10.5378	14.5640	0.9124
	本节方法的融合结果	3.6633	8.5764	11.3756	15.4384	0.9475

图像融合可以提高图像信息的利用率,改善计算机解析精度和可靠性,提升原始图像的空间分辨率和光谱分辨率。通过本节内容的学习,读者应能够掌握图像融合的基本思想、基本过程和评价方法。

11.2　基于最低有效位方法的图像加密

随着现代通信技术和多媒体技术的飞速发展,数字化多媒体信息产品的传播和交易变得越来越便捷。在网络传输逐渐成为人们信息交流的重要手段的同时,信息安全问题也日益显露出来。信息隐藏技术能比较好地解决传统密码技术的一些问题,如数字水印技术既能保护多媒体信息的版权,又能保证多媒体信息的安全使用。对于一个有实用价值的水印系统而言,如何提高水印信息的安全性,以及解决水印的透明性与鲁棒性之间的矛盾是两个最为关键的问题。

以图像作为载体的数字水印技术是当前水印技术研究的重点之一,它激发了众多研究人员和学者的研究兴趣。对图像水印的研究可以根据水印嵌入时对载体图像采取的变换形式进行分类:如果水印嵌入是在空域进行的,称其为空域水印技术;如果水印嵌入是在变换域进行的,则称其为变换域水印技术。

11.2.1　算法步骤

最低有效位方法(Least Significant Bit,LSB)是一种典型的空域数据隐藏方法。就图像数据而言,一幅图像的每个像素都是以多比特方式构成的,在灰度图像中,每个像素通常为 8 位。在真彩色图像中,每个像素为 24 位,其中 R、G、B 三色各为 8 位,每一位的取值为 0 或 1。把整个图像分解为 8 个位平面,从 LSB(最低有效位 0)到 MSB(最高有效位 7)。

从位平面的分布来看,随着位平面从低位到高位(从位平面 0 到位平面 7)变化,位平面图像的特征逐渐变得复杂,细节不断增加。到了比较低的位平面时,单纯从一个位平面上已经逐渐不能看出测试图像的信息了。由于低位所代表的能量很少,改变低位对图像的质量没有太大的影响。LSB 方法正是利用这一点在图像低位嵌入水印信息的。

嵌入水印的步骤为:

① 读取载体图像和隐密信息,将载体图像的每个像素点的像素值都转换成 8 位二进制数。

② 将所得到的二进制数矩阵进行压缩,然后把二值水印信息嵌入压缩后空出的最低位,或者直接与 8 位二进制数的最低位进行替换。假设待嵌入二进制水印信息序列为{0,1,1,0,0,0,1,0,0},构成新的位平面,如图 11.6 所示。

图 11.6　用二值水印信息替换载体数据的最低有效位

这个替换过程可以描述为

$$S_{i,j}=\begin{cases}X_{i,j}+W_{i,j} & X_{i,j}\text{为偶数}\\ X_{i,j}+W_{i,j}-1 & X_{i,j}\text{为奇数}\end{cases} \tag{11.1}$$

其中,$X_{i,j}$ 为载体图像第 i 行、第 j 列像素点的像素值;$W_{i,j}$ 为待嵌入的二值水印。载体图像和待嵌入图像都是彩色 BMP 格式,大小为 256×256 像素。彩色水印图像嵌入首先要进行彩色图像的二值化转换。

③ 以 8 位二进制数作为位平面分布高度,分解成 8 个位平面。将最低位或第 2 个位平面置零,替换为二值化水印,重新构成 8 个新的位平面,实现水印在图像位平面的嵌入。把新的 8 位二进制数转换为图像像素的十进制数,得到水印图像。

11.2.2 算法实现

LSB 水印嵌入算法的代码如下：

```
%LSB 水印嵌入算法
clear all;
%读取载体图像
file_name='image1.bmp';
[cover_object,map]=imread(file_name);
%读取隐密信息
file_name='key.bmp';
[message,map1]=imread(file_name);
message1=message;
message=double(message);
message=fix(message./2);
message=uint8(message);
%确定载体图像大小
Mc=size(cover_object,1);
Nc=size(cover_object,2);
%确定隐密信息大小
Mm=size(message,1);
Nm=size(message,2);
%利用隐密信息生成载体图像大小的水印信息
for i=1:Mc
for j=1:Nc
watermark(i,j)=message(mod(i,Mm)+1,mod(j,Nm)+1);
end
end
watermarked_image=cover_object;
%将水印信息嵌入载体图像
for i=1:Mc
for j=1:Nc
watermarked_image(i,j)=bitset(watermarked_image(i,j),1,watermark(i,j));%"1"代表位面 0
end
end
imwrite(watermarked_image,'lsb_watermarked.bmp','bmp');
%计算载体图像与水印图像的相似度
psnr=psnr(cover_object,watermarked_image);
figure(1);
imshow(watermarked_image,[]);
title('Watermarked Image');
figure(2);
imshow(cover_object,[]);
title('original image');
%,,,,,,,,,,,,,,,,,,,LSB 水印提取算法,,,,,,,,,,,,,,,,,,,
clear all;
```

```
watermarked_image=imread('lsb_watermarked.bmp');
%水印图像的大小
Mw=size(watermarked_image,1);
Nw=size(watermarked_image,2);
%水印信息提取过程
for i=1:Mw
for j=1:Nw
watermark(i,j)=bitget(watermarked_image(i,j),1);%"1"代表位面 0
end
end
watermark=2 * double(watermark);
imshow(watermark,[]);
title('Recovered Watermark');
```

11.2.3　仿真结果分析

设传输的隐密信息如图 11.7 所示。由隐密信息生成载体图像大小的水印图像,如图 11.8 所示。将水印图像加到各个位平面后得到的结果如图 11.9 所示。

图 11.7　隐密信息

图 11.8　水印图像

(a) 位平面7　　(b) 位平面6　　(c) 位平面5　　(d) 位平面4

(e) 位平面3　　(f) 位平面2　　(g) 位平面1　　(h) 位平面0

图 11.9　水印图像嵌入不同位平面的结果

图 11.9 所示各幅图像与原始图像的相似度如表 11.3 所示。

表 11.3 水印图像与原始图像的相似度

水印位置	相似度	水印位置	相似度
位平面 7	7.9143	位平面 3	32.9961
位平面 6	14.1421	位平面 2	39.2718
位平面 5	21.4512	位平面 1	45.0400
位平面 4	26.8645	位平面 0	51.2045

从表 11.3 可以看出,将水印信息嵌入位平面 0,即 LSB 平面所得到的图像与原始图像最相似,图像几乎看不到失真,而使用位平面 7,即 MSB 平面时图像失真最大。由于 LSB 平面携带着水印,因此在嵌入水印图像没有产生失真的情况下,水印的恢复很简单,只需要提取含水印图像 LSB 平面即可,而且这种方法是盲水印算法。但是 LSB 水印嵌入算法最大的缺陷是对信号处理和恶意攻击的鲁棒性很差,对含水印图像进行简单的滤波、加噪等处理后,就无法进行水印的正确提取。对图 11.9 中的水印嵌入 LSB 后得到的图像进行滤波和几何攻击,获得如图 11.10 所示图像。

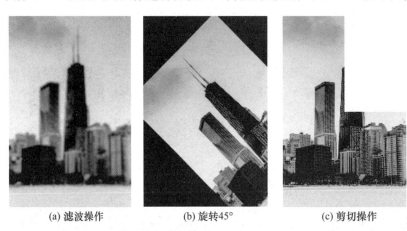

(a) 滤波操作　　　　　　(b) 旋转45°　　　　　　(c) 剪切操作

图 11.10　滤波和几何攻击的水印图像

从图 11.11 所示的结果可以看出,LSB 水印嵌入算法对于滤波和部分几何攻击的抵抗性不是很好,水印图像不很清晰。尽管如此,由于 LSB 方法实现简单,隐藏量比较大,以 LSB 方法为原型,产生了一些变形的 LSB 方法,目前互联网上公开的图像信息隐藏软件大多使用这些方法。

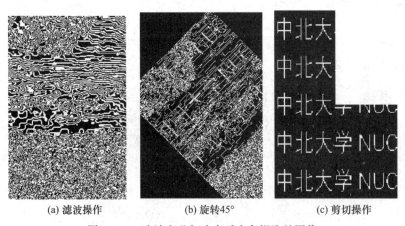

(a) 滤波操作　　　　　　(b) 旋转45°　　　　　　(c) 剪切操作

图 11.11　滤波和几何攻击后水印提取的图像

11.3　图像目标提取

图像中的目标提取或目标检测常被视为图像增强和图像分割的复合问题,其研究难点在于低信噪比和强干扰。图像目标检测可分为单帧图像目标检测和多帧图像目标检测两大类。单帧图像目标检测往往假设局部背景变化较小,局部像素高度相关,而目标被视为打破这种局部相关性的像素。通常先利用图像增强技术拉大目标与背景的对比度,再利用局部对比度测量(Local Contrast Measure,LCM)、多尺度绝对平均灰度差(Multi-Scale Absolute Average Gray Difference,MSAAGD)、自适应顶帽变换(Adaptive Top-Hat Filter,ATH)、多尺度灰度差加权图像熵等检测目标。多帧图像目标检测主要利用图像序列中的时间和空间信息,依据目标的运动特性或两帧灰度值差的绝对值,通过阈值判定移动的目标。目前,目标检测技术已广泛应用于各行各业。

常用的运动目标检测算法有三种,即光流法、帧间差分法和背景差分法。背景差分法虽然对外界天气条件、光线条件等的变化较敏感,但它能够提取较完整的运动目标信息。这里我们采用背景差分法检测运动目标。背景差分法的关键是提取背景图像,对于摄像机固定不变的情况,背景也是静态的(基本不变)。如果第一帧中没有运动目标,就把第一帧作为背景,否则需要根据若干帧建立背景模型;同时由于光线、天气等变化,需要更新背景,然后对包含运动目标的帧图像与背景图像进行差分运算,再进行二值化和形态学处理得到运动目标区域。

11.3.1　运动目标特征提取步骤

1. 读取视频文件

```
disp('input video');              %显示提示信息
video=VideoReader('video1.avi');  %获取视频文件
get(video)                        %获取视频信息
disp('output video')             %显示提示信息
implay('video1.avi');            %播放视频
detecting(video);                %调用运动目标检测函数
```

这里使用 get 函数获取视频文件的更多信息,如视频持续时间、帧率、帧数、高度、宽度、视频格式、像素深度等;使用 implay 函数播放视频。

2. 运动目标检测

运动目标检测的步骤如下:

① 取第一帧作为背景帧(假定第一帧不含运动目标),并将其转换成灰度图像;
② 取出当前帧(实例中的视频共 808 帧,取第 400 帧为当前帧);
③ 计算当前帧与背景帧之差,得到差分图像;
④ 对差分图像进行二值化;
⑤ 对二值化后的图像的各个连通区域做标记;
⑥ 计算各个区域的面积;
⑦ 保留面积大于某个阈值的区域(实例中取阈值为 800 像素);
⑧ 以半径为 5 像素的圆形结构元素对连续做 3 次膨胀、腐蚀操作,得到运动目标。

11.3.2　运动目标特征提取实现

运动目标特征提取的实现如下:

```
background=rgb2gray(read(video,1));              %将第 1 帧作为背景帧
choosedframe=rgb2gray(read(video,400));          %取第 400 帧为当前帧
dtarget=abs(background-choosedframe);            %计算差分
bw=im2bw(dtarget,0.1);                           %差分图像二值化
cc=bwlabel(bw);                                  %对二值图像做连通区域标记
stats=regionprops(cc,'Area');                    %计算各区域的面积
idx=find([stats.Area]>800);                      %取面积大于 800 像素的区域
bw2=ismember(cc,idx);                            %判断 cc 中的元素有无在 idx 中出现
se=strel('disk',5);                              %取半径为 5 的圆形结构元素
bw3=bw2;
for i=1:3
bw3=imdilate(bw3,se);                            %用结构元素对区域进行 3 次膨胀
bw3=imerode(bw3,se);                             %用结构元素对区域进行 3 次腐蚀
end
figure,imshow(read(video,1));                    %显示背景帧
figure,imshow(read(video,400));                  %显示当前帧
figure,imshow(dtarget);                          %显示差分图像
figure,imshow(bw);                               %显示二值化后的图像
figure,imshow(bw2);                              %显示去除小目标后的区域
figure,imshow(bw3);                              %显示 3 次膨胀、腐蚀后的结果
```

结果如图 11.12 所示。

 (a) 背景帧　　　　(b) 当前帧　　　　(c) 差分图像　　(d) 二值化图像　(e) 去除小面积结果　(f) 最后结果

图 11.12　运动目标特征提取

还可以进一步计算目标区域特征：

```
dd=bwlabel(bw3);                                 %对处理后的图像做连通区域标记
stats2=regionprops(dd,'Area','Centroid');        %计算目标区域特征
stats2.Area                                      %显示目标区域面积
stats2.Centroid                                  %显示目标区域重心坐标
```

对得到的运动目标区域计算特征，得到其面积为 296 91，重心坐标为 (478.5879,230.4138)。

11.4　基于图像的三维绘制

对不规则物体建模，最直接的方法就是把图像转化为图形。图像转化为二维图形比较容易，但从图像中提取信息，建立三维模型的难度比较大，不过，目前也取得了一些进展。

11.4.1　单幅图像图形化

把二维图像的两个下标作为空间中的二维，灰度值作为空间中的一维。单幅图像图形化的

实现如下：

```
close all;clc;
A=imread('1.jpg');
A1=rgb2gray(A);
A1=imcrop(A,[100,0,240,200]);
s=size(A1);subplot(131);imshow(A1);subplot(132)%从图像中提取三维图像数据
for i=1:2:s(1)
for j=1:2:s(2)
plot3(i,j,A1(i,j));
hold on
end
end
view([80,70])
```

结果如图 11.13 所示。

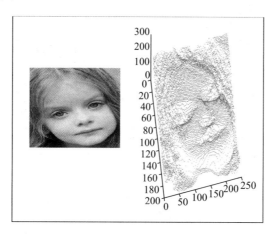

图 11.13　单幅图像图形化结果

11.4.2　多幅图像图形化

把每幅图像当作平面位置 (x,y) 上有一高度值 z，根据混沌理论，把各个图像转化为三维单位区域上的函数，然后使用多个图像依次穿插迭代，可以重构图像。具体方法如下。

首先，随机选取一些图像，例如选取 6 幅图像。多幅图像图形化关键代码如下：

```
%读入图像
a=imread('river.png');  b=imread('face.jpg');  c=imread('000001.jpg');
d=imread('image5.jpg');  e=imread('girl.jpg');  f=imread('image1.jpg');
%转换为单通道图像
a001=a(:,:,3);  a002=b(:,:,3);  a003=c(:,:,1);
a004=d(:,:,3);  a005=e(:,:,3);  a006=f(:,:,1);
%把所有图像都化为 256×256 大小
a01=imresize(a001,[256,256]);
a02=imresize(a002,[256,256]);
a03=imresize(a003,[256,256]);
a04=imresize(a004,[256,256]);
a05=imresize(a005,[256,256]);
```

```
a06=imresize(a006,[256,256]);
%调整动态范围
k1=[0,1];
k2=[0,1];
k3=[0,1];
k4=[0,1];
k5=[0,1];
k6=[0,1];
a1=imadjust(a01,k1,[0,1]);
a2=imadjust(a02,k2,[0,1]);
a3=imadjust(a03,k3,[0,1]);
a4=imadjust(a04,k4,[0,1]);
a5=imadjust(a05,k5,[0,1]);
a6=imadjust(a06,k6,[0,1]);
x1=10;y1=20;x2=15;y2=200;x3=100;y3=70;
x4=10;y4=20;x5=10;y5=200;x6=100;y6=70;
for i=1:256* 256* 32          %迭代次数多一些,得到的图像就清晰一些
z1=a1(x1,y1);z2=a2(x2,y2);   z3=a3(x3,y3);       %将 a1,a2,a3 的颜色值赋出
z4=a4(x4,y4);z5=a5(x5,y5);   z6=a6(x6,y6);
ZZ1(x1,y1)=z1;   ZZ2(x2,y2)=z2;   ZZ3(x3,y3)=z3;       %把颜色值分别存到各个数组里
ZZ4(x4,y4)=z4;   ZZ5(x5,y5)=z5;   ZZ6(x6,y6)=z6;
if(z1==0)                           %z1~z6 为 0,会使迭代陷入某个小区域
z1=1;
end
if(z2==0)
z2=1;
end
if(z3==0)
z3=1;
end
if(z4==0)
z4=1;
end
if(z5==0)
z5=1;
end
if(z6==0)
z6=1;
end
x1=y1;y1=z2;       %串动像素的位置,把第 2 个图像的函数值给第 1 个图像作为下标,下面依次类推
x2=y2;y2=z3;
x3=y3;y3=z4;
x4=y4;y4=z5;
x5=y5;y5=z6;
x6=y6;y6=z1;
```

```
end
subplot(2,3,1);imshow(ZZ1);
subplot(2,3,2);imshow(ZZ2);
subplot(2,3,3);imshow(ZZ3);
subplot(2,3,4);imshow(ZZ4);
subplot(2,3,5);imshow(ZZ5);
subplot(2,3,6);imshow(ZZ6);
```
程序运行后的结果如图 11.14 所示。

图 11.14 迭代重构后的图像

在重构的过程中,利用了图像本质上是一个三维空间图形的特性。这种方法得到的序列可用于图像加密等。

11.5 视频图像分析与目标动画制作

视频图像是由一帧帧具有关联的图像构成的,这里的视频图像主要取自电影、电视剧、新闻、体育、娱乐及动漫产品等。

11.5.1 视频图像内容关联性分析

通常视频图像在内容上有关联,这种关联可体现在序列图像的颜色直方图等方面。
```
for i =1:9
k=int2str(i);                %把 i 从整型变为字符型
k1=strcat('basketball\',k,'.jpg');%把两个字串 basketball\与.jpg 中间的 k 值连接起来,以便调
用序列图像文件
disp(k1);%输出字符串
B(i,:,:,:)=imread(k1);%最终 B 数组中存放了 9 幅图像
subplot(3,3,i);
C(:,:,:)=B(i,:,:,:);
imshow(C);
end
figure;
for i =1:9
subplot(3,3,i);
```

```
D(:,:,:)=B(i,:,:,:);
E(:,:)=D(:,:,2);
imhist(E);
end
```

结果如图 11.15 所示。对应的直方图如图 11.16 所示,可以看出直方图很相近。

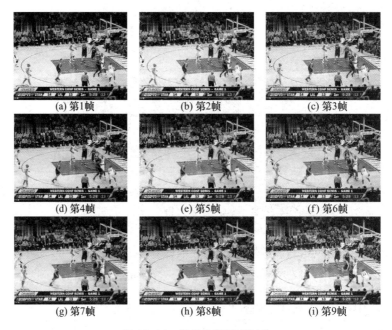

图 11.15　篮球比赛序列图像

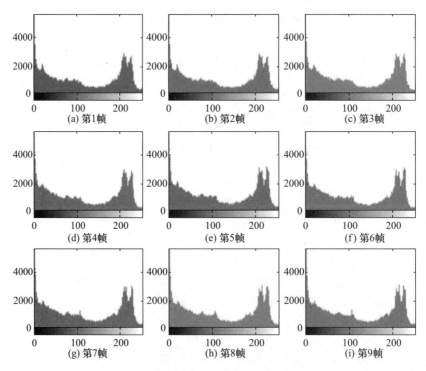

图 11.16　篮球比赛中序列图像的直方图

11.5.2 视频图像运动目标动画制作

因为序列图像一般相邻帧之间具有内容上的相关性,所以把序列图像作差就可以提取到运动目标,具体实现方法如下:

```
for i=1:9
k=int2str(i);
k1=strcat('basketball\',k,'.jpg');
B(i,:,:,:)=imread(k1);
end
for i=1:8
C(:,:,:)=B(i+1,:,:,:)- B(i,:,:,:);
imshow(C);
pause(0.1);
end
```

序列图像的差如图 11.17 所示。利用 pause(0.1)使得输出连续,呈现动画形式,如果每秒不少于 25 帧,即为一个流畅的视频。

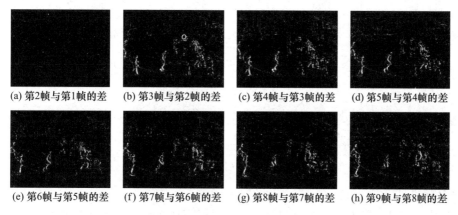

(a) 第2帧与第1帧的差 (b) 第3帧与第2帧的差 (c) 第4帧与第3帧的差 (d) 第5帧与第4帧的差

(e) 第6帧与第5帧的差 (f) 第7帧与第6帧的差 (g) 第8帧与第7帧的差 (h) 第9帧与第8帧的差

图 11.17 篮球比赛序列图像的差

11.6 图像处理软件开发

在提出图像处理算法并编程实现后,通常还需要集成为一个软件系统,才方便在某项工作中使用,本节介绍使用 MATLAB 开发简单的软件系统。

11.6.1 准备工作

在做完系统设计(这部分内容可以参阅软件工程方面的相关书籍)后,和其他软件系统开发一样,基于 MATLAB 的软件开发也需要先把各个模块的代码准备好。这里假定我们在前面的学习中已经开发出并调试好具备工程项目所需的若干功能的图像处理程序,如图像增强、图像复原、图像分割等,接下来需要做的工作:一是把代码按模块合并好;二是把每个模块的程序一一改为函数。

对一个模块 IMMODEL1 而言,把程序改为函数的关键语句是放在代码开始的 function 语句,其格式是:function 输出变量=函数名称(输入变量),这里输出变量和函数名称必须符合 MATLAB 规则,例如,不可以与系统变量重名,最好是英文字母,同时考虑可读性。例如,建立一个函数 myIMMODEL1：

```
function y=myIMMODEL1(a,b)
y=a+b;
```

保存为一个 m 文件 myIMMODEL1.m。调用方式为：

```
num=myIMMODEL1(1,2);
```

这样就可以由函数中的 y＝a＋b 得到 num 的值为 3。

11.6.2　图形用户界面设计

MATLAB 为图形用户界面(Graphical User Interface,GUI)开发提供了一个方便高效的集成开发环境 GUIDE。GUIDE 是一个界面设计工具集,提供了系统界面的外观、属性和回调函数等。GUIDE 将用户保存好的 GUI 界面保存在一个 FIG 资源文件中,同时还能够产生包含 GUI 初始化和组件界面布局控制代码的 m 文件。

1. 启动 GUIDE

用户在 MATLAB 命令窗口输入 guide,弹出 GUIDE 的快速启动窗口,如图 11.18 所示。

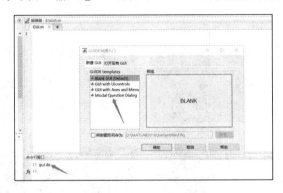

图 11.18　启动 GUIDE

2. 创建新的 GUI

创建新的 GUI 时,有 4 个模板可以选择:Blank GUI(Default),系统默认为空白模板;GUI with Uicontrols,带有 Uicontrols 对象的模板;GUI with Axes and Menu,带有坐标轴和菜单的模板;Modal Question Dialog,带有问答式对话框的模板。

通常选择 Blank GUI(Default),即系统默认的空白模板,单击"确定"按钮,弹出如图 11.19 所示窗口。

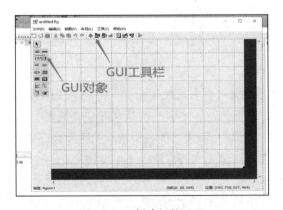

图 11.19　创建新的 GUI

3. 系统功能界面设计

（1）静态文本框创建。单击"静态文本"按钮,按需要添加静态文本框,放置系统标题和功能模块名称,如图 11.20 所示。

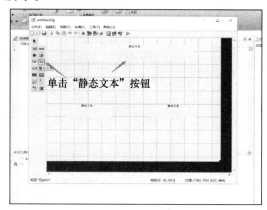

图 11.20　静态文本框创建

（2）静态文本框设置。右击静态文本框,选择"属性检查器"选项,可以对文本框的各种参数进行修改。将字号设置为 16,文本框内容改为 RGB2Gray,如图 11.21 所示。更改完成后,一定要单击回车键,才能保存成功,其余文本框操作类似。

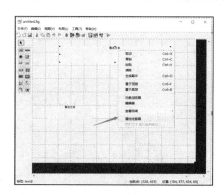
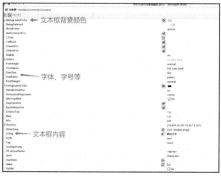

图 11.21　静态文本框设置

（3）创建画布。单击"坐标轴"按钮,添加相同大小的两个画布,用于显示图片。如图 11.22 所示。

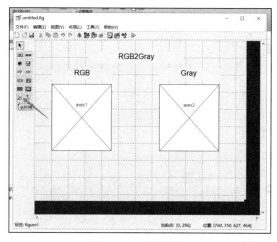

图 11.22　创建画布

（4）创建按钮。单击"按钮"按钮，添加系统按钮，参数修改方式与静态文本框相同。如图 11.23 所示。

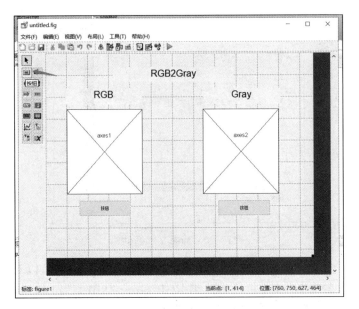

图 11.23　创建按钮

（5）单击"运行"按钮，可以预览界面效果。如图 11.24 所示。

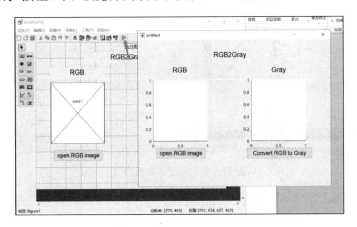

图 11.24　预览效果

11.6.3　系统代码编辑

在单击"运行"按钮生成的 m 文件里对系统代码进行编辑。

1. 变量初始化

系统中变量及图形界面的元素都在 handles 句柄结构体中，因此需在 handles 中加变量属性，如图 11.25 所示为对变量进行初始化。

2. 按钮制作及显示

① 按钮 1 即 pushbutton1 的运行代码。首先选择图像文件，然后判断是否选择图像，若是，则将图像信息赋值给 imgdata，并在 axes1 中进行显示，最后将图像信息保存到 handles 结构体中并对结构体进行更新，否则弹出错误对话框。如图 11.26 所示。

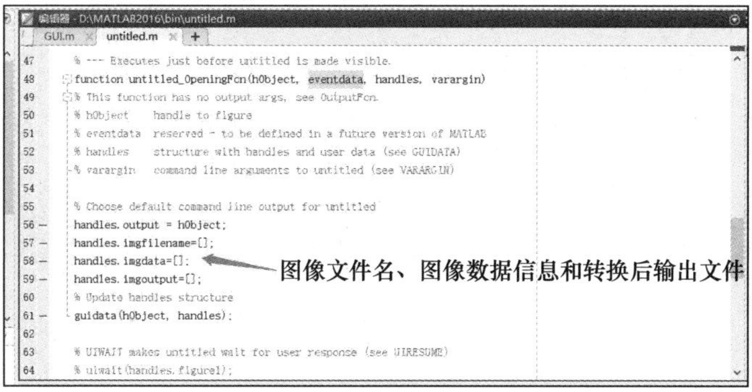

```
编辑器 - D:\MATLAB2016\bin\untitled.m
GUI.m  untitled.m  +

% --- Executes just before untitled is made visible.
function untitled_OpeningFcn(hObject, eventdata, handles, varargin)
% This function has no output args, see OutputFcn.
% hObject    handle to figure
% eventdata  reserved - to be defined in a future version of MATLAB
% handles    structure with handles and user data (see GUIDATA)
% varargin   command line arguments to untitled (see VARARGIN)

% Choose default command line output for untitled
handles.output = hObject;
handles.imgfilename=[];
handles.imgdata=[];
handles.imgoutput=[];
% Update handles structure
guidata(hObject, handles);

% UIWAIT makes untitled wait for user response (see UIRESUME)
% uiwait(handles.figure1);
```


图 11.25　变量初始化

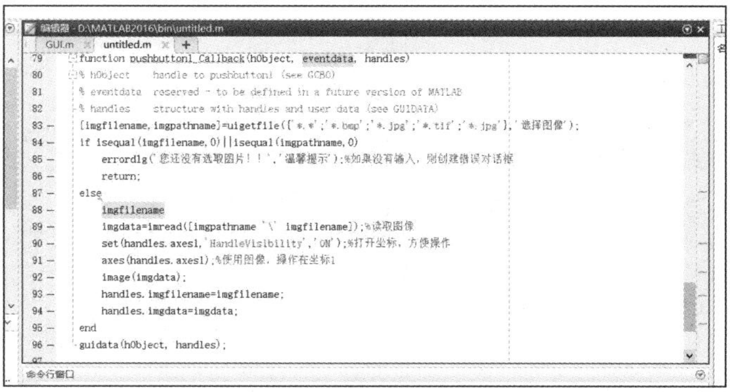

```
编辑器 - D:\MATLAB2016\bin\untitled.m
GUI.m  untitled.m  +

function pushbutton1_Callback(hObject, eventdata, handles)
% hObject    handle to pushbutton1 (see GCBO)
% eventdata  reserved - to be defined in a future version of MATLAB
% handles    structure with handles and user data (see GUIDATA)
[imgfilename,imgpathname]=uigetfile({'*.*';'*.bmp';'*.jpg';'*.tif';'*.jpg'},'选择图像');
if isequal(imgfilename,0)||isequal(imgpathname,0)
    errordlg('您还没有选取图片！！','温馨提示');%如果没有输入，则创建错误对话框
    return;
else
    imgfilename
    imgdata=imread([imgpathname '\' imgfilename]);%读取图像
    set(handles.axes1,'HandleVisibility','ON');%打开坐标，方便操作
    axes(handles.axes1);%使用图像，操作在坐标1
    image(imgdata);
    handles.imgfilename=imgfilename;
    handles.imgdata=imgdata;
end
guidata(hObject, handles);
命令行窗口
```

图 11.26　按钮 1 制作

② 按钮 2 即 pushbutton2 的运行代码。对选择的图像进行灰度化处理，并在 axes2 中进行显示。如图 11.27 所示。

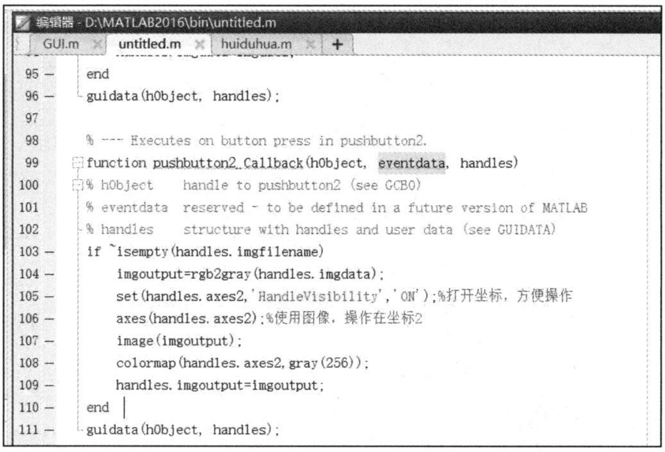

```
编辑器 - D:\MATLAB2016\bin\untitled.m
GUI.m  untitled.m  huiduhua.m  +

end
guidata(hObject, handles);

% --- Executes on button press in pushbutton2.
function pushbutton2_Callback(hObject, eventdata, handles)
% hObject    handle to pushbutton2 (see GCBO)
% eventdata  reserved - to be defined in a future version of MATLAB
% handles    structure with handles and user data (see GUIDATA)
if ~isempty(handles.imgfilename)
    imgoutput=rgb2gray(handles.imgdata);
    set(handles.axes2,'HandleVisibility','ON');%打开坐标，方便操作
    axes(handles.axes2);%使用图像，操作在坐标2
    image(imgoutput);
    colormap(handles.axes2,gray(256));
    handles.imgoutput=imgoutput;
end
guidata(hObject, handles);
```

图 11.27　按钮 2 显示

3. 系统运行结果展示

(1) 单击“运行”按钮，弹出如图 11.28 所示的系统主界面。

(2) 单击“open RGB image”按钮选择图像(见图 11.29)，若正确选择图像，则正常显示加载图像(见图 11.30)，否则未选择图像(见图 11.31)。

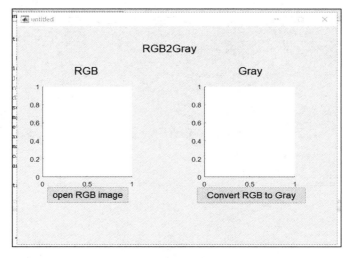

图 11.28　系统主界面

图 11.29　选择图像

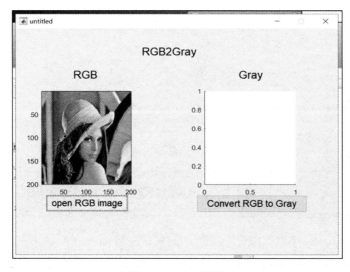

图 11.30　加载图像

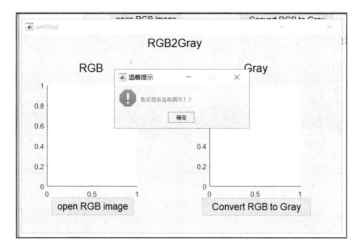

图 11.31　未选择图像

（3）单击"Convert RGB to Gray"按钮，显示处理后的结果图，如图 11.32 所示。

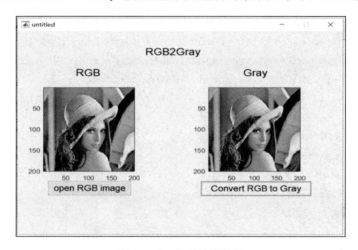

图 11.32　处理结果显示

11.6.4　壁画文物虚拟修复展示系统

1. 关键代码

function varargout=xitong(varargin)

%XITONG MATLAB code for xitong. fig. XITONG,by itself,creates a new XITONG or raises the existing singleton＊. H=XITONG returns the handle to a new XITONG or the handle to the existing singleton＊.

%XITONG('CALLBACK',hObject,eventData,handles,…)calls the local function named CALLBACK in XITONG. M with the given input arguments.

%XITONG('Property','Value',…)creates a new XITONG or raises the existing singleton＊. Starting from the left,property value pairs are applied to the GUI before xitong_OpeningFcn gets called. An unrecognized property name or invalid value makes property application stop. All inputs are passed to xitong_OpeningFcn via varargin. Last Modified by GUIDE v2. 5 19-Mar-2020 23: 19:14.

```matlab
%Begin initialization code-DO NOT EDIT
gui_Singleton=1;
gui_State=struct('gui_Name',mfilename,…,'gui_Singleton',gui_Singleton,…,'gui_OpeningF-
cn',@xitong_OpeningFcn,…,
    'gui_OutputFcn',@xitong_OutputFcn,…,'gui_LayoutFcn',  [],…,'gui_Callback',  []);
if nargin && ischar(varargin{1})
gui_State.gui_Callback=str2func(varargin{1});
end


if nargout
[varargout{1:nargout}]=gui_mainfcn(gui_State,varargin{:});
else
gui_mainfcn(gui_State,varargin{:});
end
%End initialization code-DO NOT EDIT

%- - - Executes just before xitong is made visible.
function xitong_OpeningFcn(hObject,eventdata,handles,varargin)
%This function has no output args, see OutputFcn. hObject: handle to figure; eventdata: re-
served-to be defined in a future version of MATLAB. handles: structure with handles and user
data(see GUIDATA). varargin:command line arguments to xitong(see VARARGIN).
%Choose default command line output for xitong
handles.output=hObject;
%Update handles structure
guidata(hObject,handles);
%UIWAIT makes xitong wait for user response(see UIRESUME)
%uiwait(handles.figure1);
ha=axes('units','normalized','position',[0 0 1 1]);
uistack(ha,'down')
II=imread('fengmiantu.png');
image(II)
hold on
text(35,100,'壁画文物虚拟修复展示系统','fontsize',25,'color','k');
colormap gray
set(ha,'handlevisibility','off','visible','off');
axis off;

addpath xitong;
addpath liefeng;
addpath tuoluo;

%- - - Outputs from this function are returned to the command line.
function varargout=xitong_OutputFcn(hObject,eventdata,handles)
%varargout cell array for returning output args(see VARARGOUT);hObject:handle to figure;
eventdata:reserved-to be defined in a future version of MATLAB;handles:structure with han-
```

```
dles and user data (see GUIDATA)
%Get default command line output from handles structure
varargout{1}= handles.output;
%- - - Executes on button press in pushbutton1.
function pushbutton1_Callback(hObject,eventdata,handles)
% hObject: handle to pushbutton1 (see GCBO); eventdata: reserved-to be defined in a future
version of MATLAB; handles:  structure with handles and user data (see GUIDATA)
set(gcf,'visible','off');
liefeng;

%- - - Executes on button press in pushbutton2.
function pushbutton2_Callback(hObject,eventdata,handles)
% hObject: handle to pushbutton2 (see GCBO); eventdata: reserved-to be defined in a future
version of MATLAB; handles:     structure with handles and user data (see GUIDATA)
set(gcf,'visible','off');
tuoluo;
```

2. 系统部分界面

系统部分界面展示如图 11.33 所示,具体内容可参看文献[46]。

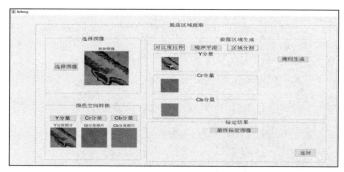

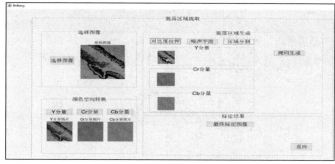

图 11.33　系统部分界面展示

本 章 小 结

本章详细介绍了基于 MATLAB 的图像融合、图像加密、图像目标提取和基于图像的三维重建(图像图形化)、视频动画制作、系统开发方法,这些内容主要来自作者及团队成员(包括已毕业研究生)的科研成果,可以为读者从事相关研究提供参考。感兴趣的读者可以进一步检索相关的其他成果。

思考与练习题

11.1　学习掌握 MATLAB 函数 pixval、impixel、impixelinfo 的用途,并举例说明它们的用法。

11.2　学习掌握 MATLAB 函数 rangefilt、stdfilt、entropyfilt 的用途,并举例说明它们的用法。

11.3　选择一幅灰度图像,计算该图像的灰度均值、方差和熵。

11.4　计算图 11.34 矩阵表示的灰度图像的距离为 1,角度分别为 0°、45°、90°时的灰度共生矩阵。

$$
\begin{matrix}
1 & 1 & 0 & 0 \\
1 & 1 & 0 & 0 \\
0 & 0 & 2 & 2 \\
0 & 0 & 2 & 2
\end{matrix}
$$

图 11.34　题 11.4 图

11.5　图 11.35 给出了一幅二值图像,用 8 方向链码对图像中的边界进行链码表述(起点是 S)。

(1) 写出它的 8 方向链码(沿顺时针方向)。

(2) 对该链码进行起点归一化,说明起点归一化链码与起点无关的原因。

(3) 写出其一阶差分码,并说明其与边界的旋转无关。

(4) 写出其欧拉数。

$$
\begin{matrix}
1 & 1 & 0 & 0 & 0 & 0 & 0 \\
1 & 0 & 1 & 1 & 1 & 1 & 1 \\
1 & 0 & 0 & 0 & 0 & 0 & 1 \\
1 & 1 & 0 & 0 & 0 & 1 & 0 \\
0 & 0 & 1 & 1 & 0 & 1 & 0 \\
0 & 0 & 0 & 0 & 1 & 0 & 0
\end{matrix}
$$

图 11.35　题 11.5 图

11.6　试说明哪些类型的形状边界的傅里叶描述子中只有实数项。

11.7　求出图 11.36 矩阵表示的灰度图像中区域的面积和重心(1 表示目标)。

$$
\begin{matrix}
0 & 1 & 1 & 1 & 1 & 1 & 1 & 0 \\
0 & 1 & 1 & 1 & 1 & 1 & 0 & 0 \\
0 & 1 & 1 & 1 & 1 & 0 & 0 & 0 \\
1 & 1 & 1 & 1 & 1 & 0 & 0 & 0 \\
1 & 1 & 1 & 1 & 1 & 1 & 1 & 1 \\
1 & 1 & 1 & 1 & 1 & 1 & 0 & 0 \\
0 & 0 & 1 & 1 & 1 & 1 & 1 & 0 \\
0 & 0 & 0 & 0 & 1 & 1 & 1 & 1
\end{matrix}
$$

图 11.36　题 11.7 图

11.8　对一幅图像进行几何变换,求出其 7 个不变矩,验证这些矩的不变性。

11.9　给出一幅包含某个目标(一个圆或矩形、三角形)的图像,用阈值分割提取出目标,并求出它的周长、面积、重心坐标、形状参数和偏心度。

拓 展 训 练

　　读取一段交通视频文件，利用背景差分法得到差分区域，对差分区域进行数学形态学处理，得到完整的运动目标区域，并求出目标区域的周长、面积、重心坐标、形状参数和偏心度。

＊第 12 章　基于深度学习的图像处理综合应用

※本章思维导图

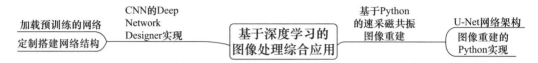

※学习目标

1. 会基于 MATLAB 搭建 CNN。
2. 会基于 Python 设计神经网络实现特定任务。

大数据时代和计算机软硬件的迅猛发展，使得基于数据驱动的数字图像处理正在逐渐成为人们的研究热点，其中基于深度学习的图像增强、图像重建、图像分割、图像融合、图像识别等均已有一些突破性成果。基于 MATLAB 和基于 Python 均有相当多的开源框架和代码用于图像处理，本章摘取一些以飨读者。首先，介绍一个基于 MATLAB 的、数字图像处理中最常用的神经网络——深度卷积神经网络（Convolutional Neural Network，CNN）的搭建方法；其次，基于 Python 以 U-Net 为基本架构介绍一个基于深度学习的图像重建方法。需要说明的是，任何深度学习都需要大量的数据、一定配置的软硬件环境，建议读者在学习本章前，先配置好环境。

12.1　CNN 的 Deep Network Designer 实现

12.1.1　加载使用预训练的网络

本书主要以 MATLAB 为工具进行编程仿真，这里不再赘述其安装与使用方法，下面直接开始 CNN 构建。

单击 MATLAB R2019b 菜单栏的"APP"选项，获得 APP 列表，从中选择要实现的具体功能，如图 12.1 所示。

图 12.1　APP 列表

在图 12.1 的"机器学习和深度学习"中,双击深层网络设计器"Deep Network Designer",打开设计窗口,如图 12.2 所示。单击"导入"菜单,在"导入网络"对话框中选择需要的网络,如 Alexnet 等,如图 12.3 所示。导入网络后,工作区显示网络图结构,同时可以"分析"网络,显示网络各层的具体参数,如图 12.4 所示。

12.1.2 定制搭建网络结构

当然,读者也可以自行设计网络,其过程类似搭积木。具体如下:

(1) 从图层库拖动模块到设计区进行连接"装配"。在设计过程中,可以显示或编辑网络层的参数,选中某一图层,右侧将显示该图层的详细参数,读者可以根据设计需求编辑各参数,实现特定的网络结构功能。图 12.5 为一个搭建的简单网络。

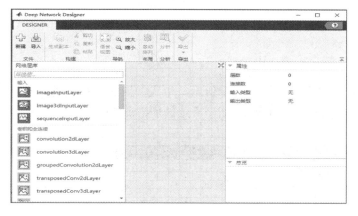

图 12.2 Deep Network Designer 窗口

图 12.3 "导入网络"对话框

图 12.4 导入的网络结构图和参数

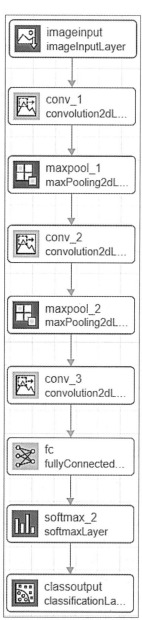

图 12.5 搭建的简单网络

（2）网络搭建完成后，为了检验网络连接的正确性，需要进行网络分析。单击"分析网络"工具，获得分析结果，包括各网络层的名称、类型、激活与可学习参数。如图 12.6 所示。

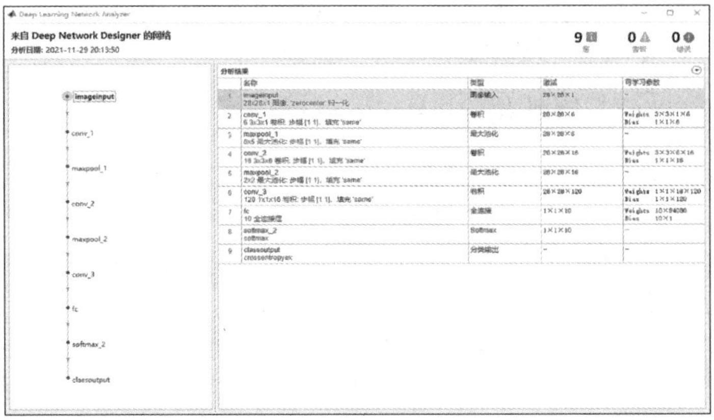

图 12.6　搭建好网络的参数

（3）使用 DESIGNER 的导出功能生成代码，如图 12.7 所示。生成的网络架构代码存储在 *.mlx 文件中，输出 Layer 变量 layers，暂存在工作区中，用于后续的网络训练。

图 12.7　导出功能生成代码

Selflenet.mlx 可用于创建深度学习网络架构，其主要内容如下（以层数为 9、连接数为 8 创建层组）：

```
layers=[
imageInputLayer([28 28 1],"Name","imageinput")
convolution2dLayer([3 3],6,"Name","conv_1","Padding","same")
maxPooling2dLayer([5 5],"Name","maxpool_1","Padding","same")
convolution2dLayer([3 3],16,"Name","conv_2","Padding","same")
maxPooling2dLayer([2 2],"Name","maxpool_2","Padding","same")
convolution2dLayer([1 1],120,"Name","conv_3","Padding","same")
fullyConnectedLayer(84,"Name","fc")
softmaxLayer("Name","softmax")
classificationLayer("Name","classoutput")];
```

如有必要，可用 plot(layerGraph(layers)) 绘制所涉及的层，如图 12.8 所示。

（4）训练网络。通常需要输入训练集训练设计好的网络，以使其学习到完成任务所需的参数。输入数据集往往需要预处理。以图像为例，可对不符合网络输入层要求的数据调整尺度与裁剪，感兴趣的读者可以参看 MATLAB 中有关深度学习中图像预处理的内容。

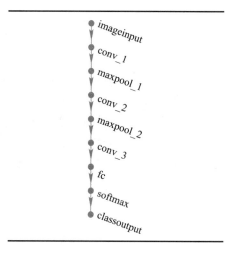

图 12.8　绘制层结果

然后确定训练参数选项，如：

```
options=trainingOptions('sgdm',…
'MiniBatchSize',10,…
'MaxEpochs',6,…
'InitialLearnRate',1e-4,…
'Shuffle','every-epoch',…
'ValidationData',augimdsValidation,…
'ValidationFrequency',6,…
'Verbose',false,…
'Plots','training-progress');
trainedNet=trainNetwork(images,layers,options)
```

更多说明可参看 MATLAB 中的相关内容。其中，images 为经过预处理后增强图像数据存储单元的输入图像，训练后的网络结果存储在 trainedNet 中。后续可以调用该网络进行分类预测。

12.2　基于 Python 的速采磁共振图像重建

磁共振成像（Magnetic Resonance Imaging，MRI）因其出色的软组织对比度和灵活性已经成为多种疾病诊疗的重要手段。但是，它最主要的缺点是数据采集时间长。数据采集时间过长，不仅会给患者带来不适，而且检查费用较高，从而限制了其进一步推广和使用。为了缓解患者不适和提高 MRI 效率，近二十年来，在加速采集信号的情况下提高图像保真度一直是 MRI 领域的研究重点。

现有的 MRI 加速方法包括并行成像和压缩感知（Compressed Sensing，CS）。其中，并行成像的加速因子受到接收器线圈数量和位置的限制，不仅扫描仪的制造成本高，而且这种方法还会引入成像假象，目前遭遇到了高倍速采瓶颈。而传统的 CS 方法受低水平稀疏性制约，也不易做到高倍速采。随着深度学习在计算机视觉方面的一系列突破，基于深度神经网络的 MRI 图像重建方法已成为当前研究的热点。这种方法致力于为下一代 MRI 扫描仪研发提供算法模型，其思路是在傅里叶变换域（k 空间）进行信号欠采样，以节省信号采集时间，然后利用人工神经网络重建出可以和现有全采样结果相媲美的 MRI 图像。本节介绍一种基于 U-Net 网络架构的 MRI 图像重建方法。

12.2.1　U-Net 网络架构

卷积神经网络一直面临的困境有两个方面,一是没有足够的标注数据,二是使用的网络规模一直很小。过去卷积神经网络用于分类任务时,只能图像输入、标签输出,但是在许多视觉任务中,比如生物医学图像处理中,人们希望得到针对每个像素的分类结果,另外,获取大量的医学图像数据用于训练是不可能的。而 U-Net 结构能够解决上述问题,它包含一个用于捕捉语义的收缩路径和一个用于精准定位的对称扩展路径,只使用少量数据,就可以训练出一个端对端(图像输入、图像输出)网络。卷积神经网络的总体架构如图 12.9 所示。图中,$\hat{X}_\mu$ 表示重建图像,Y 为标签图像,Loss 为损失值。

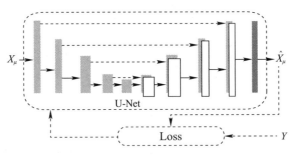

图 12.9　卷积神经网络的总体架构

典型的应用型结构是在经典的全卷积网络(FCN)基础上改良后并广泛应用在医疗影像中的 U-Net 网络,其网络结构如图 12.10 所示。U-Net 网络采用完全不同的特征融合方式——拼接,将特征在通道(Channel)维度拼接在一起,形成更厚的特征。而 FCN 融合时使用对应点相加,并不形成更厚的特征。

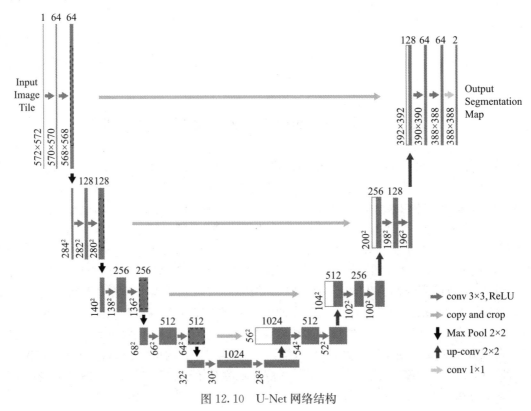

图 12.10　U-Net 网络结构

由图 12.10 可以看出,其网络结构非常清晰。如前所述,U-Net 网络是一个经典的全卷积网络,即下采样后经过两次卷积后再下采样,而上采样则使用反卷积方式,并与对应大小的下采样层连接,经过两次卷积后再反卷积,结构简单,因此对小样本量数据集效果较好。

网络输入是 572×572 的边缘经过镜像操作的图像(Input Image Tile),网络的左侧是由卷积和 Max Pool 构成的一系列下采样操作,称为压缩路径(Contracting Path)。压缩路径由 4 个卷积块组成,每个卷积块使用 3 个有效卷积和 1 个最大池化下采样,每次下采样之后特征图的个数翻倍,因此出现了图 12.10 中所示的特征图尺寸变化,最终得到尺寸为 32×32 的特征图。网络的右侧称为扩展路径(Expansive Path),同样由 4 个卷积块组成,每个卷积块开始之前通过反卷积将特征图的尺寸乘以 2,同时将其个数减半(最后一层略有不同),然后和左侧对称的压缩路径的特征图合并。由于左侧压缩路径和右侧扩展路径的特征图的尺寸不一样,U-Net 网络是通过将压缩路径的特征图裁剪到和扩展路径相同尺寸进行归一化的(图 12.10 中左侧部分)。扩展路径的卷积操作仍使用的是有效卷积操作,最终得到的特征图的尺寸是 388×388。由于该任务是一个二分类任务,因此网络有两个输出特征图。

12.2.2 图像重建的 Python 实现

1. 训练集建立

原始数据下载链接为 http://fastmri.med.nyu.edu/或者其他公共数据集,图像尺寸为 320×320。

首先,对全采样 k 空间数据 Y 进行笛卡儿欠采样。欠采样是在全采样 k 空间数据的相位编码方向上省略了 k 空间线进行的。当加速因子等于 4 时,全采样的中心区域占所有 k 空间线的 8%;当加速因子等于 8 时,全采样的中心区域占所有 k 空间线的 4%。其余的 k 空间线随机设置,使得欠采样掩码可达到所需的加速因子。图 12.11 描绘了两个随机欠采样的 k 空间轨迹。其次,将欠采样后的 k 空间数据经过傅里叶逆变换转到图像域并形成训练图像集(欠采样图像) X_μ,这样对应的全采样图像 Y 就可以作为标签图像了,如式(12.1)所示。

$$X_\mu = F^{-1}[M(Y)] \tag{12.1}$$

其中,M 表示笛卡儿欠采样操作;F^{-1} 表示傅里叶逆变换;μ 代表样本数量。

(a) 4倍加速因子   (b) 8倍加速因子

图 12.11 两个随机欠采样的 k 空间轨迹

2. 网络设计

由于 U-Net 网络已成功用于许多图像预测任务,因此,我们采用 U-Net 网络实现 MRI 图像重建。所采用的 U-Net 网络结构如图 12.12 所示,包括一个向下采样的压缩路径和一个向上采样的扩展路径。下采样路径由两个 3×3 卷积块组成,每个卷积块后跟实例规范化(Instance

Normalization)和 ReLU 激活函数。随后采用步长为 2 的最大池化层进行下采样操作,并使尺寸变为一半,通道数量变为上一层卷积块的 2 倍。上采样路径由结构与下采样路径相似的卷积块组成,采用双线性插值进行上采样操作,并使图像分辨率提高一倍。在上采样过程中,将下采样路径中对应级别的卷积块通过跳连接合并,它们具有相同的分辨率(图 12.12 中的水平箭头所示)。在上采样路径的末尾,包含两个 1×1 卷积,这些卷积在不改变图像分辨率的情况下,将通道数减少为 1。

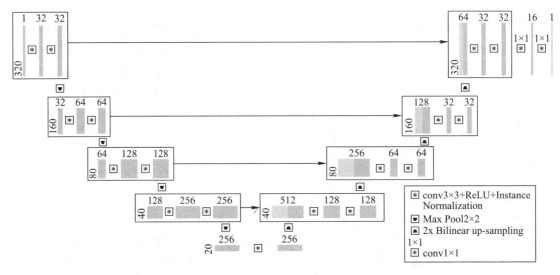

图 12.12　U-Net 网络架构

整个网络以端到端方式对训练数据进行训练,通过损失函数进行反馈,最后使得重建结果与全采样图像的误差最小。损失函数为

$$L = \frac{1}{2} \parallel Y - \hat{X}_{\mu} \parallel_2^2 \tag{12.2}$$

最终的重建图像 $\hat{X}_{\mu}$ 由

$$\hat{X}_{\mu} = f_{\mathrm{net}}(X_{\mu}) \tag{12.3}$$

得到。其中,f_{net} 表示 U-Net 网络。

3. 评价指标

为了对重建结果进行量化评估,采用的评价指标包括归一化均方误差(Normalized Mean Square Error,NMSE)、峰值信噪比(Peak Signal-to-Noise Ratio,PSNR)和结构相似性(Structural Similarity,SSIM)。

(1) 归一化均方误差(NMSE)

归一化均方误差被广泛用于衡量重建图像与全采样图像之间的误差,表示为

$$\mathrm{NMSE} = \frac{\parallel \hat{X} - Y \parallel_2^2}{\parallel Y \parallel_2^2} \tag{12.4}$$

其中,$\parallel \cdot \parallel_2^2$ 表示欧几里得范数的平方。NMSE 值越小,说明重建图像越接近全采样图像。

(2) 峰值信噪比(PSNR)

峰值信噪比是在图像处理领域使用最为广泛的一种客观评价指标,通过均方误差(Mean Square Error,MSE)进行定义,单位为 dB。表示为

$$\mathrm{PSNR} = 10 \lg \frac{\max (Y)^2}{\mathrm{MSE}} \tag{12.5}$$

$$\mathrm{MSE} = \frac{1}{M \times N} \parallel \hat{X} - Y \parallel_2^2 \tag{12.6}$$

PSNR 值越大,表示 MRI 重建图像越接近全采样图像。

（3）结构相似性（SSIM）

SSIM 是一种分别从亮度、对比度、结构三个方面衡量两幅图像相似度的指标。SSIM 的最大值为 1,最小值为 0。值越接近 1,说明重建图像越接近全采样图像,质量越高。SSIM 表示为

$$\mathrm{SSIM} = \frac{(2\mu_y \hat{\mu_x} + C_1)(2\hat{\sigma_{xy}} + C_2)}{(\mu_y^2 + \mu_{\hat{x}}^2 + C_1)(\sigma_y^2 + \sigma_{\hat{x}}^2 + C_2)} \tag{12.7}$$

其中,μ_y 是全采样图像 Y 的平均值;$\mu_{\hat{x}}$ 是重建图像 $\hat{X}$ 的平均值;σ_y^2 是 Y 的方差;$\sigma_{\hat{x}}^2$ 是 $\hat{X}$ 的方差;$\hat{\sigma_{xy}}$ 是 Y 和 $\hat{X}$ 的协方差;$C_1 = (K_1 L)^2$,$C_2 = (K_2 L)^2$ 是用来维持稳定的常数,其中 $K_1 = 0.01$,$K_2 = 0.03$,L 是像素值的动态范围。

4. 关键代码

```python
class ConvBlock(nn.Module):
    """
    每个卷积层由两个卷积块组成,每个卷积块后跟实例规范化(Instance Normalization),采用 Leaky ReLU
激活函数。
    """

    def __init__(self, in_chans, out_chans, drop_prob):
        """
        参数:
        in_chans(int):输入通道的数量
        out_chans(int):输出通道的数量
        drop_prob(float):Dropout 的概率
        """
        super().__init__()

        self.in_chans = in_chans
        self.out_chans = out_chans
        self.drop_prob = drop_prob

        self.layers = nn.Sequential(
            # 定义第一个 3×3 的卷积块
            nn.Conv2d(in_chans, out_chans, kernel_size=3, padding=1, bias=False),
            nn.InstanceNorm2d(out_chans),
            nn.LeakyReLU(negative_slope=0.2, inplace=True),
            nn.Dropout2d(drop_prob),
            # 定义第二个 3×3 的卷积块
            nn.Conv2d(out_chans, out_chans, kernel_size=3, padding=1, bias=False),
            nn.InstanceNorm2d(out_chans),
            nn.LeakyReLU(negative_slope=0.2, inplace=True),
            nn.Dropout2d(drop_prob),
```

```python
        )

    def forward(self, image):
        """
```
参数:

image(torch.Tensor):输入 tensor 的形状[batch_size,self.in_chans,height,width]

返回:

(torch.Tensor):输出 tensor 的形状[batch_size,self.out_chans,height,width]
```python
        """
        return self.layers(image)

    def __repr__(self):
        return (
            # 调用卷积块
            f"ConvBlock(in_chans={self.in_chans},out_chans={self.out_chans},"
            f"drop_prob={self.drop_prob})"
        )

class TransposeConvBlock(nn.Module):
    """
```
定义反卷积块:A Transpose Convolutional Block that consists of one convolution transpose layers followed by instance normalization and LeakyReLU activation.
```python
    """

    def __init__(self, in_chans, out_chans):
        """
```
参数:

in_chans(int):输入通道的数量

out_chans(int):输出通道的数量
```python
        """
        super().__init__()
        self.in_chans = in_chans
        self.out_chans = out_chans
        # 定义反卷积块
        self.layers = nn.Sequential(
            nn.ConvTranspose2d(
                in_chans, out_chans, kernel_size=2, stride=2, bias=False
            ),
            nn.InstanceNorm2d(out_chans),
            nn.LeakyReLU(negative_slope=0.2, inplace=True),  # 激活函数层
        )

    def forward(self, image):
        """
```
参数:

image(torch.Tensor):输入 tensor 的形状[batch_size,self.in_chans,height,width]

返回:

(torch.Tensor):输出 tensor 的形状[batch_size,self.out_chans,height,width]

```
"""
return self.layers(image)
# 调用反卷积块
def __repr__(self):
return f"ConvBlock(in_chans={self.in_chans},out_chans={self.out_chans})"
```

5. 仿真结果

图 12.13(a)~(d)依次是全采样图像、k 空间(8 倍)欠采样、欠采样图像和重建图像。

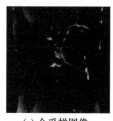  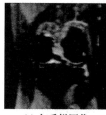 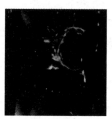

(a) 全采样图像 (b) k空间(8倍)欠采样 (c) 欠采样图像 (d) 重建图像

图 12.13 U-Net 网络重建结果

由图 12.13 可以看出,欠采样图像经 U-Net 网络重建以后,有效去除了伪影并恢复了丰富的纹理细节信息,而且还可以用定性、定量方法评价重建结果,这里不再赘述。

本 章 小 结

本章介绍了一个基于 MATLAB 的 CNN 搭建方法和一个基于 Python 利用 U-Net 网络重建 MRI 速采图像的方法,可以为读者深入研究基于深度学习处理图像提供示范。感兴趣的读者可以检索作者的其他论文。

思 考 与 练 习 题

12.1 利用 MATLAB 搭建 CNN 的步骤有哪些?

12.2 MATLAB 中已集成的深度学习的预训练网络结构主要包括哪些?

12.3 试用设计器实现将一种预训练网络迁移到特定场景的分类识别,如猫狗分类。

12.4 简述 U-Net 网络的基本结构特点,分析其在图像分割中的优越性。

12.5 简述基于深度学习的 MRI 图像重建方法。

拓 展 训 练

1. 阅读相关文献,综述深度学习技术发展新动向。

2. 检索文献,了解深度学习在图像分割、目标分类、目标检测等方向的应用实例。

附录 A　常用术语中英文对照

图像增强	image enhancement
图像平滑处理	image smoothing processing
图像锐化	image sharpening
图像色彩增强	image color enhancement
图像分析	image analysis
图像恢复	image restoration
图像分割	image segmentation
图像重建	image reconstruction
图像压缩	image compression
傅里叶变换	Fourier transform
离散傅里叶变换	discrete Fourier transform
快速傅里叶变换	fast Fourier transform
饱和度	saturation
背景淡化	background flatten
边缘和条纹	edge and stripe
低通	low pass
高通	high pass
对比度	contrast
对比度拉伸	contrast stretch
二值	binary
灰度	gray
翻转	reverse
膨胀	dilate
腐蚀	erode
复合视图	view composite
拉普拉斯算子	Laplacian
滤波器	filters
仿射变换	affine transformation
算术编码	arithmetic coding
模糊	blurring
神经网络	neural network
形态学	morphology
哈夫曼	Huffman
边缘检测	edge detection
直方图处理	histogram processing

压缩	compression
RGB 模型	RGB Model
色调	tonality
小波编码	wavelet coding
卷积	convolution
相关	correlation
核	kernel
去噪	denoising
数字	digital
去模糊	defuzzification
退化	degradation
导数	derivative
解码	decoding
纹理	texture
X 射线	Xray
中值滤波器	median filter
熵	entropy
范数	norm
假彩色	false color
特征选择	feature selection
功率谱	power spectrum
正交	orthogonal
小波包	wavelet
梯度	gradient
旋转	rotation
平移	translation
算子	operator
校正	correction
分析	analysis
像素	pixel
阈值处理	thresholding
锯齿	jaggies
金字塔	pyramid
线性	linear
活动图像	live image
分水岭	watersheds
掩模	mask
频率	frequency
系统	system
空间	spatial

微波	microwave
统计	statistical
调制	modulation
不变	invariant
多分辨率处理	multiresolution processing
模式	pattern
尖峰	peak
感知机	perception
邻域	neighborhood
纳米	Nanometer
不可分类	no separable class
邻接	adjacency
无损	lossless
有损	lossy
骨架	skeleton
运动估计	motion estimation
剪切	pruning
开操作	opening
闭操作	closing
平滑	smoothing
预测误差	prediction error
合成图像	synthetic image
粗化	thickening
细化	thinning
拉格朗日乘数	Lagrange multiplier
JPEG 图像压缩格式	JPEG
JPEG-2000 图像压缩格式	JPEG-2000
区域生长	region growing
分辨率	resolution
对称的	symmetric
不对称的	asymmetric
计算机辅助诊断	computer aided diagnosis
计算机图形学	computer graphics
置信度	confidence
规范	canonical
曲率	curvature
变形	deformation
人脸检测	face detection
水平集	level set
随机的	stochastic

齐次的	homogeneous
齐次坐标	homogeneous coordinates
霍夫变换	Hough transform
数字化	digitization
索引	index
调色板	palette
假设检验	hypothesis
元素	element
最小二乘	least squares
矩阵	matrix
摄像机标定	calibration
非极大抑制	non-maximal suppression
物体	object
投影	projection
模式识别	pattern recognition
采样	sampling
人类	human
视觉	visual
焦点	focal
校正	rectification
雷达	radar
刚体	rigidity
间隔	interval
视网膜	retina
几何	geometric
行程编码	run length coding
归并	merging
传感器	sensor
尺度不变特征变换	SIFT
倾斜	slant
精细的	fine
基元的	primitive
标签图像文件格式	TIFF
体素	voxel
立体	stereo
辐射率	radiance
辐照度	irradiance
信噪比	SNR
局部的	local
形式的	formal

定性的	qualitative
定量的	quantitive
遮挡	occlusion
过拟合	overfitting
光	light
光源	source
帧	frame

附录 B　Python 语言常用图像处理函数

1. 图像加载、显示和保存函数

　　cv2. imread(filename,flags):读取加载图像。

　　cv2. imshow(winname,mat):显示图像。

　　cv2. waitkey():等待图像的关闭。

　　cv2. imwrite(filename,img):保存图像。

2. 图像显示窗口创建与销毁函数

　　cv2. namedWindow(winname,属性):创建一个窗口。

　　cv2. destroyWindow(winname):销毁某个窗口。

　　cv2. destroyAllWindows():销毁所有窗口。

　　窗口创建时可以添加的属性:

　　cv2. WINDOW_NORMAL:窗口大小可以改变(同 cv2. WINDOW_GUI_NORMAL)。

　　cv2. WINDOW_AUTOSIZE:窗口大小不能改变。

　　cv2. WINDOW_FREERATIO:窗口大小自适应比例。

　　cv2. WINDOW_KEEPRATIO:窗口大小保持比例。

　　cv2. WINDOW_GUI_EXPANDED:显示色彩变成暗色。

　　cv2. WINDOW_FULLSCREEN:全屏显示。

　　cv2. WINDOW_OPENGL:支持 OpenGL 的窗口。

3. 图像常用属性的获取函数

　　img. shape:打印图像的高、宽和通道数(当图像为灰度图像时,颜色通道数为 1,不显示)。

　　img. size:打印图像的像素数目。

　　img. dtype:打印图像的格式。

4. 图像颜色通道的分离与合并函数

　　cv2. split(m):将图像 m 分离为三个颜色通道。

　　cv2. merge(mv):将三个颜色通道合并为一幅图像。

5. 两幅图像相加时改变对比度和亮度函数

　　cv2. add(src1,src2):普通相加。

　　cv2. addWeighted(src1,alpha,src2,beta):带权相加。

　　src1——第一幅图像。

　　alpha——第一幅图像权值。

　　src2——第二幅图像。

　　beta——第二幅图像权值。

6. 像素运算函数:加、减、乘、除

　　dst＝cv2. add(m1,m2)

　　dst＝cv2. subtract(m1,m2)

　　dst＝cv2. multiply(m1,m2)

　　dst＝cv2. divide(m1,m2)

7. 像素运算函数:均值、方差

　　M1＝cv2. mean(img):均值。

　　M1,dev1＝cv2. meanStdDev(img):均值和方差。

8. 像素运算函数:逻辑运算——与、或、非、异或

　　dst＝cv2. bitwise_and(m1,m2)

　　dst＝cv2. bitwise_or(m1,m2)

　　dst＝cv2. bitwise_not(m1,m2)

　　dst＝cv2. bitwise_xor(m1,m2)

9. 计算执行时间函数

　　cv2. getTickCount():用于返回从操作系统启动到当前所经历的计时周期数。

　　cv2. getTickFrequency():用于返回 CPU 的频率,也就是 1 秒内重复的次数。

10. 彩色空间转换函数

　　cv2. cvtColor

　　原型:cvtColor(src,code,dst＝None,dstCn＝None)

　　作用:将一幅图像从一个色彩空间转换到另一个色彩空间。

　　参数:

　　src——原始图像。

　　code——转换的色彩空间,可选参数包括:

　　cv2. COLOR_BGR2GRAY——BGR 彩色空间到 GRAY 灰度空间。

　　cv2. COLOR_BGR2RGB——BGR 彩色空间到 RGB 彩色空间。

　　cv2. COLOR_GRAY2BGR——GRAY 灰度空间到 BGR 彩色空间。

11. 形态学操作函数

　　(1) 腐蚀、膨胀函数

　　cv2. erode(src,kernel,iterations)

　　作用:对图像进行腐蚀操作。

　　参数:

　　src——原始图像。

　　kernel——卷积核。

　　iterations——迭代次数(默认值为 1)。

　　cv2. dilate(src,kernel,iterations)

　　作用:对图像进行膨胀操作。

　　参数:含义同上。

　　(2) 通用形态学操作函数(如开、闭等)

　　cv2. morphologyEx(src,code,kernel)

　　作用:对图像进行开、闭等形态学操作。

　　参数:

　　src——原始图像。

　　kernel——卷积核。

　　code——操作参数:

　　　　cv2. MORPH_OPEN——开。

　　　　cv2. MORPH_CLOSE——闭。

　　　　cv2. MORPH_TOPHAT——顶帽。

　　　　cv2. MORPH_BLACKHAT——黑帽。

12. 滤波函数

　　(1) cv2. blur

　　原型:blur(src,ksize,dst＝None,anchor＝None,borderType＝None)

　　作用:对图像进行算术平均值滤波。

　　参数:

ksize——卷积核的大小。

dst——若输入 dst,则将图像写入 dst 矩阵。

（2）cv2. medianBlur

原型:mediaBlur(src,ksize,dst＝None)

作用:对图像进行中值滤波。

（3）cv2. GaussianBlur

原型:GaussianBlur(src,ksize,sigmaX,dst＝None,sigmaY＝None,borderType＝None)

作用:对图像进行高斯滤波。

参数:

sigmaX——X 方向上的方差,一般设为 0,让系统自动计算。

（4）cv2. bilateralFilter

原型:bilateralFilter(src,d,sigmaColor,sigmaSpace,dst＝None,borderType＝None)

作用:对图像进行双边滤波。

参数:

d——整数,表示在过滤过程中每个像素邻域的直径范围。

13. 二值化函数

原型:cv2. threshold(src,thresh,maxval,type,dst＝None)

作用:将图像的每个像素点进行二值化。

参数:

thresh——阈值(最小值)。

maxval——二值化的最大取值。

type——二值化类型,一般设为 0。

adaptiveThreshold(src,maxValue,adaptiveMethod,thresholdType,blockSize,C,dst＝None)

参数:

maxValue——阈值的最大值。

adaptiveMethod——指定自适应阈值算法,可选择 ADAPTIVE_THRESH_MEAN_C 或 ADAPTIVE_
THRESH_GAUSSIAN_C 两种。

thresholdType——指定阈值类型,可选择 THRESH_BINARY 或 THRESH_BINARY_INV 两种(二进制阈
值或反二进制阈值)。

blockSize——表示邻域块大小,用来计算区域阈值,奇数,一般选择为 3、5、7 等。

C——表示与算法有关的参数,它是一个从均值或加权均值提取的常数,可以是负数。

14. 图像直方图函数

原型:cv2. calcHist(images,channels,mask,histSize,ranges,hist＝None,accumulate＝None)

作用:计算每个像素块在图像中的数量

参数:

images——待计算图像,需要用方括号[img]。

channels——通道索引,灰度图像可输入[0],彩色图像(BGR)[0]、[1]、[2]代表三个颜色通道(也要用方括号)。

mask——掩模,计算整个图像,传入 None 就行,如果要对局部图像做处理,可以定义 mask 传入。

histSize——Bin(直方图的柱子)数量,全尺寸用[256]。

ranges——像素范围,一般设为[0,255]。

15. 模板匹配函数

原型:matchTemplate(image,templ,method,result＝None,mask＝None)

参数:

image——原始图像 S。

templ——模板图像 T,一般是原始图像 S 中的一小块。

method——模板匹配算法（cv. TM_SQDIFF_NORMED 最小时最相似，其他最大时最相似）。

16. 图像梯度函数

cv2. Sobel

原型：Sobel(src,ddepth,dx,dy,dst＝None,ksize＝None,scale＝None,delta＝None,borderType＝None)

作用：对图像进行 Sobel 算子计算，检测出其边缘。

参数：

dx——x 方向上的导数阶数。

dy——y 方向上的导数阶数。

cv2. scharr

原型：Scharr(src,ddepth,dx,dy,dst＝None,scale＝None,delta＝None,borderType＝None,/)

cv2. Laplacian

原型：Laplacian(src,ddepth,dst＝None,ksize＝None,scale＝None,delta＝None,borderType＝None)

作用：检测图像边缘。

参数：

ddepth——图像位深度，对于灰度图像来说，其值为 cv2. CV_8U。

ksize——希望使用的卷积核的大小。

scale——缩放导数的比例常数。

参 考 文 献

[1] 韩晓军. 数字图像处理技术与应用(第 2 版)[M]. 北京:电子工业出版社,2017.

[2] Rafael C. Gonzalez,Rafael E. Woods,阮秋琦,阮宇智译. 数字图像处理(第 3 版)[M]. 北京:电子工业出版社,2014.

[3] 胡学龙. 数字图像处理(第 3 版)[M]. 北京:电子工业出版社,2016.

[4] 阮秋琦. 数字图像处理学(第 3 版)[M]. 北京:电子工业出版社,2013.

[5] 杨风暴,蔺素珍. 红外物理与技术[M]. 北京:电子工业出版社,2014.

[6] 于万波. 基于 MATLAB 的图像处理(第 2 版)[M]. 北京:清华大学出版社,2011.

[7] 苏小红,李东,唐好选等. 计算机图形学实用教程[M]. 北京:人民邮电出版社,2014.

[8] Sonka M,Hlavac V,Boyle R. 兴军亮,艾海舟译. 图像处理、分析与机器视觉(第 4 版)[M]. 北京:清华大学出版社,2016.

[9] 周润景. 模式识别与人工智能[M]. 北京:清华大学出版社,2018.

[10] Lin S,Han Z,Li D,et al. Integrating model-and data-driven methods for synchronous adaptive multi-band image fusion[J]. Inf. Fusion,2020,54:145-160.

[11] Voulodimos A,Doulamis N,Doulamis A,et al. Deep learning for computer vision:A brief review [J]. Computational intelligence and neuroscience,2018,2018(Pt. I).

[12] Khan S,Rahmani H,Shah S,et al. A guide to convolutional neural networks for computer vision [J]. Synthesis Lectures on Computer Vision 2018,8 (1) :1-207.

[13] O'Mahony N,Campbell S,Carvalho A,et al. Deep learning vs. Traditional Computer Vision[J]. Computer Vision Conference (CVC) 2019:128-144.

[14] Patrício D I,Rieder R. Computer vision and artificial intelligence in precision agriculture for grain crops:A systematic review[J]. Computers and Electronics in Agriculture,2018,153:69-81.

[15] Blehm C,Vishnu S,Khattak A,et al. Computer Vision Syndrome:A Review[J],Survey of Ophthalmology,2005,50(3):253-262.

[16] Sonka M,Hlavac V,Boyle R. 兴军亮,艾海舟,武勃译. 图像处理、分析与机器视觉[M]. 北京:清华大学出版社,2003.

[17] 张兆臣. 医学数字图像处理及应用[M]. 北京:清华大学出版社,2017.

[18] Gonzalez R C,Woods R E,Eddins S L. Digital image processing using MATLAB[M]. Pearson Education India,2004.

[19] 程其襄. 实变函数与泛函分析基础[M]. 北京:高等教育出版社,1983.

[20] 沈庭芝,王卫江,闫雪梅. 数字图像处理及模式识别(第 2 版)[M]. 北京:北京理工大学出版社,2007.

[21] Ongie G,Jalal A,Baraniuk R G,et al. Deep learning techniques for inverse problems in imaging[J]. IEEE Journal on Selected Areas in Information Theory,2020,1(1):39-56.

[22] Meng Z,Ma J,Yuan X. End-to-end low cost compressive spectral imaging with spatial-spectral self-attention [C]. European Conference on Computer Vision,Lecture Notes in Computer Science,Springer,Cham,2020:187-204.

[23] Cheng Z,Lu R,Wang Z,et al. BIRNAT:Bidirectional recurrent neural networks with adversarial training for video snapshot compressive imaging[C]. European Conference on Computer Vision,Lecture Notes in Computer Science,2020,12369. Springer,Cham,2020:258-275.

[24] Alexander D C,Dyrby T B,Nilsson M,et al. Imaging brain microstructure with diffusion MRI:practicality

and applications[J]. NMR in Biomedicine,2019,32(4):n/a. DOI:10.1002/nbm.3841.

[25] Yin X,Zhao Q,Liu J,et al. Domain Progressive 3D Residual Convolution Network to Improve Low-Dose CT Imaging[J]. IEEE transactions on medical imaging,2019,38(12):2903-2913.

[26] 张强,王正林. 精通 MATLAB 图像处理[M]. 北京:电子工业出版社,2009.

[27] 张铮. 精通 Matlab 数字图像处理与识别[M]. 北京:人民邮电出版社,2013.

[28] Bracewell R. The Fourier transform and its applications(英文影印版)[M]. 北京:机械工业出版社,2002.

[29] Ahmed N,Natarajan T,RaoK. Discrete cosine transform[J]. IEEE Transactions on Computers,1974,23(1):90-93.

[30] Kim T. Frequency-Domain Karhunen-Loeve Method and Its Application to Linear Dynamic Systems [J]. AIAA Journal,1998.

[31] Prasad L,Iyengar S S. Wavelet Analysis with Applications to Image Processing[J]. CRC Press,1997,37(8):739-755.

[32] 胡广书. 数字信号处理:理论、算法与实现[M]. 北京:清华大学出版社,1997.

[33] 姚天任. 数字语音处理[M]. 武汉:华中理工大学出版社,1992.

[34] 董彬、沈佐伟、张小群,图像恢复问题中的数学方法[M]. 北京:科学出版社,2017.

[35] 张商珉. 侯马盟书碑文及色彩虚拟修复技术研究[D]. 太原:中北大学硕士学位论文,2017

[36] Puchala D,Stokfiszewski K,Yatsymirskyy M. Encryption Before Compression Coding Scheme for JPEG Image Compression Standard[C]. Data Compression Conference (DCC). IEEE,2020:313-322.

[37] Yuan S,Hu J. Research on image compression technology based on Huffman coding[J]. Journal of Visual Communication and Image Representation,2019,59(2):33-38.

[38] Song Y,Zhu Z,Zhang W,et al. Joint image compression-encryption scheme using entropy coding and compressive sensing[J]. Nonlinear Dynamics,2019,95(1):2235-2261.

[39] Cheng Z,Sun H,Takeuchi M,et al. Energy compaction-based image compression using convolutional autoencoder[J]. IEEE Transactions on Multimedia,2019,22(4):860-873.

[40] Sheeba K,Rahiman M A. Gradient based fractal image compression using Cayley table[J]. Measurement,2019,140(7):126-132.

[41] Abd E M,Ewees A A,Hassanien A E. Whale optimization algorithm and moth-flame optimization for multilevel thresholding image segmentation[J]. Expert Systems with Applications,2017,83(C):242-256.

[42] Pont-Tuset J,Arbelaez P,Barron J T,et al. Multiscale combinatorial grouping for image segmentation and object proposal generation[J]. IEEE transactions on pattern analysis and machine intelligence,2016,39(1):128-140.

[43] Khairuzzaman A,Chaudhury S. Multilevel thresholding using grey wolf optimizer for image segmentation [J]. Expert Systems with Applications,2017,86(4):64-76.

[44] Yu H,He F,Pan Y. A novel region-based active contour model via local patch similarity measure for image segmentation[J]. Multimedia Tools and Applications,2018,77(18):24097-24119.

[45] Jha S,Kumar R,Priyadarshini I,et al. Neutrosophic image segmentation with dice coefficients [J]. Measurement,2018,134(11):762-772.

[46] 桑新亚. 毁损古墓葬壁画虚拟修复方法研究[D]. 太原:中北大学硕士学位论文,2020.

[47] 陈天华. 数字图像处理技术与应用[M]. 北京:清华大学出版社,2019.

[48] 蔡利梅,王利娟. 数字图像处理[M]. 北京:清华大学出版社,2019.

[49] 杨帆. 数字图像处理与分析(第 4 版)[M]. 北京:航天航空大学出版社,2019.

[50] 宋利梅,王红一等. 数字图像处理基础及工程应用[M]. 北京:机械工业出版社,2018.

[51] 胡学龙. 数字图像处理(第 4 版)[M]. 北京:电子工业出版社,2020

[52] Vincent L. Morphological grayscale reconstruction in image analysis:applications and efficient algorithms [J]. IEEE transactions on image processing,1993,2(2):176-201.

[53] Chen M, Liu D, Qian K, et al. Lunar crater detection based on terrain analysis and mathematical morphology methods using digital elevation models[J]. IEEE Transactions on Geoscience and Remote Sensing, 2018, 56 (7): 3681-3692.

[54] Zhao H, Liu H, Xu J, et al. Performance prediction using high-order differential mathematical morphology gradient spectrum entropy and extreme learning machine[J]. IEEE Transactions on instrumentation and measurement, 2019, 69(7): 4165-4172.

[55] Challa A, Danda S, Sagar B S D, et al. Some properties of interpolations using mathematical morphology [J]. IEEE Transactions on image processing, 2018, 27(4): 2038-2048.

[56] Treece G. Morphology-Based Noise Reduction: Structural Variation and Thresholding in the Bitonic Filter [J]. IEEE Transactions on Image Processing, 2019, 29: 336-350.

[57] Mahapatra D, Ge Z. Training Data Independent Image Registration Using Generative Adversarial Networks and Domain Adaptation[J]. Pattern Recognition, 2019, 100: 107109.

[58] Ma J, Jiang X, Fan A, et al. Image Matching from Handcrafted to Deep Features: A Survey[J]. International Journal of Computer Vision, 2021, 129(1): 23-79.

[59] De Vos B D, Berendsen F F, Viergever M A, et al. A Deep Learning Framework for Unsupervised Affine and Deformable Image Registration[J]. Medical Image Analysis, 2019, 52: 128-143.

[60] Wang T, Zhao Y, Wang J, et al. Attention-Based Road Registration for GPS-Denied UAS Navigation [J]. IEEE Transactions on Neural Networks and Learning Systems, 2020, 99: 1-13.

[61] Schaffert R, Wang J, Fischer P, et al. Robust Multi-View 2-D/3-D Registration Using Point-To-Plane Correspondence Model[J]. IEEE Transactions on Medical Imaging, 2020, 39(1): 161-174.

[62] 孙即祥. 现代模式识别(第2版)[M]. 北京:高等教育出版社,2016.

[63] 魏溪含,涂铭,张修鹏. 深度学习与图像识别原理与实践[M]. 北京:机械工业出版社,2019.

[64] 杨淑莹. 模式识别与智能计算——MATLAB技术实现[M]. 北京:电子工业出版社,2015.

[65] 白琳. 基于深度学习机制的人与物体交互活动识别技术[D]. 北京:北京理工大学博士学位论文,2015.

[66] LeCun Y, Bengio Y, Hinton G. Deep Learning[J], Nature, 2015, 521(5): 436-444.

[67] Bengio Y, Lamblin P, Popovici D, et al. Greedy layer-wise training of deep networks[J]. Advances in Neural Information Processing Systems, 2007, 19: 153-160.

[68] Zbontar J, Knoll F, Sriram A, et al. fastMRI: An Open Dataset and Benchmarks for Accelerated MRI. [J]. arXiv: Computer Vision and Pattern Recognition, 2018.

[69] Schlemper J, Caballero J, Hajnal J V, et al. A Deep Cascade of Convolutional Neural Networks for Dynamic MR Image Reconstruction[J]. IEEE Transactions on Medical Imaging, 2018, 37(2): 491-503.

[70] Zhang M, Li M, Zhou J, et al. High-dimensional embedding network derived prior for compressive sensing MRI reconstruction[J]. Medical Image Analysis, 2020, 64: 101717.

[71] Zhou B, Zhou S. DuDoRNet: Learning a Dual-Domain Recurrent Network for Fast MRI Reconstruction with Deep T1 Prior[C]. IEEE/CVF Conference on Computer Vision and Pattern Recognition (CVPR). IEEE, 2020.

[72] Deng L, Zhu H, Zhou Q, et al. Adaptive top-hat filter based on quantum genetic algorithm for infrared small target detection[J]. Multimedia Tools and Applications, 2018, 77(9): 10539-10551.

[73] Deng H, Sun X, Liu M, et al. Infrared small-target detection using multiscale gray difference weighted image entropy[J]. IEEE Transactions on Aerospace and Electronic Systems, 2016, 52(1): 60-72.

[74] Wang G. A pipeline algorithm for detection and tracking of pixel-sized target trajectories[C]. Signal and data processing of small targets. USA, Orlando: SPIE. 1990: 167-177.

[75] Blostein S D, Huang T S. Detecting small, moving objects in image sequences using sequential hypothesis testing[J]. IEEE Transactions on Signal Processing, 1991, 39(7): 1611-1629.

[76] Reed I S, Gagliardi R M, Stotts L B. Optical moving target detection with 3-D matched filtering[J]. IEEE Transactions on Aerospace and Electronic Systems, 1988, 24(4): 327-336.

［77］Caefer C E,Silverman J. Optimization of point target tracking filters［J］. IEEE Transactions on Aerospace and Electronic Systems,2000,36(1):15-25.

［78］Barniv Y. Dynamic Programming Solution for Detecting Dim Moving Targets［J］. IEEE Transactions on Aerospace & Electronic Systems,1985,1:144-156.

［79］Fan X,Xu Z,Zhang J,et al. Infrared dim and small targets detection method based on local energy center of sequential image［J］. Mathematical Problems in Engineering,2017,1:1-16.

［80］Fan X,Xu Z,Zhang J,et al. Dim small targets detection based on self-adaptive caliber temporal-spatial filtering［J］. Infrared Physics & Technology,2017,85:465-477.

［81］Fan X,Xu Z,Zhang J,et al. Dim small target detection based on high-order cumulant of motion estimation ［J］. Infrared Physics & Technology,2019,99:86-101.

［82］Sun Y,Yang J,Li M,et al. Infrared small target detection via spatial-temporal infrared patch-tensor model and weighted Schatten p-norm minimization［J］. Infrared Physics & Technology,2019,102:103-121.

［83］Ronneberger O,Fischer P,Brox T. U-net:Convolutional networks for biomedical image segmentation［C］. International Conference on Medical image computing and computer-assisted intervention. Springer,Cham,2015:234-241.